ESCOLA DE COSMOLOGIA E GRAVITAÇÃO

Conselho Editorial da LF Editorial

Amílcar Pinto Martins - Universidade Aberta de Portugal

Arthur Belford Powell - Rutgers University, Newark, USA

Carlos Aldemir Farias da Silva - Universidade Federal do Pará

Emmánuel Lizcano Fernandes - UNED, Madri

Iran Abreu Mendes - Universidade Federal do Pará

José D'Assunção Barros - Universidade Federal Rural do Rio de Janeiro

Luis Radford - Universidade Laurentienne, Canadá

Manoel de Campos Almeida - Pontifícia Universidade Católica do Paraná

Maria Aparecida Viggiani Bicudo - Universidade Estadual Paulista - UNESP/Rio Claro

Maria da Conceição Xavier de Almeida - Universidade Federal do Rio Grande do Norte

Maria do Socorro de Sousa - Universidade Federal do Ceará

Maria Luisa Oliveras - Universidade de Granada, Espanha

Maria Marly de Oliveira - Universidade Federal Rural de Pernambuco

Raquel Gonçalves-Maia - Universidade de Lisboa

Teresa Vergani - Universidade Aberta de Portugal

ESCOLA DE COSMOLOGIA E GRAVITAÇÃO

MARIO NOVELLO
EDUARDO BITTENCOURT
JÚLIO FABRIS
SERGIO JORÁS
UGO MOSCHELLA
CARLOS ROMERO

2024

Copyright © 2024 os autores
1ª Edição

Direção editorial: Victor Pereira Marinho e José Roberto Marinho

Edição revisada segundo o Novo Acordo Ortográfico da Língua Portuguesa

Dados Internacionais de Catalogação na publicação (CIP)
(Câmara Brasileira do Livro, SP, Brasil)

Escola de cosmologia e gravitação / Mario Novello...[et al.]. – São Paulo: LF Editorial, 2024.

Outros autores: Eduardo Bittencourt, Júlio Fabris, Sergio Jorás, Ugo Moschella, Carlos Romero.
Bibliografia.
ISBN 978-65-5563-448-8

1. Astronomia 2. Cosmologia 3. Gravitação I. Novello, Mario. II. Bittencourt, Eduardo.
III. Fabris, Júlio. IV. Jorás, Sergio. V. Moschella, Ugo. VI. Romero, Carlos.

24-204756   CDD-523.1

Índices para catálogo sistemático:
1. Cosmologia: Astronomia 523.1

Eliane de Freitas Leite - Bibliotecária - CRB 8/8415

Todos os direitos reservados. Nenhuma parte desta obra poderá ser reproduzida
sejam quais forem os meios empregados sem a permissão da Editora.
Aos infratores aplicam-se as sanções previstas nos artigos 102, 104, 106 e 107
da Lei Nº 9.610, de 19 de fevereiro de 1998

LF Editorial
www.livrariadafisica.com.br
www.lfeditorial.com.br
(11) 2648-6666 | Loja do Instituto de Física da USP
(11) 3936-3413 | Editora

Conteúdo

Prefácio **11**

1 Geometria de Weyl e Teorias da Gravitação **19**
CARLOS ROMERO

   1.1   Introdução 19
   1.2   Breve resumo da geometria de Weyl 24

   1.3   As equações de campo 29
   1.4   O limite relativístico da teoria 32
   1.5   O campo eletromagnético geometrizado 33
   1.6   O problema do tempo na teoria de Weyl 35
   1.7   O acoplamento da matéria na teoria de Weyl 40
   1.8   Uma nova abordagem à teoria de Weyl 44
   1.9   O espaço-tempo de Weyl integrável 48
        1.9.1   As equações de campo 51
        1.9.2   As equações de campo no referencial de Riemann 53

2 Introdução à Cosmologia 67

MARIO NOVELLO

2.1	Introdução	68
2.2	Métricas Binomiais	72
	2.2.1 Dualidade	75
	2.2.2 Invariantes de Debever	83
	2.2.3 Transformação Conforme	86
	2.2.4 Tensor de Projeção	88
2.3	Pequena coletânea de resultados da Cosmologia de Friedmann	92
	2.3.1 Espaço de Weyl Integrável (WIST)	94
2.4	Cosmologia gerada por eletrodinâmica não linear	96
2.5	Universo não singular	98
	2.5.1 Energia negativa	103
2.6	Universo Magnético	108
	2.6.1 Dualidade no Universo Magnético como consequência da simetria inversa	121
	2.6.2 Um cenário completo	124
	2.6.3 As quatro eras do Universo Magnético	126
	2.6.4 Positividade da energia	134
	2.6.5 Conclusão	135
2.7	Numerologia: dimensionalidade e constantes especiais	138
2.8	Exercícios adicionais	139
2.9	APÊNDICE: Influência cósmica sobre a microfísica	147
	2.9.1 Generalized Mach principle	147

	2.9.2	The cosmological influence on the microphysical world: the case of chiral-invariant Heisenberg-Nambu-Jona-Lasinio dynamics . .	148
	2.9.3	Non minimal coupling with gravity	150
2.10	Referências		158

3 Introdução à Teoria de Perturbações Cosmológicas 171

JÚLIO FABRIS E HERMANO VELTEN

3.1	Introdução	171
3.2	Equações newtonianas para um fluido	175
3.3	Um modelo cosmológico newtoniano	176
3.4	Perturbações newtonianas	182
	3.4.1	A equação que rege o comportamento perturbativo na teoria newtoniana	182
	3.4.2	Soluções da equação newtoniana para as perturbações	189
	3.4.3	A equação do oscilador paramétrico	194
3.5	Modelos cosmológicos relativistas	196
3.6	Perturbações relativistas	203
	3.6.1	Equações gerais para perturbações relativistas .	204
	3.6.2	A decomposição escalar, vetorial e tensorial . .	208
	3.6.3	A questão do calibre	209
3.7	Impondo um calibre: a condição de coordenada síncrona	211
	3.7.1	O caso do fluido barotrópico adiabático	216
3.8	Formalismo invariante de calibre	230
	3.8.1	Equações perturbadas invariantes de calibre para um fluido perfeito	238

3.9	Calibre newtoniano	240

3.9 Calibre newtoniano 240

3.10 Calibre síncrono versus os formalismos invariante de calibre e calibre newtoniano 244

    3.10.1 Limite de comprimento de onda longo 245

    3.10.2 Limite de comprimento de onda curto 246

3.11 Campo escalar: perturbações 249

3.12 Considerações finais 252

4 Representação Geométrica das Interações   257

EDUARDO BITTENCOURT

4.1 Introdução 257

4.2 Descrição geométrica da cinemática dos corpos 259

    4.2.1 Visão geral sobre o método de Hadamard . . . 260

    4.2.2 Fótons em dielétricos em movimento: método generalizado de Gordon 263

    4.2.3 Geometrizando os caminhos da Mecânica Clássica 267

4.3 Descrição geométrica da dinâmica dos corpos 270

    4.3.1 O caso eletromagnético 270

4.4 Caso espinorial 279

    4.4.1 Mapeando a equação de Dirac numa dinâmica não-linear 283

    4.4.2 Quebra da simetria quiral 285

4.5 Caso escalar 288

4.6 Descrição geométrica da mecânica quântica 293

    4.6.1 A interpretação de De Broglie-Bohm 295

    4.6.2 Geometrizando as trajetórias bohmianas 296

4.7 Comentários e conclusões 298

5 Thermodynamics of $f(R)$ Theories 305

SERGIO E. JORÁS

5.1	$f(R)$ Theories		306
	5.1.1	Motivation	306
	5.1.2	Modified Einstein Equations	307
	5.1.3	The Frames	310
	5.1.4	Constraints	312
	5.1.5	Practical Applications	314
	5.1.6	Summary	319
5.2	Thermodynamics		320
	5.2.1	Phase transitions	320
	5.2.2	Catastrophe theory	323
5.3	$f(R)$ Theories and Thermodynamics		325
5.4	Final summary		329

6 Foundations of quantum field theory on curved spacetimes 343

UGO MOSCHELLA

6.1	Algebra of the observables of a classical system	344
6.2	States	346
6.3	Quantum Observables	348
6.4	Hilbert space representation of the obervables	350
6.5	Quantum particle	355
6.6	Theorem of Stone and Von Neumann	356
6.7	Infinite Systems	361
6.8	Free classical Klein-Gordon fields. The Pauli-Jordan function	363
6.9	Quantization: CCR's and the covariant commutator	368

6.10	Globally hyperbolic spacetimes	372
6.11	States and two-point functions	374
6.12	Translation invariant states in Minkowski space	377
	6.12.1 Ground (Wightman) vacuum	379
	6.12.2 KMS states	382
6.13	Pure states and canonical transformations	382
6.14	Extended canonical formalism. Mixed states	387
6.15	Quantum fields on the Rindler universe and the Unruh effect	391
	6.15.1 Two dimensional Rindler Universe	391
	6.15.2 Massless case: a review	392
	6.15.3 Massive case	398
.1	C^*-algebras	409
	.1.1 Spectra	411

Prefácio

A Escola de Cosmologia e Gravitação do Centro Brasileiro de Pesquisas Fisicas (CBPF), seguindo a tradição da primeira dessas Escolas de Cosmologia que venho organizando desde 1978 foi realizada na semana de 10 a 15 de julho de 2023.

Em 2008 ao completar seus 30 anos uma descrição da importância da Cosmologia foi elaborada na comemoração daquela data. Segue abaixo uma parte daquele texto.

Na segunda metade dos anos 1970, a atenção dos físicos foi atraída por processos de natureza global, cósmicos. Seguiu-se então uma intensa atividade que percorreu a comunidade dos físicos de diversas áreas, muitos dos quais foram levados a migrar para a Cosmologia. Este movimento foi tão intenso e amplo, envolveu tantos cientistas, que somente uma análise sociológica da prática científica permitiria entender a transformação pela qual passou esta ciência e as mudanças ocorridas no modo tradicional como os estudos cosmológicos tinham sido até então conduzidos.

Essa atividade produziu inúmeras propostas de soluções a algumas questões cosmológicas e induziu a reformulação de questões tradicionais da Física, graças ao reconhecimento pela comunidade científica internacional da confiabilidade que poderia ser atribuída ao modo cósmico de investigação da natureza.

Até o final dos anos 1960, pouco interesse despertava a Cosmologia, fora de um pequeno círculo de cientistas trabalhando na área. Há várias razões que podemos atribuir às causas deste desinteresse. Embora a difusão das atividades em Cosmologia tivesse se iniciado já nesta década de 60, e os anos 70 possam ser considerados o divisor de águas entre uma e outra atitude, a popularização da Cosmologia na comunidade geral dos físicos pode ser simbolicamente atribuída aos anos 80. Foi nesta década que ocorreram grandes conferências reunindo num só evento cosmólogos, astrônomos, astrofísicos relativistas (tradicionalmente, os que lidavam com o Universo em sua totalidade) e físicos teóricos de altas energias (que examinavam o microcosmo das partículas elementares). Um exemplo notável disto foi a conferência do FermiLab (EUA) em 1983, que recebeu o sugestivo título Inner Space/ Outer Space.

Houve um concerto de razões que contribuíram para este crescimento da Cosmologia, algumas delas intrínsecas a esta ciência, outras totalmente independentes. Não é aqui o lugar para fazer este inventário, mas somente a título esclarecedor, podemos citar, como exemplos, duas razões. Uma, interna à Cosmologia, está relacionada ao sucesso dos novos telescópios e sondas espaciais, que produziram como conseqüência um enorme conjunto de dados novos, com grande confiabilidade. Outra razão, de natureza extrínseca, foi a crise da Física de partículas elementares na década de 70 que requeria para seu desenvolvimento a construção de enormes aceleradores de altas energias, extraordinariamente dispendiosos e cuja construção enfrentava impedimentos políticos na Europa e nos Estados Unidos.

O cenário evolutivo associado à geometria descoberta pelo matemático russo A. Friedman, que descrevia um Universo dinâmico, em expansão, foi então o território escolhido para substituir no imaginário dos físicos a ausência de máquinas de acelerar partículas, impossibilitadas de serem construídas por razões financeiras. As causas aceitas para realizar esta substituição estava associada ao sucesso da Cosmologia. Com efeito, o modelo padrão do Universo baseava-se na existência de uma configuração que descrevia seu conteúdo material como um fluido perfeito em equilíbrio termodinâmico, cuja temperatura T variava com o inverso do fator de escala; isto é, quanto menor o volume espacial total do Universo, maior a temperatura. Assim, nos primórdios da atual fase de expansão, o Universo teria passado por temperaturas fantasticamente elevadas, excitando partículas, expondo o comportamento da matéria em situações de altíssimas energias. E, o que era mais conveniente, de graça, sem custos: bastava olhar os céus.

Foi neste contexto que a Escola de Cosmologia e Gravitação, ao se internacionalizar e passar a ser chamada de Brazilian School of Cosmology and Gravitation – BSCG começou a fazer sucesso nacional e internacional, promovendo a interação entre comunidades distintas, envolvendo astrônomos, relativistas, cosmólogos e físicos teóricos de campos de altas energias. Talvez não fosse exagerado dizer que a história da Cosmologia em nosso país pode ser revelada na história das BSCG.

A explosão do interesse pela Cosmologia, registrada nas últimas décadas, provocou várias conseqüências, mas talvez a mais notável – embora pouco reconhecida ainda como tal – seja que ela está induzindo a elaboração da re-fundação da Física. Somente para citar um exemplo capaz de fazer-nos entender o significado que devemos atribuir a esta re-fundação, podemos nos referir à Eletrodinâmica.

O sucesso da teoria linear de Maxwell na descrição dos processos eletromagnéticos foi notável ao longo de todo o século XX. A aplicação desta teoria ao Universo, dentro do cenário padrão de homogeneidade e isotropia espacial, produziu várias características, algumas inespera-das. Dentre estas, a que possui conseqüências mais formidáveis, foi a demonstração de que a teoria linear do Eletromagnetismo, conduz, inevitavelmente à existência de uma singularidade em nosso passado. Isto é, o Universo teria tido um tempo finito de evolução para atingir o estágio atual em que se encontra.

Esta característica da teoria linear foi a principal responsável pela aceitação, no imaginário dos cientistas, de que os chamados teoremas de singularidade descobertos ao final dos anos 60, seriam efetivamente aplicáveis ao nosso Universo.

Entretanto, na década seguinte, uma crítica análise um pouco mais profunda mudou esta interpretação, tornando as conseqüências dos teore-mas menos categóricas. Isso envolveu uma análise maior do modo pelo qual o campo eletromagnético é afetado pela interação gravitacional. Que ele é afetado, não havia dúvida, pois esta propriedade estava na base da própria teoria da Relatividade Geral, posto que o campo carrega energia. Restava saber, com precisão, de que maneira esta ação deveria ser descrita e quais as diferenças qualitativas que a participação do campo gravitacional pode provocar. Logo se percebeu que não havia um modo único capaz de descrever esta interação. Isso se deve ao caráter vetorial e tensorial dos campos eletromagnético e gravitacional, respectivamente. Várias propostas para esta interação foram examinadas.

Uma destas mudanças no Eletromagnetismo, provocada pelo campo gravitacional, parecia ser fantasiosa, pois ela poderia ser interpretada, embora de modo ingênuo, como se o transportador do campo, o fóton, adquirisse uma massa neste processo de interação com a geometria do espaço-tempo, através de sua curvatura. Mais: essa massa dependeria da intensidade desta curvatura. Em verdade, tratava-se, para usar o termo técnico, de um acoplamento não-mínimo entre os dois campos: um modo de interação que não permite que o comportamento do campo eletromagnético possa ser reduzido – pela utilização do Princípio de Equivalência – a estrutura que este campo possui na ausência idealizada do campo gravitacional. Pois este acoplamento modifica radicalmente as propriedades da geometria do Universo dentro do cenário espacialmente homogêneo e isotrópico. Só para citar uma característica nova notável: o campo eletromagnético, sob este modo de interação com o campo gravitacional, produz um Universo eterno, sem singularidade, sem começo, estendendo-se indefinidamente para o passado. Não é difícil mostrar que esta interação gera também uma não-linearidade do próprio campo eletromagnético.

Esta propriedade abriu o caminho para que se pensasse em outros modos de não-linearidade do campo eletromagnético sem que esta forma de interação com a gravitação fosse dominante. Estes modos não se identificavam com as correções não-lineares ao Eletromagnetismo de Maxwell como aquelas obtidas por Euler e Heisenberg, que possuem origem quântica, embora pudessem contê-las. Independentemente destas possibilidades permitidas pelo mundo quântico, os físicos começaram a pensar em outras origens para a não-linearidade: elas deveriam ser pensadas como se as equações de Maxwell com que até então o Eletromagnetismo era tratado, nada mais seriam do que aproximações de uma forma mais complexa associada a uma descrição não-linear. Esta não-linearidade deveria aparecer como um modo cósmico do campo, a linearidade sendo localmente, uma aproximação, invertendo o modo tradicional de pensar a não-linearidade como correções da teoria "básica" linear.

Este exemplo simples, permite introduzir a situação fantástica que a Cosmologia estaria produzindo e que podemos sintetizar numa frase pequena de grande conseqüência formal: a extrapolação da Física terrestre a todo o Universo deveria ser revista.

O modo antigo de generalização é um procedimento bastante natural e comum entre os cientistas. Assim se legisla, por extrapolação, mesmo em condições nunca antes testadas, até que uma nova Física possa impedir, bloquear, limitar essa extensão de um conhecimento científico local à totalidade dos processos no Universo.

Dito de outro modo, estas considerações acima parecem apontar para a necessidade de uma nova forma de crítica copernicana. Não igual àquela que nos retirou do centro do Universo, mas sim uma outra que estaria argüindo contra a extrapolação que os cientistas vêm utilizando. Isto é, pensar que às próprias Leis da Física não deveria ser atribuída uma característica global e que a partir deste ponto de vista se legitimaria a ação de descartar os processos cosmológicos globais na construção de uma teoria completa dos fenômenos naturais.

Isto é, estas Leis podem adquirir formas e modos distintos daqueles com que em situações semelhantes, mas não as mesmas, elaborou-se com sucesso uma Física terrestre. Esta análise, esta reflexão que pode levar a uma descrição diferente daquela que os físicos estão acostumados, e que se torna cada dia mais necessária e mesmo indispensável, é o que chamamos de re-fundação da Física pela Cosmologia. Podemos citar o físico inglês P. A. M. Dirac e o físico brasileiro C. Lattes como precursores recentes desse modo de pensar. Infelizmente o modo prático pelo qual eles propuseram uma particular re-fundação foi por demais simples, permitindo a elaboração de uma poderosa reação que refugou estas idéias para o terreno fronteiriço e pantanoso da especulação. Os formidáveis avanços recentes da cosmologia observacional permitem aceitar que estejamos próximos do tempo em que uma análise desta re-fundação, um pouco mais sofisticada daquela simples modificação das constantes fundamentais como pretendidas por Dirac e outros, possa ser seriamente empreendida.

Capítulo 1

Geometria de Weyl e Teorias da Gravitação

CARLOS ROMERO

1.1 Introdução

A teoria unificada de Weyl surgiu logo após o aparecimento da teoria da relatividade geral, quando Einstein, em 1915, introduziu a inovadora ideia de descrever a interação gravitacional entre os corpos em termos puramente geométricos. Ou seja, o que chamamos de força gravitacional não seria nada mais do que uma manifestação da curvatura do espaço-

Carlos Romero

tempo, criada pela presença da matéria. O sucesso e originalidade dessa descoberta deve ter inspirado a Einstein e outros uma conjectura mais audaciosa: a de que física e geometria poderiam, de certa forma, se amalgamar na descrição de outros processos da natureza, indo além do fenômeno gravitacional. Ora, dado este primeiro passo, nada pareceria mais natural do que buscar novamente na geometria a descrição de uma outra interação fundamental: o eletromagnetismo. Foi exatamente essa busca que levou Hermann Weyl, em 1918, à formulação de uma teoria que geometrizasse e ao mesmo tempo unificasse a gravitação e o eletromagnetismo. Para conseguir realizar seu projeto, Weyl teve que conceber uma nova geometria, que estendesse a geometria riemanniana de modo a conter os novos "graus de liberdade"necessários a uma descrição geométrica do campo eletromagnético [1]. Tal geometria deveria conter, além do tensor métrico, um campo vetorial como objeto geométrico fundamental. A questão era: onde buscar tal geometria?

Na introdução que escreveu no artigo original, publicado em 1918, Weyl relata que o "insight"que o levou à nova geometria, veio ao perceber que a teoria riemanniana do transporte paralelo de vetores baseava-se inteiramente em conceitos extraídos diretamente de nossa intuição dos espaços euclidianos "rígidos"com os quais estamos familiarizados [2]. De fato, neste caso exigimos naturalmente que o transporte paralelo de um vetor V ao longo de uma curva preserve o comprimento de V. Em termos mais técnicos, esta condição equivale a exigir que o tensor métrico g e a conexão afim ∇ sejam compatíveis no sentido riemanniano. E, então, pela fórmula de Koszul, segue imediatamente que a conexão ∇ fica completamente determinada pela métrica, resultado que ficou conhecido

1. Geometria de Weyl e Teorias da Gravitação

na literatura como o teorema de Levi-Civita [3]. Foi exatamente neste ponto que Weyl introduziu uma modificação na geometria de Riemann. Considerando que a condição de compatibilidade riemanniana é demasiadamente restritiva, resolveu substituí-la por uma condição mais fraca e mais geral, de modo que esta permitisse a introdução de um campo vetorial covariante, isto é, uma 1-forma diferencial, que denotaremos por σ. Este campo σ, que seria identificado posteriormente com o quadripotencial eletromagnético, exerce a função de regular a variação do comprimentos de vetores quando estes são transportados paralelamente ao longo de curvas (quando σ é nulo, recuperamos a compatibilidade riemanniana). Surpreendentemente, a presença do campo de 1-forma σ, que interfere no comprimento de vetores transportados, conduz a uma nova noção de curvatura, que Weyl denominou *curvatura de comprimentos (Streckenkrummung)*. Temos, agora, dois tipos de curvatura: a curvatura de comprimentos e a curvatura de direções (*Richtungkrummung*), esta última representada pelo tensor de Riemann. A curvatura de comprimentos é dada pela 2-forma $F = d\sigma$, que, como veremos mais adiante, apresenta notável semelhança com o tensor de Faraday. Após esse desenvolvimento inicial, Weyl fez uma outra importante descoberta: a constatação de que tanto a curvatura de comprimento representada pela 2-forma F, como a nova condição de compatibilidade (que definiremos mais tarde) são invariantes por um certo grupo de transformações envolvendo simultaneamente a métrica g e o campo σ. Cabe ressaltar que a descoberta dessa nova simetria, posteriormente conhecida como *simetria de gauge*, é hoje vista como sendo uma das mais significativas e revolucionárias na história da física moderna [4].

Carlos Romero

Adquirindo o status de axioma fundamental, o *Princípio de Invariância de Gauge* desempenhou um papel essencial no desenvolvimento da teoria unificada concebida por Weyl. Com efeito, para construir uma ação que descrevesse ao mesmo tempo o campo gravitacional e o campo eletromagnético (ambos agora geometrizados), Weyl guiou-se por este princípio, escolhendo o mais simples de todos os invariantes possíveis. Posteriormente, como veremos a seguir, Weyl usou essa liberdade de escolha de gauge para simplificar drasticamente as equações de campo, reduzindo um sistema de equações diferenciais de quarta ordem a um sistema de segunda ordem . Este gauge especial ficou conhecido como o *gauge natural* [1].

Dotada agora de uma nova simetria, a simetria de gauge, a estrutura geométrica do espaço-tempo tornou-se mais rica e mais complexa, muito similar ao que os matemáticos conhecem com o nome de *estrutura conforme*, uma variedade onde se define uma classe de equivalência $\mathcal{M} = \{(g, \nabla, \sigma)\}$, cujos membros estão relacionados por transformações de Weyl, com ∇ e σ satisfazendo uma certa condição de compatibilidade definida por Weyl, que generaliza a condição de compatibilidade riemanniana. Evidentemente, numa tal geometria apenas grandezas invariantes (no sentido do princípio de invariância de Weyl) têm signicado geométrico. Reciprocamente, como se trata de geometrização de duas teorias físicas, toda grandeza para ser considerada fisicamente relevante terá necessariamente que ser invariante de gauge. Por exemplo, como Weyl

---

[1]Ao escolher o gauge natural, Weyl tinha como objetivo não só simplificar as equações de campo, como também evitar o problema de Cauchy para equações de quarta ordem.

1. Geometria de Weyl e Teorias da Gravitação

claramente ressalta, em sua teoria o conceito métrico de comprimento deixa de ter qualquer significado geométrico ou físico [1] Curiosamente, talvez inspirado pelas ideias de Weyl, em 1921 Einstein publicou um artigo em que manifestou vivo interesse em teorias conformes, levantando a possibilidade de se construir uma teoria baseada apenas na invariância conforme, prescindindo do uso de réguas e relógios [5] (Retornaremos a este ponto mais tarde, quando fizermos uma discussão mais aprofundada do assunto).

É de se esperar que a nova estrutura do espaço-tempo acrescida de uma axiomática diferente conduza a várias conseqüências na medida em que seleciona quais cenários serão permitidos e quais são compatíveis com o princípio de Weyl. Um dos objetivos desse nosso curso é, além de resgatar um pouco da história da primeira teoria unificada e geométrica dos campos clássicos, investigar algumas das possibilidades permitidas pelo princípio de invariância, e assim continuar e estender o programa original de Weyl numa perspectiva mais moderna. Em relação à formulação original da teoria, pretendemos examinar, através de um olhar mais crítico, dois pontos que nos parecem fundamentais. O primeiro é saber em que medida a teoria de Weyl preenche os requisitos de uma teoria unificada da gravitação e do eletromagnetismo. O segundo é se perguntar se a teoria contém elementos de inconsistência e incompletude. (Remetemos o leitor interessado em aspectos históricos da teoria de Wey ao artigo de revisão de H. Goenner [6]).

O presente texto está organizado da seguinte maneira. Na seção 2, fazemos uma descrição resumida da geometria de Weyl. Em seguida, na seção 3, apresentamos as equações de campo de Weyl em duas formas, num gauge arbitrário e no gauge natural. Na seção 4, discutimos as equações de campo no limite em que o espaço-tempo torna-se riemanniano, ao mesmo tempo que damos uma interpretação da constante que aparece na escolha do gauge natural. A seção 5 contém uma discussão sobre a natureza do eletromagnetismo geométrico introduzido por Weyl e as dificuldades conceituais que surgem a partir da identificação deste com o eletromagnetismo descrito pela teoria de Maxwell. A seção 6 é dedicada a um tema especial e problemático: a noção de tempo na teoria de Weyl e o chamado *segundo efeito do relógio*. Na seção 7, abordamos a questão de como estender a teoria de Weyl de modo a ser possível incluir a matéria, ou ainda, como realizar o acoplamento da matéria com a geometria. Finalmente, concluímos a seção 7 com alguns comentários. A seção 8 é dedicada a uma versão da geometria de Weyl, em que, ao invés do campo eletromagnético, temos a geometrização do campo escalar.

1.2 Breve resumo da geometria de Weyl

Podemos dizer que a geometria de Weyl é uma das mais simples extensões da geometria riemanniana. De fato, a única modificação introduzida por Weyl corresponde ao fato de que a derivada covariante do tensor métrico g da métrica não é nula, mas depende linearmente de um campo de 1-forma σ definido na variedade, isto é, $\nabla g = g \otimes \sigma$. Em coordenadas locais, temos

1. Geometria de Weyl e Teorias da Gravitação

$$\nabla_\alpha g_{\beta\lambda} = \sigma_\alpha g_{\beta\lambda}, \qquad (1.1)$$

onde $g = g_{\beta\lambda} dx^\beta \otimes dx^t$ e $\sigma = \sigma_\alpha dx^\alpha$. Recordemos aqui a condição de compatibilidade de Weyl. Uma conexão afim ∇ é dita ser compatível com uma estrutura de Weyl se, e somente se, a seguinte equação é satisfeita :

$$V(g(U,W)) = g(\nabla_V U, W) + g(U, \nabla_V W) + \sigma(V)g(Y,Z), \qquad (1.2)$$

onde V, U, W são campos vetoriais arbitrários definido na variedade M e σ é o campo de Weyl. Se V, U, W são campos definidos ao longo de uma certa curva $\mathscr{C}$ por transporte paralelo, então a equação acima reduz-se a

$$V(g(U,W)) = \sigma(V)g(Y,Z),$$

o que leva à equação (1.2) [2]. O fato de tornar a compatibilidade menos restritiva é exatamente o que permite fazer com que o comprimento (a norma) de um vetor quando transportado paralelamente ao longo de uma curva possa sofrer uma variação [15]. Daqui por diante, iremos nos referir ao terno (g, ∇, σ), elemento genérico da estrutura conforme $\mathscr{M}$, como um gauge de Weyl (ou referencial de Weyl) [3]. A esse respeito, um

---

[2] Considerando que a curva $\mathscr{C}$ está parametrizada por t, então tomando $V = \frac{d}{dt}, U$ e V respectivamente iguais a $\frac{\partial}{\partial x^\beta}, \frac{\partial}{\partial x^\lambda}$, temos $\frac{d}{dt}g_{\beta\lambda} = \frac{dx^\alpha}{dt}\nabla_\alpha g_{\beta\lambda} = \sigma(\frac{d}{dt})g_{\beta\lambda} = \frac{dx^\alpha}{dt}\sigma_\alpha g_{\beta\lambda}$, com $g_{\beta\lambda} = g(\frac{\partial}{\partial x^\beta}, \frac{\partial}{\partial x^\lambda})$, que claramente nos dá equação 1.1.

[3] O termo *referencial* ("frame") aqui é empregado em analogia com as transformações bem conhecidas na teoria escalar-tensorial de Brans-Dicke, onde temos os chamados referenciais de Einstein e de Jordan.

fato matemático importante descoberto por Weyl é o seguinte: façamos a transformação conforme

$$\overline{g} = e^f g, \tag{1.3}$$

onde f é uma função escalar arbitrária definida em M. Então, a condição de compatibilidade de Weyl (1.1) é preservada se, e somente se, o campo de Weyl σ se transforma como

$$\overline{\sigma} = \sigma + df. \tag{1.4}$$

Ou seja, a condição de compatibilidade de Weyl é preservada quando passamos de um gauge (M, g, σ) a outro gauge $(M, \overline{g}, \overline{\sigma})$ através das tranformações simultâneas em g e σ.

Na formulação original de sua teoria, Weyl não considera a presença de torção, isto é, admite que a conexão ∇ é simétrica. É possível, então, mostrar a existência e unicidade de uma tal conexão, de maneira análoga à demonstração no caso riemanniano [16]. Segue-se que a conexão de Weyl é inteiramente determinada em termos do tensor métrico g e do campo de 1-formas σ. Em coordenadas locais, temos

$$\Gamma^{\alpha}_{\beta\lambda} = \{^{\alpha}_{\beta\lambda}\} - \frac{1}{2} g^{\alpha\mu} [g_{\mu\beta}\sigma_{\lambda} + g_{\mu\lambda}\sigma_{\beta} - g_{\beta\lambda}\sigma_{\mu}], \tag{1.5}$$

onde $\{^{\alpha}_{\beta t}\}$ representa os símbolos de Christoffel. Evidentemente, ∇ é invariante já que não sofre nenhuma transformação pelo grupo de gauge (Tal fato pode ser comprovado diretamente na equação acima). Concluímos, portanto, que as equações de geodésica afins (i.e., as *auto-paralelas*) são invariantes em relação às transformações (1.3) e (1.4).

1. Geometria de Weyl e Teorias da Gravitação

Vejamos agora a segunda grande descoberta que fez Weyl. Sejam dados dois vetores arbitrários construídos por transporte paralelo ao longo de uma certa curva $\mathscr{C} = \mathscr{C}(t)$. Então, pela compatibilidade de Weyl (1.1) temos

$$\frac{d}{dt}g(V,U) = \sigma(\frac{d}{dt})g(V,U), \tag{1.6}$$

onde $\frac{d}{dt}$ denota o vetor tangente a $\mathscr{C}$. Se integrarmos esta equação ao longo da curva $\mathscr{C}$, partindo de um ponto $P_0 = \alpha(t_0)$, obteremos [15]

$$g(V(t),U(t)) = g(V(t_0),U(t_0))e^{\int_{t_0}^{t} \sigma(\frac{d}{d\rho})d\rho}. \tag{1.7}$$

Tomando $U = V$ e denotando por $L(t)$ o comprimento do vetor $V(t)$ num ponto $P = \alpha(t)$ da curva, é fácil verificar que num sistema local de coordenadas $\{x^{\alpha}\}$ a equação (1.6) se torna

$$\frac{dL}{dt} = \frac{\sigma_{\alpha}}{2}\frac{dx^{\alpha}}{dt}L. \tag{1.8}$$

Consideremos agora o conjunto de todas as curvas fechadas $\mathscr{C} : [a,b] \in R \to M$, i.e, with $\mathscr{C}(a) = \mathscr{C}(b)$. Então, de (1.7) ou de (1.8) segue que

$$L = L_0 e^{\frac{1}{2}\oint \sigma_{\alpha}dx^{\alpha}},$$

onde L_0 e L denota os valores de $L(t)$ em a e b, respectivamente. Aplicando o teorema de Stokes, podemos escrever[4]

$$L = L_0 e^{\frac{1}{4}\int\int F_{\mu\nu}dx^{\mu}\wedge dx^{\nu}}, \tag{1.9}$$

---

[4]Aqui estamos supondo que a região de integração é simplesmente conexa.

onde $F_{\mu\nu} = \partial_\mu \sigma_\nu - \partial_\nu \sigma_\mu$ [5]. Vemos assim que, de acordo com as regras da geometria de Weyl, a condição necessária e suficiente para um vetor ter seu comprimento original preservado ao ser transportado paralelamente ao longo de uma curva fechada é que a 2-forma $F = d\sigma = \frac{1}{2} F_{\mu\nu} dx^\mu \wedge dx^\nu$ seja identicamente nula.

Desta maneira, como já mencionamos, Weyl percebeu que em sua geometria existem dois tipos de curvatura: *a curvatura de direção (Richtungkrummung)* e a *a curvatura de comprimento (Streckenkrummung)*. A primeira é responsável pela mudança na direção de um vetor transportado paralelamente, sendo essa variação determinada pelo familiar tensor de curvatura $R^\alpha{}_{\beta\mu\nu}$, enquanto que a outra regula a mudança em seu comprimento, sendo determinada pelo tensor $F_{\mu\nu}$ [6] A segunda grande descoberta de Weyl corresponde ao fato de que a este tensor, isto é, a 2-forma F é invariante pelas transformações de gauge (1.4). A analogia com o campo eletromagnético é agora clara e se torna ainda maior se levarmos em conta que F satisfaz a identidade $dF = 0$ [7].

---

[5]Aqui, estamos supondo que a região de integração é simplesmente conexa.

[6]Na forma infinitesimal, esta equação (1.8) se torna $\delta L = \frac{\sigma_\alpha}{2} L dx^\alpha$. Por outro lado, a forma infinitesimal do transporte paralelo de um vetor V é dado por $\delta V^\alpha = -\Gamma^\alpha_{\mu\nu} V^\mu dx^\nu$. A comparação entre as duas sugere que interpretemos σ como uma *conexão de comprimentos*.

[7]Num sistema local de coordenadas, esta identidade toma a forma conhecida $\partial_\mu F_{\alpha\beta} + \partial_\beta F_{\mu\alpha} + \partial_\alpha F_{\beta\mu} = 0$, que corresponde às equações de Maxwell sem fonte.

1. Geometria de Weyl e Teorias da Gravitação

1.3 As equações de campo

As transformações de Weyl (1.3) e (1.4) definem uma classe de equivalência no conjunto $\mathcal{M} = \{(M, g, \sigma)\}$ que contém todos os gauges de Weyl. É natural esperar que, assim como acontece na geometria conforme, os objetos geométricos de interesse sejam aqueles que são invariantes de gauge [8]. De fato, são estes invariantes que serão empregados na construção da ação que leva às equações de campo da teoria unificada. Alguns invariantes básicos são facilmente encontrados: a conexão afim $\Gamma^{\alpha}_{\beta\lambda}$, o tensor de curvatura $R^{\alpha}_{\beta\mu\nu}$, o tensor de Ricci $R_{\mu\nu} = R^{\alpha}_{\mu\alpha\nu}$ e a curvatura de comprimento (que Weyl identificou com o *tensor de Faraday*) $F_{\mu\nu} = \partial_{\mu}\sigma_{\nu} - \partial_{\nu}\sigma_{\mu}$. Os invariantes escalares mais simples no espaço-tempo quadridimensional são os seguintes: $\sqrt{-g}R^2, \sqrt{-g}R_{\alpha\beta\mu\nu}R^{\alpha\beta\mu\nu}, \sqrt{-g}R_{\alpha\beta}R^{\alpha\beta}$ e $\sqrt{-g}F_{\alpha\beta}F^{\alpha\beta}$, onde $R = g^{\alpha\beta}R_{\alpha\beta}$ denota o escalar de curvatura calculado com a conexão afim de Weyl.

Por razões de consistência entre a física e a nova geometria, Weyl impôs que sua teoria fosse completamente invariante em relação a mudança entre gauges (ou referenciais). Por outro lado, a escolha da ação recaíu sobre a mais simples de todas:

$$S = \int d^4x \sqrt{|g|}[R^2 + \omega F_{\mu\nu}F^{\mu\nu}], \tag{1.10}$$

---

[8]Na geometria conforme, um invariante básico é o tensor de Weyl $W^{\alpha}_{\beta\mu\nu}$. Na teoria gravitacional conforme, este tensor é usado para formar o setor gravitacional da ação, a qual é dada por $\int d^4x \sqrt{-g}\, W_{\alpha\beta\mu\nu}W^{\alpha\beta\mu\nu}$ [17].

onde ω é um parâmetro livre. Esta ação descreve apenas o setor gravitacional-eletromagnético (Weyl não chegou a considerar o acoplamento com a matéria, o que, ao nosso ver, constitui um elemento de incompletude da teoria. Voltaremos a este ponto mais tarde). Fazendo variações da ação acima em relação a σ_μ e $g_{\mu\nu}$, obtém-se, respectivamente, as seguintes equações de campo:

$$\frac{1}{\sqrt{-g}}\partial_\nu\left(\sqrt{-g}F^{\mu\nu}\right) = \frac{3}{2\omega}g^{\mu\nu}\left(R\sigma_\nu + \partial_\nu R\right), \qquad (1.11)$$

$$R(R_{(\mu\nu)} - \frac{1}{4}g_{\mu\nu}R) = \omega T_{\mu\nu} - D_{\mu\nu}, \qquad (1.12)$$

onde $R_{(\mu\nu)}$ representa a parte simétrica de $R_{\mu\nu}$, $T_{\mu\nu} = F_{\mu\alpha}F^{\alpha}_{\nu} + \frac{1}{4}g_{\mu\nu}F_{\alpha\beta}F^{\alpha\beta}$ $D_{\mu\nu} = R_{,\mu;\nu} + \frac{1}{2}R(\sigma_{\mu;\nu} + \sigma_{\nu;\mu}) + R\sigma_\mu\sigma_\nu + R_{,\mu}\sigma_\nu + R_{,\nu}\sigma_\mu$. Notemos que a presença do termo $D_{\mu\nu}$ introduz derivadas de terceira e quarta ordem na teoria. Este fato foi prontamente apontado por Pauli, que considerou um defeito da teoria de Weyl [7]. (Todavia, recentemente teorias com derivadas superiores têm sido estudadas com interesse, uma vez que elas permitem renormalizar divergências em correções quânticas [8] .)

Aqui segue um ponto importante: as equações de campo acima podem ser drasticamente simplificadas e reduzidas à segunda ordem se escolhermos o chamado *gauge natural*, definido por Weyl por $R = \Lambda =$

1. GEOMETRIA DE WEYL E TEORIAS DA GRAVITAÇÃO

const [9]. Neste caso, (1.11) e (1.12) se reduzem a

$$\frac{1}{\sqrt{-g}}\partial_\nu\left(\sqrt{-g}F^{\mu\nu}\right) = \frac{3\Lambda}{2\omega}\sigma^\mu, \tag{1.13}$$

$$\tilde{R}_{\mu\nu} - \frac{1}{2}\tilde{R}g_{\mu\nu} + \frac{\Lambda}{4}g_{\mu\nu} + \frac{3}{2}(\sigma_\mu\sigma_\nu - \frac{1}{2}g_{\mu\nu}\sigma^\alpha\sigma_\alpha) = \frac{\omega}{\Lambda}T_{\mu\nu}, \tag{1.14}$$

omde $\tilde{R}_{\mu\nu}$ e $\tilde{R}$ são termos riemannianos, definidos em relação à métrica $g_{\mu\nu}$ [10].

É importante mencionar que a teoria de Weyl prediz corretamente a precessão do periélio de Mercúrio, bem como a deflexão gravitacional da luz [7]. Esses resultados são, na verdade, uma conseqüência de uma fato mais geral, o de que todas as soluções de Einstein no vazio (incluido a

---

[9]É imediato que dado um gauge arbitrário (g,σ) sempre podemos ir para o gauge natural. Com efeito, seja R o escalar de Ricci calculado no gauge (g,σ). Basta, então definir, $e^f = \frac{R}{\Lambda}$. Ora, se formos para o gauge $(\bar{g},\bar{\sigma})$, R se transforma como $\bar{R} = \bar{g}^{\mu\nu}\bar{R}_{\mu\nu} = e^{-f}g^{\mu\nu}\bar{R}_{\mu\nu} = e^{-f}g^{\mu\nu}\bar{R}_{\mu\nu} = e^{-f}g^{\mu\nu}R_{\mu\nu} = e^{-f}R = \Lambda$, onde na última passagem usamos que $R_{\mu\nu}$ é invariante. É fácil ver que o campo de Weyl se transforma como $\bar{\sigma}_\mu = \sigma_\mu + \partial_\mu\ln R$.

[10]Ao adotar o gauge natural, fixando a curvatura escalar, antes de fazer a variação da ação, Weyl reduziu o problema a extremizar uma ação bem mais simplificada, a saber

$$S = \int d^4x\sqrt{-g}(R - \frac{\Lambda}{2} + \frac{w}{2\Lambda}F_{\mu\nu}F^{\mu\nu}).$$

Aqui podemos ainda expressar R em termos do escalar de curvatura riemanniano $\tilde{R}$, pois $R = \tilde{R} - \frac{3}{2}\sigma_\alpha\sigma^\alpha$.Vemos aqui aparecer um termo que tem semelhança com o termo de massa de um campo vetorial massivo. As equações de segunda ordem podem ser obtidas diretamente das equações de quarta ordem (ver ref. [9]).

solução de Schwarzschild) satisfazem as equações (1.11) e (1.12) quando tomamos $\sigma_\mu = 0$.

Antes de iniciarmos nossa discussão sobre as objeções que Einstein levantou à teoria de Weyl, é importante enfatizar que Weyl, ao formular sua teoria, adotou um princípio muito forte e ao mesmo tempo bastante restritivo, o *Princípio de Invariância de Gauge*, que exige que todas quantidades físicas sejam invariantes do grupo de gauge definido por (1.3) and (1.4). Este foi o princípio que guiou Weyl na escolha da ação (1.10). Convém destacar que qualquer invariante escalar da geometria de Weyl deve ser formado necessariamente pelas duas curvaturas, isto é, $R^\alpha{}_{\beta\mu\nu}$ e $F_{\mu\nu}$. Estes dois tensores constituem parte essencial e intrínseca da geometria e são definidos a partir da métrica $g_{\mu\nu}$ e do campo σ, os quais devem ser considerados inseparáveis, sempre aparecendo juntos.

1.4 O limite relativístico da teoria

Nesta seção, vamos examinar brevemente como podemos recuperar a relatividade geral a partir das equações de Weyl. Primeiro, vamos admitir que num certo gauge tenhamos $\sigma = 0$, o que significa que a geometria do espaço-tempo se torna riemanniana; portanto, $R_{(\mu\nu)} = R_{\mu\nu} = \widetilde{R}_{\mu\nu}$. Neste caso, $F_{\mu\nu}$ e $T_{\mu\nu}$ são ambos nulos, e assim de (1.11) segue que $R = \widetilde{R} = -\Lambda = \text{constante}$, que, por sua vez, implica $D_{\mu\nu} = 0$. Desse modo, da equação (1.12) ficamos com duas possibilidades: $\widetilde{R} = 0$ ou $\widetilde{R}_{\mu\nu} = \frac{1}{4}\Lambda g_{\mu\nu}$. No primeiro caso, isto significa que todas as soluções de vácuo das equações de Einstein (sem a constante cosmológica) estão aqui contidas. No segundo caso, as soluções de Weyl para o vácuo

1. Geometria de Weyl e Teorias da Gravitação

correspondem a espaços de curvatura Ricci constante (conhecidos na literatura como *espaços de Einstein*), o que sugere o aparecimento da constante cosmológica de uma maneira natural, deduzida diretamente a partir das equações de campo, sem precisar ser introduzida de forma *ad hoc* [11]. (Aliás, se $\Lambda > 0$, podemos nos sentir inclinados a considerar este fato como uma indicação de que o espaço-tempo vazio da relatividade especial deveria ser identificado como o espaço de de Sitter, uma especulação que tem chamado a atenção dos teóricos, principalmente depois da descoberta da expansão acelerada do Universo [10].) Contudo, se Λ é suficientemente pequeno, seu efeito nas equações de campo podem ser desprezado, e então as equações de campo de Einstein tornam-se idênticas às equações de Einstein no vazio, de modo que os resultados dos testes observacionais conhecidos no âmbito do sistema solar, bem explicados pela relatividade geral, estarão plenamente de acordo com a teoria de Weyl. Além do mais, se $\Lambda = 0$, então a teoria de Weyl inclui o espaço-tempo de Minkowski da relatividade especial como um caso particular.

1.5 O campo eletromagnético geometrizado

É inegável e ao mesmo tempo surpreendente que a estrutura geométrica concebida por Weyl, em sua tentativa de unificar a gravitação e o eletromagnetismo conduza de uma forma bem natural ao aparecimento

---

[11]Note-se que os mesmos resultados seguem facilmente das equações de Weyl escritas no gauge natural. O aparecimento da constante cosmológica como consequência das equações de campo era considerado por Weyl como um ponto forte de sua teoria.

de um tensor de origem puramente geométrica que, por causa de propriedades algébricas e da invariância de gauge, exibe uma semelhança notável com o tensor de Faraday $F_{\mu\nu}$. No entanto, examinando mais atentamente as equações de campo deduzidas da ação proposta por Weyl (1.10), a existência de diferenças entre estas e as equações de Maxwell é bem clara. Por exemplo, consideremos as equações de campo escritas no gauge natural. A equação (3.89) nos diz que o campo eletromagnético se acopla consigo mesmo, isto é, o campo aparece como sendo sua própria fonte. Por outro lado, vemos que em (3.90) existem termos não lineares em σ, o que é mais característico de teorias não-lineares da eletrodinâmica. Tais propriedades aparecem, naturalmente, na (1.10), a qual, quando expressa no gauge natural assume a forma [11]

$$ S = \int d^4x \sqrt{-g} [\widetilde{R} + \frac{\omega}{2\Lambda} F_{\mu\nu} F^{\mu\nu} + 6\sigma_\mu \sigma^\mu - \frac{\Lambda}{2}], $$

que é formalmente idêntica à ação do campo de Proca, de spin-1 no espaço-tempo curvo na presença da constante cosmológica [12].

Um outro problema do eletromagnetismo geometrizado na teoria de Weyl diz respeito ao movimento de partículas neutras e eletricamente carregadas. Estas partículas, supondo-se que não sofrem nenhuma interação outra que gravitacional ou eletromagnética, devem seguir linhas de universos correspondente a geodésicas, já que estas últimas são as únicas curvas do espaço-tempo de Weyl invariantes de gauge [12]. Entretanto, aqui temos uma dificuldade, pois fica claro que a partir das

---

[12] Aqui estamos fazendo uso de uma extensão natural do postulado das geodésicas da relatividade geral.

1. Geometria de Weyl e Teorias da Gravitação

equações de geodésica não é possível se obter, como no eletromagnetismo de Maxwell, a equação de movimento de uma partícula carregada acelerada sob a ação da força de Lorentz. Relembremos que uma tal equação na relatividade especial (e geral) resulta da variação da ação $S = -mc \int ds - \frac{e}{c} \int d^4x \sqrt{-g} A_\mu dx^\mu$, que contém a interação de uma partícula carregada com o 4-potencial eletromagnético A_μ [13]. Por outro lado, na teoria de Weyl não existe nenhuma regra que prescreva como a matéria deve interagir com o campo de gravitação e com o campo eletromagnético (ambos geometrizados), o que não deixa configurar um elemento de "incompletude"da teoria. Retornaremos a este ponto na seção 7.

1.6   O problema do tempo na teoria de Weyl

É amplamente reconhecido, desde a publicação original do artigo que continha a teoria unificada, que a noção de tempo adotada por Weyl era bem problemática. Isto era atribuído ao fato de que o comportamento dos relógios parecia depender de suas trajetórias no espaço-tempo [1]. Recordemos, aqui, que ao texto escrito por Weyl foi adicionado um *addendum* de autoria de Einstein contendo uma objecção a respeito dessa peculiaridade, que hoje é mais conhecida na literatura como o *segundo efeito do relógio* [14]. Para examinar a objeção de Einstein com maior clareza, vamos enumerar de maneira mais explícita as hipóteses, sobre as quais se baseia o argumento.

i) O tempo próprio $\triangle \tau$ mensurado por um observador percorrendo uma curva $\mathscr{C} = \mathscr{C}(t)$ é dado, como na relatividade geral, seguindo a prescrição (riemanniana)

$$\triangle \tau = \frac{1}{c} \int [g(V,V)]^{\frac{1}{2}} dt = \frac{1}{c} \int [g_{\mu\nu} V^{\mu} V^{\nu}]^{\frac{1}{2}} dt, \qquad (1.15)$$

onde V denota o vetor tangente à linha de universo do observador, sendo c a velocidade da luz. Esta suposição é conhecida como a *hipótese do relógio*, e admite que o tempo próprio depende unicamente da velocidade instantânea do observador e do campo métrico [18]. (Vale salientar que o campo de gauge σ, um componente essencial e inseparável da geometria do espaço-tempo, não aparece na expressão acima).

ii) O *tique-taque* ("clock rate") de um relógio (em particular, dos relógios atômicos) é tacitamente modelado pelo comprimento (riemanniano) $L = \sqrt{g(Z,Z)}$ de um vetor do Z tipo-tempo [13]. À medida que um observador se move no espaço-tempo, o vetor Z é transportado paralelamente ao longo de sua linha de universo de um ponto P_0 a um ponto P, e assim $L = L_0 e^{\frac{1}{2} \int \sigma_\alpha dx^\alpha}$, com L_0 and L denotando o tique-taque do relógio em P_0 e P, respectivamente. (Posteriormente, essa mesma hipótese seria feita explicitamente por Ehlers, Pirani and Schild [20].)

Examinemos mais de perto as duas pressuposições acima. Comecemos com a primeira hipótese. Ora, para ser consistente com o Princípio de Invariância de Weyl o conceito de tempo próprio deveria ser invariante

---

[13]É importante destacar que Weyl nunca concordou com essa maneira geométrica de associar o tique-taque do relógio. Ele argumentava que essa era uma questão a ser decida, em última instância, pela física que regula o funcionamento do relógio. Curiosamente, o filósofo Bertrand Russell, já em 1927, tinha uma postura crítica no que concerne a essa hipótese. [19].

1. Geometria de Weyl e Teorias da Gravitação

de gauge, o que claramente não acontece de acordo com a expressão escolhida para $\triangle \tau$. Até recentemente não havia sido proposta nenhuma noção invariante de tempo próprio consistente com a teoria de Weyl e que ao mesmo tempo evitasse o aparecimento do segundo efeito do relógio [14]. Por outro lado, na segunda hipótese, a invariância de gauge é novamente violada, já que o conceito de tique-taque de relógios não é modelado por uma grandeza física invariante de gauge, sem contar que o campo de Weyl não comparece na expressão que o define.

Aqui vale a pena mencionar uma noção de tempo próprio inteiramente consistente com o Princípio de Invariância de Gauge proposta por V. Perlick [25]. A linha de desenvolvimento do raciocínio é a seguinte. Na geometria de Riemann, como sabemos, a condição de compatibilidade entre a métrica e a conexão afim pode ser expressa pela equação

$$\nabla_V [g(W, U)] = g(\nabla_V W, U) + g(W, \nabla_V U), \qquad (1.16)$$

onde V, W e U são campos vetoriais. Consideremos, agora, uma curva do tipo-tempo $\mathscr{C} = \mathscr{C}(t)$, ao mesmo tempo que tomamos $V = W = U = \frac{d}{dt}$, sendo $\frac{d}{dt}$ o vetor tangente a $\mathscr{C}$. Segue, então, que $\frac{d}{dt} g\left(\frac{d}{dt}, \frac{d}{dt}\right) = 2g\left(\nabla_{\frac{d}{dt}} \frac{d}{dt}\right)$, e assim, podemos identificar t com parâmetro comprimento de arco s da curva $\mathscr{C}$ (a menos de reparametrização) se, e somente se, $g\left(\nabla_{\frac{d}{dt}} \frac{d}{dt}\right) = 0$. Se esta condição, que pode ser tomada para caracterizar

---

[14] In 1986, V. Perlick proposed a new notion of proper time defined in a Weyl manifold that is invariant by Weyl transformations [25] and reduces to the WIST and general relativistic definitions in the appropriate limits. However, it has been shown that Perlick's time also leads to the second clock effect [26].

o parâmetro comprimento de arco na geometria riemanniana, for levada à geometria de Weyl, então podemos considerá-la como uma definição de tempo próprio, que é claramente invariante por transformações de Weyl. Este foi o ponto de partida da definição escolhida por Perlick. Aliás, vale salientar, no entanto, que a escolha adotada por Perlick implica, também, a existência do segundo efeito do relógio [26]. Substituindo a (não-invariante) condição de parametrização (riemanniana) $g(\frac{d}{dt}, \frac{d}{dt}) = 1$ pela equação invariante de gauge $g\left(\nabla_{\frac{d}{dt}} \frac{d}{dt}\right) = 0$ pode ser mostrado que o tempo próprio $\Delta\tau$ decorrido entre dois eventos correspondentes aos valores dos parâmetros t_0 e t na curva $\mathscr{C}$ (que representa a linha de universo de um observador) é dada por

$$\Delta\tau(t) = \left(\frac{d\tau/dt}{\sqrt{g_{\alpha\beta}\dot{x}^{\alpha}\dot{x}^{\beta}}}\right)_{t=t_0} \int_{t_0}^{t} \exp\left(-\frac{1}{2}\int_{u_0}^{u} \sigma_{\rho}\dot{x}^{\rho} ds\right) \left[g_{\mu\nu}\dot{x}^{\mu}\dot{x}^{\nu}\right]^{1/2} du,$$

(1.17)

onde aqui estamos usando a notação $\dot{x}^{\alpha} = \frac{dx^{\alpha}}{dt}$ [26]. Pode ser demonstrado, também, que a noção de tempo de Perlick possui todas as propriedades esperadas para uma definição de tempo próprio no espaço-tempo de Weyl, tais como, invariância de Weyl, aditividade e é definida positiva. Além do mais, no limite em que a curvatura de comprimento $F_{\mu\nu}$ tende a zero o tempo de Perlick se reduz ao tempo próprio einsteiniano e ao tempo próprio definido numa teoria de ecalar-tensorial definida num espaço-tempo de Weyl integrável [24]. Pode-se provar, também, a equivalência entre a definição de tempo próprio adotada por Perlick e aquela dada no bem conhecido trabalho de Ehlers, Pirani, and Schild (EPS) [26, 20], este inteiramente baseado numa abordagem rigorosamente

1. Geometria de Weyl e Teorias da Gravitação

axiomática [26, 20, 21].

É interessante notar que, indiretamente, a proposta de Perlick leva a um novo tipo de geometria. De fato, pode-se interpretar a equação (1.17), como definindo um funcional que permite calcular o comprimento de curvas numa classe de variedades de Weyl representadas pela estrutura conforme $\mathcal{M} = \{(g, \nabla, \sigma)\}$. Em outras palavras, a noção de tempo próprio de Perlick dota, naturalmente, o espaço-tempo de novas propriedades métricas, as quais são completamente distintas daquelas que são normalmente definidas em cada membro da classe de equivalência. Neste ponto, surge a questão: "qual é a natureza das *geodésicas* dessa geometria"? Ou ainda, qual seria a forma das equações que representam essas curvas, vistas como aquelas que extremizam o funcional de Perlick (1.17)? Eis aqui uma questão que parece ser interessante tanto do ponto de vista geométrico como físico [15]. De fato, pode-se estar interessado em saber se é ou não possível definir uma "distância" entre dois pontos da variedade . Aqui, poderia parecer ser natural adotar o postulado de que as trajetórias das partículas submetidas apenas às interações gravitacionais/eletromagnéticas (isto é, "em queda livre") são, de fato, às que extremizam (1.17). Daí ser necessário encontrar tais curvas. Este tem se revelado um problema matemático de difícil resolução, pois devido a seu carácter não-local, o funcional de Perlick não tem a forma de uma ação típica do cálculo variacional [22]. Contudo, alguns resultados preliminares obtidos são os seguintes: i) as geodésicas de Perlick não coincidem com as geodésicas afins da geometria de Weyl; ii) as linhas de universo

---

[15]Pode-se mostrar que a teoria de Perlick leva a um tipo de eletrodinâmica *não-local* [22]

das partículas exibem um caráter não-local, no sentido de que dependem da história passada da partícula. Esta propriedade de não-localidade é, de certa maneira esperada, uma vez que a geometria de Perlick tem um caráter não-local, e o segundo efeito do relógio pode ser perfeitamente visto como um fenômeno não-local. Note-se, de passagem, que a introdução do funcional de Perlick adiciona mais uma estrutura geométrica no espaço-tempo de Weyl, além da métrica e da conexão. Todavia, a noção de tempo próprio de Perlick , apesar de ser invariante de gauge, introduz grandes dificuldades de cálculo, não é operacional, nem oferece nenhuma maneira de resolver o difícil problema do acoplamento da matéria na teoria de Weyl, questão que abordaremos na próxima seção.

1.7 O acoplamento da matéria na teoria de Weyl

Comecemos esta seção citando algumas palavras do matemático britânico M. Atiyha ao comentar a histórica objeção de Einstein à teoria de Weyl: *"Given this devastating critique it is remarkable but fortunate that Weyl's paper was still published... Clearly the beauty of the idea attracted the editor..."* [27] Certamente, foi esta "crítica devastadora"que impediu Weyl de seguir adiante com sua bela teoria e completá-la resolvendo o problema do acoplamento da matéria, mantendo a consistência com o princípio da invariância de gauge. No que se segue, trataremos detalhadamente deste importante tópico.

Antes de tudo, gostaríamos aqui de chamar a atenção para a definição (invariante de gauge) de tempo próprio das chamadas *teorias escalares-*

1. GEOMETRIA DE WEYL E TEORIAS DA GRAVITAÇÃO

tensorias geométricas da gravitação, também conhecidas na literatura como teorias da gravitação definidas num espaço de Weyl integrável (*WIST*-Weyl integrable space-time), à qual dedicaremos a última seção deste artigo [23, 24]. Aqui a definição de tempo próprio é dada pela equação

$$\Delta\tau = \int_a^b e^{-\frac{\phi}{2}} \left(g_{\mu\nu} \frac{dx^\mu}{dt} \frac{dx^\nu}{dt} \right)^{\frac{1}{2}} dt. \tag{1.18}$$

Analogamente ao caso não-integrável, estas teorias também podem ser vistas como definidas numa variedade espaço-tempo que corresponde a uma estrutura conforme de Weyl $\mathcal{M} = \{(g, \nabla, \sigma)\}$, com a diferença que a 1-form σ é exata, i.e., existe um campo escalar ϕ, tal que $\sigma = d\phi$, e portanto a curvatura de comprimento $F_{\mu\nu}$ é nula em todos os pontos. Assim, não existe mais eletromagnetismo, embora tenhamos ainda a condição de compatibilidade (1.1) não-riemanniana, que agora fica

$$\frac{d}{dt} g(V, W) = d\phi(\frac{d}{dt}) g(V, W), \tag{1.19}$$

onde, como antes, V e W são campos vetoriais. Isto significa que, em vez da geometrização do campo eletromagnético, temos agora a geometrização de um campo escalar ϕ (veremos, depois, que na versão original consideramos um campo escalar sem massa, sendo, no entanto, perfeitamente permitido adicionar à lagrangiana da teoria um potencial arbitrário $V(\phi)$). As transformações de Weyl originais (1.3) , (1.4) tornam-se agora $\overline{g} = e^f g$ e $\overline{\phi} = \phi + f$.

Um ponto importante a destacar na teoria escalar-tensorial geométrica é que é possível reformular a hipótese do relógio de modo em termos

Carlos Romero

da métrica invariante de gauge $\gamma_{\mu\nu} = e^{-\frac{\phi}{2}} g_{\mu\nu}$. Esta simples constatação pode nos dar uma pista de como atacar o problema do acoplamento da matéria no caso da teoria de Weyl não-integrável. Para isto, vejamos o procedimento para definir o tensor momento-energia invariante através da ação nas teorias escalares-tensoriais. Seja $S^{(m)} = \int d^4x \sqrt{|\eta|} \mathscr{L}_m(\psi_A, \partial\psi_A)$ a ação dos campos de matéria ψ_A, que queremos acoplar com a geometria [16]. Em seguida, usemos o *princípio de acoplamento mínimo* $\eta_{\mu\nu} \to \gamma_{\mu\nu}, \partial\psi_A \to \nabla\psi_A$, em que ∇ denota a derivada covariante em relação à conexão métrica dada por $\gamma_{\mu\nu}$. Definimos o tensor momento-energia $T_{\mu\nu}$, pela mesma prescrição adotada por Hilbert

$$\delta S^{(m)} = \kappa \int d^4x \sqrt{|\gamma|} T_{\mu\nu} \delta\gamma^{\mu\nu}, \qquad (1.20)$$

com κ denotando a constante de acoplamento (É imediato ver que esta definição é invariante de gauge, uma vez que $\gamma_{\mu\nu}$ é invariante). Em outras palavras, o tensor momento-energia $T_{\mu\nu}$ é a derivada funcional de $S^{(m)}$ em relação a $\gamma_{\mu\nu}$. Desta maneira, chegamos a um procedimento invariante para definir o acoplamento da matéria com a geometria do espaço-tempo.

Inspirados pelo exemplo acima, nosso objetivo agora é desenvolver um procedimento semelhante, que seja invariante de gauge, de modo que possamos finalmente construir o acoplamento entre matéria e geometria na teoria (não-integrável) de Weyl. É evidente que a não-localidade do funcional (1.17) faz com que o uso da métrica de Perlick para este

---

[16]Estamos considerando estes campos de matéria ainda no contexto da Relatividade Especial; portanto, definidos no espaço-tempo de Minkowski.

1. Geometria de Weyl e Teorias da Gravitação

fim torne-se virtualmente impossível. Portanto, precisamos encontrar um outro tensor métrico que seja invariante de gauge, ou, em outras palavras, que seja um verdadeiro representante da estrutura conforme $\mathscr{M} = \{(g, \nabla, \sigma)\}$. Sucede que a ideia de Weyl de trabalhar com as equações de campo num gauge particular, isto é, no gauge natural definido por $R = \Lambda$, pode ser de grande valia. De fato, seja (g, σ) um membro arbitrário de $\mathscr{M}$ e definamos o tensor $\gamma = \frac{R}{\Lambda} g$ para algum $\Lambda \neq 0$ (naturalmente o escalar de curvatura R é automaticamente determinado por (g, σ) [17]. Suponhamos agora que $(\overline{g}, \overline{\sigma})$ seja um outro membro de $\mathscr{M}$, e $\overline{R}$ a curvatura escalar neste gauge. Claramente, os dois membros da classe de equivalência se relacionam através das transformações $\overline{g}_{\mu\nu} = e^f g_{\mu\nu}$, $\overline{\sigma}_\alpha = \sigma_\alpha + \partial_\alpha f$, para uma certa função f . Como $\overline{R} = \overline{g}^{\mu\nu} \overline{R}_{\mu\nu} = \overline{g}^{\mu\nu} R_{\mu\nu} = e^{-f} g^{\mu\nu} R_{\mu\nu} = e^{-f} R$, então a transformação de γ será dada por $\overline{\gamma} = \frac{\overline{R}}{\Lambda} \overline{g} = \frac{R}{\Lambda} g = \gamma$, o que significa que o tensor γ é um invariante de gauge, podendo ser calculado a partir de qualquer membro da estrutura conforme $\mathscr{M}$. É imediato constatar que o tensor métrico γ assume sua forma mais simples no gauge (g, σ), quando $\gamma = g$.

A mesma linha de argumentação que seguimos anteriormente nos leva a definir um segundo objeto invariante de gauge, a 1-forma $\xi = \sigma + d(\ln R)$. Portanto, consideramos ξ como a 1-forma representativa of $\mathscr{M}$. Uma vez de posse do tensor métrico invariante de gauge, podemos adotar o mesmo procedimento usado no caso da geometria integrável para obter o tensor momento-energia da matéria $T_{\mu\nu}^{(m)}$, bas-

---

[17] Se $R = 0$, é fácil verificar que o sistema de equações de Weyl se torna trivial, e desaparece o campo eletromagnético. Se quisermos, como pretendia Weyl, interpretar Λ como sendo a constante cosmológica, então devemos tomar $\Lambda > 0$.

tando, para esse fim, defini-lo (a la Hilbert) pela equação variacional $\delta S^{(m)} = \kappa \int d^4x \sqrt{|\gamma|} T^{(m)}_{\mu\nu} \delta\gamma^{\mu\nu}$, de modo que $T^{(m)}_{\mu\nu}$ é a derivada funcional da ação da matéria $S^{(m)}$ em relação a $\gamma^{\mu\nu}$, i.e, na notação usual $T^{(m)}_{\mu\nu} \equiv \frac{\delta S^{(m)}}{\delta\gamma^{\mu\nu}}$ [18]. Portanto, nossa estratégia para introduzir os campos e matéria nas equações será reescrever a teoria de Weyl em termos de γ e ξ.

1.8   Uma nova abordagem à teoria de Weyl

Nesta seção, apresentaremos uma nova teoria da gravitação, que surge numa tentativa de completar e dar consistência à teoria original unificada de Weyl. Como ficará claro, não se trata de uma teoria unificada, e sim de uma teoria modificada da gravitação. De fato, a ideia de identificar o campo de 1-formas σ com o campo eletromagnético é aqui inteiramente abandonada. O quadro teórico da teoria proposta pode ser condensado num conjunto de cinco postulados. No que se segue, discutiremos detalhadamente cada um deles.

P1. A geometria do espaço-tempo corresponde a uma estrutura conforme $\mathscr{M} = \{(g, \nabla, \sigma)\}$, cujos membros se relacionam através do grupo de transformações definidas por (1.3) e (1.4). Os objetos geométricos relevantes, dotado de um significado intrínseco são representados por γ e ξ.

P2. As equações de campo da teoria serão determinadas pela variação

---

[18]Evidentemente, esta é uma definição claramente invariante de gauge.

1. Geometria de Weyl e Teorias da Gravitação

da ação (completa)

$$S = \int d^4x \sqrt{|\gamma|}[R^2 + \omega F_{\mu\nu}F^{\mu\nu} + \varkappa \mathscr{L}_m]d^4x$$

em relação a γ, ξ e ψ_A, onde $\varkappa$ designa a constante de acoplamento da matéria com a geometria, com $\mathscr{L}_m(\psi_A, \nabla\psi_A)$ denotando a lagrangiana dos campos de matéria. No gauge de Weyl (gauge natural), a ação acima toma a forma [19]

$$S = \int d^4x \sqrt{-g}[R + \frac{\omega}{2\Lambda}F_{\mu\nu}F^{\mu\nu} - \frac{\Lambda}{2} + \kappa\mathscr{L}_m],$$

cuja variação em relação a $g_{\mu\nu}$, σ^μ e ψ_A, fornece, respectivamente, as seguintes equações

$$\tilde{R}_{\mu\nu} - \frac{1}{2}\tilde{R}g_{\mu\nu} + \frac{\Lambda}{4}g_{\mu\nu} = \frac{\omega}{\Lambda}T_{\mu\nu}^{(P)} - \kappa T_{\mu\nu}^{(m)}, \qquad (1.21)$$

$$\frac{1}{\sqrt{-g}}\partial_\nu\left(\sqrt{-g}F^{\mu\nu}\right) = \frac{3\Lambda}{2\omega}\sigma^\mu, \qquad (1.22)$$

$$\Phi^A = 0,$$

onde $\delta \int d^4x \sqrt{-g}[\kappa\mathscr{L}_m] = \int d^4x \sqrt{-g}\Phi^A\delta\psi_A$, e $\kappa = \frac{\varkappa}{2\Lambda}$. Além disso, o tensor $T_{\mu\nu}^{(P)}$, dado por

$$T_{\mu\nu}^{(P)} = F_{\mu\alpha}F^\alpha_{\ \nu} + \frac{1}{4}g_{\mu\nu}F_{\alpha\beta}F^{\alpha\beta} - \frac{3\Lambda}{2\omega}\left(\sigma_\mu\sigma_\nu - \frac{1}{2}g_{\mu\nu}\sigma_\alpha\sigma^\alpha\right), \quad (1.23)$$

---

[19]Estamos aqui redefinindo a constante de acopamento, tomando $\kappa = \frac{\varkappa}{2\Lambda}$.

pode ser formalmente interpretado como correspondendo ao tensor momento-energia de um campo vetorial massivo, como, por exemplo, o conhecido campo de Proca, desde que definamos sua massa como $m = \sqrt{-\frac{3\Lambda}{2\omega}}$ [28]. (Se admitirmos que $\Lambda > 0$ corresponde à constante cosmológica, então devemos nos restringir a valores negativos do parâmetro ω). Em virtude da analogia com a teoria de Proca, nos parece mais plausível reinterpretar o campo de Weyl σ não mais como o campo eletromagnético, e sim com um campo vetorial massivo que surge através de uma *rationale* puramente geométrica. (É interessante notar que as equações de Proca aparecem no modelo padrão de partículas elementares, no qual ela descreve os chamados *bósons de gauge massivos*, isto é, os bósons Z, . Classicamente, as equações de Proca admitem solução formalmente idênticas ao conhecido potencial de Yukawa, que as utilizou em sua teoria da interação nuclear. O potencial de Yukawa é dado por $V(r) = -g^2 \frac{e^{-mr}}{r}$, onde g é uma constante de acoplamento e α é uma constante associada ao alcance da interação [29]

P3. O movimento de partículas "em queda livre", isto é, que interagem apenas com a gravitação, é dado pelas geodésicas riemannianas determinadas pelo tensor métrico γ .

P4. O tempo próprio (invariante de gauge) medido por um relógio padrão é aquele prescrito pela hipótese do relógio, vindo dado pela seguinte expressão

$$\triangle\tau = \frac{1}{c} \int [\gamma(V,V)]^{\frac{1}{2}} \, d\lambda,$$

que no gauge de Weyl se reduz a (1.15).

1. Geometria de Weyl e Teorias da Gravitação

P5. O tique-taque dos relógios é estritamente determinado pelas propriedades métricas de γ apenas.

Convém salientar que na dedução da equação do campo que fornece a dinâmica do campo de Weyl σ, admitimos implicitamente que $\mathscr{L}_m$ que não depende de σ, ou, em outras palavras, que o campo de Weyl geométrico não se acopla diretamente com a matéria. Certamente, um formalismo mais geral, podemos tornar esta hipótese menos restritiva, simplesmente adotando um termo de corrente j_μ, dado por $\delta \int d^4x \sqrt{-g}[\kappa \mathscr{L}_m] = \int d^4x \sqrt{-g} j_\mu \delta \sigma^\mu$.

Deve-se destacar que a identificação original da 1-form σ com o potencial eletromagnético deixa de ser feita aqui. Em vez disso, é o par (γ, ξ) o que constitui o campo gravitacional em sua integralidade. Desta maneira, o que obtemos aqui é uma teoria da gravitação modificada, em vez de uma teoria unificada como no programa original de Weyl.

Em virtude da analogia com a teoria de Proca, nos parece mais plausível reinterpretar o campo de Weyl σ não mais como o campo eletromagnético, e sim com um campo vetorial massivo que surge na teoria através de uma *rationale* puramente geométrica.

Como é bem sabido, na teoria da relatividade geral as identidades de Bianchi implicam que o lado direito das equações (1.21), isto é, o termo $\frac{\omega}{\Lambda}T_{\mu\nu}^{(P)} - \kappa T_{\mu\nu}^{(m)}$ tenha divergência nula. Por outro lado, usando-se a equação (1.22) é possível mostrar que $\nabla_\alpha T^{(P)\alpha\beta} = 0$, o que nos leva a $\nabla_\alpha T^{(m)\alpha\beta} = 0$, significando que o tensor momento-energia da matéria é conservado. No contexto da presente teoria, este resultado acarreta um fato importante: são as geodésicas métricas, e não as autoparalelas, as curvas que descrevem as partículas que interagem apenas com a gravitação. Portanto, vemos assim que o terceiro postulado enunciado acima aparece como uma conseqüência das equações de campo.

Gostaríamos de concluir esta seção com alguns comentários. Antes de tudo, convém chamar atenção para o fato de que adotar o conjunto de tensores invariantes de gauge, desempenhando o papel de representantes da estrutura conforme que representa o espaço-tempo, nos leva a duas conseqüências importantes: i) efeitos não-locais, tais como, o segundo efeito do relógio, não são mais preditos; ii) o acoplamento entre a matéria e o espaço-tempo é feito de uma forma invariante, seguindo-se aqui a mesma regra usada na teoria da relatividade geral; iii) Ao escolher trabalhar no gauge natural $R = \Lambda$, Weyl tinha como objetivo principal evitar o problema de Cauchy para equações de quarta ordem, e a identificação de Λ (que, possui dimensão L^{-2}) com a constante cosmológica, um pensamento que lhe ocorreu *a posteriori*, lhe pareceu uma vantagem adicional de sua teoria, já que a presença da constante cosmológica nas equações de campo advém naturalmente da própria geometria, não tendo que ser postulada de uma maneira *ad hoc*, como o fez Einstein na equações da relatividade geral [32].

1.9   O espaço-tempo de Weyl integrável

Na seção 7, mencionamos, de passagem, que quando o espaço-tempo não tem curvatura de comprimento, isto é, quando $F_{\mu\nu} = 0$, então a equação que expressa a condição de compatibilidade entre a métrica e

1. Geometria de Weyl e Teorias da Gravitação

a conexão afim reduz-se à equação (1.19), que, em coordenadas locais, pode ser escrita como $\nabla_\mu g_{\alpha\beta} = \phi_{,\mu} g_{\alpha\beta}$, onde ϕ é um campo escalar definido no espaço-tempo. Neste caso, a equação que nos fornece a variação do comprimento de um vetor ao longo de uma curva fechada, $L = L_0 e^{\frac{1}{4} \int \int F_{\mu\nu} dx^\mu \wedge dx^\nu}$, agora nos dá $L = L_0$, o que simplesmente nos diz que o transporte paralelo de um vetor não mais depende do caminho, como acontecia na geometria original de Weyl, e o espaço-tempo é dito *integrável* (comumente referido na literatura como *WIST* (*Weyl integrable space-time*)).

Se a geometria do espaço-tempo de Weyl oferece graus de liberdade suficientes para geometrizar o campo eletromagnético, o espaço-tempo integrável permite geometrizar o campo escalar. Devido à integrabilidade da *conexão de comprimento* σ, já que $\sigma = d\phi$, a objeção de Einstein à teoria de Weyl (que diz respeito à existência do segundo efeito do relógio) deixa de existir, o que fez surgir o interesse em teorias escalares-tensoriais geométricas, definidas num espaço-tempo de Weyl integrável. Diga-se, de passagem, que teorias métricas da gravitação em que um campo escalar ϕ comparece de forma geométrica, são conhecidas, por exemplo, teorias que admitem espaços dotados de torção escalar [33] , e funções de escala (em geometria de Lyra) [34]. A primeira tentativa de formular uma teoria da gravitação num espaço de Weyl integrável deve-se a D. K. Ross, em 1972. No entanto, foi a partir dos anos oitenta, que M. Novello [20] e colaboradores desenvolveram um extenso programa

---

[20]Note-se que, já 1969, Novello se interessava pela geometria de Weyl, publicando um artigo, (aliás, o primeiro de sua carreira científica), no qual tratava de uma formulação quaterniônica dessa geometria [37]

Carlos Romero

de investigação, abordando diversos aspectos da teoria da gravitação definida na versão integrável da geometria de Weyl [36].

As teorias escalares-tensoriais da gravitação têm despertado grande interesse desde o aparecimento do trabalho seminal de P. Jordan, publicado nos anos cinquenta [38]. Todavia, o ímpeto maior para a investigação desse tipo de teoria veio da teoria de Brans-Dicke, considerada por muitos como a mais simples e popular alternativa à teoria da gravitação de Einstein [39]. Nas últimas quatro décadas, o interesse em teoria escalares-tensoriais tem aumentado bastante, principalmente devido à versão moderna teoria de Kaluza-Klein, à teoria de cordas, aos modelos inflacionários do universo, e outras propostas no âmbito da cosmologia. Tradicionalmente as teorias escalares-tensoriais não atribuem nenhum carácter geométrico ao campo escalar. Por outro lado, tampouco este campo está associado à matéria. No caso particular da teoria de Brans-Dicke, seu papel é determinar possíveis variações da *constante* de Newton G, uma vez que, de acordo com as ideias de E. Mach, G dependeria da distribuição e da dinâmica da massa no universo [40]. No entanto, como já mencionado, mesmo antes do aparecimento de teorias motivadas pela teoria de Weyl, várias tentativas distintas propondo uma teoria escalar-tensorial no qual o campo escalar é parte essencial da geometria do espaço-tempo surgiram já a partir dos anos cinquenta [34, 33]. Em todos estes casos, busca-se uma estrutura geométrica contendo um campo escalar de modo a acrescentar um novo grau de liberdade, além do campo métrico provido pela geometria riemanniana.

1. Geometria de Weyl e Teorias da Gravitação

1.9.1 As equações de campo

No que se segue, apresentaremos uma versão da teoria escalar-tensorial definida num espaço-tempo de Weyl integrável [21]. Partiremos da ação (invariante de gauge) dada por

$$S = \int d^4x\sqrt{-g}e^{-\phi}(R + \omega(\phi)\phi^{,\alpha}\phi_{,\alpha} - V(\phi)) + S_m(g,\psi), \qquad (1.24)$$

onde $R = g^{\mu\nu}R_{\mu\nu}(\Gamma)$, ϕ é o campo escalar, ω é uma função de ϕ, $V(\phi)$ representa o potencial do campo escalar e S_m indica a parte da ação que depende dos campos de matéria, aqui genericamente denotados por ψ [22]. Lembramos que ϕ é considerado como um campo puramente geométrico, cujo significado se tornará claro apenas após ser efetuada uma variação da ação no formalismo de Palatini [23]. A variação em relação à conexão afim leva a [23]

$$\nabla_\alpha g_{\mu\nu} = g_{\mu\nu}\phi_{,\alpha}. \qquad (1.25)$$

Esta equação, como já vimos, expressa a condição de compatibilidade entre a métrica e a conexão afim no caso de um espaço-tempo de Weyl integrável (condição algumas vezes chamada de *não-metricidade*) [24].

---

[21]Esta versão difere da que foi desenvolvida por Novello, basicamente pela escolha da lagrangiana da teoria.

[22]Ressaltamos que esta ação é uma simples extensão da ação original considerada na primeira versão da teoria [23].

[23]Lembramos aqui que no formalismo de Palatini as variações são feitas considerando-se métrica e a conexão como independentes.

[24]Nesta seção, usaremos a seguinte convenção: sempre que o símbolo g aparecer na expressão $\sqrt{-g}$ denota $\det g$. Estamos considerando o tensor de Ricci $R_{\mu\nu}(\Gamma)$ sendo

Já sabemos que esta condição caracteriza um espaço-tempo de Weyl integrável. A equação acima, por causa do teorema de Levi-Civita (estendido), determina univocamente a conexão em termos de $g_{\mu\nu}$ e ϕ:

$$\Gamma^{\alpha}_{\beta\lambda} = \{^{\alpha}_{\beta\lambda}\} - \frac{1}{2}g^{\alpha\mu}[g_{\mu\beta}\partial_{\lambda}\phi + g_{\mu\lambda}\partial_{\beta}\phi - g_{\beta\lambda}\partial_{\mu}\phi] \qquad (1.26)$$

onde $\{^{\alpha}_{\beta t}\}$ representa os símbolos de Christoffel. Neste momento, podemos efetuar a variação em relação à métrica $g_{\mu\nu}$ e ao campo escalar ϕ, obtendo seguinte conjunto de equações de campo:

$$G_{\mu\nu} = \omega(\phi)\left(\frac{\phi_{,\alpha}\phi^{,\alpha}}{2}g_{\mu\nu} - \phi_{,\mu}\phi_{,\nu}\right) - \frac{1}{2}e^{\phi}g_{\mu\nu}V(\phi) - \kappa T_{\mu\nu}, \qquad (1.27)$$

$$\Box\phi = -\left(1 + \frac{1}{2\omega}\frac{d\omega}{d\phi}\right)\phi_{,\mu}\phi^{,\mu} - \frac{e^{\phi}}{\omega}\left(\frac{1}{2}\frac{dV}{d\phi} + V\right), \qquad (1.28)$$

onde $\Box$ denota o operador d'Alembertiano, calculado em relação à conexão de Weyl, e $T_{\mu\nu}$ representa o tensor momento-energia dos campos de matéria definido (de maneira invariante de gauge) por

$$\delta S^{(m)} = \kappa \int d^4x\sqrt{-g}T_{\mu\nu}\delta g^{\mu\nu}, \qquad (1.29)$$

com κ denotando a constante de acoplamento da matéria.

---

dado em termos dos coeficientes da conexão afim $\Gamma^{\alpha}_{\mu\nu}$ através da definição usual do tensor de curvatura.

1. Geometria de Weyl e Teorias da Gravitação

1.9.2 As equações de campo no referencial de Riemann

Como já sabemos, a condição de compatibilidade (1.25) não muda quando fazemos as seguintes tranformações em g e ϕ:

$$\overline{g} = e^f g, \tag{1.30}$$

$$\overline{\phi} = \phi + f. \tag{1.31}$$

onde f é uma função arbitrária do espaço-tempo. Relembrando o que já vimos, o conjunto $\mathscr{M} = \{M, g, \phi\}$ define uma estrutura conforme de Weyl. A um elemento genérico (g, ϕ) do conjunto $\mathscr{M}$ chamaremos de *referencial de Weyl* [25]. Todavia, existe um elemento especial $(\overline{\gamma}, \overline{\phi})$ de $\mathscr{M}$ em que o campo escalar ϕ se anula, isto é, $\overline{\phi} = 0$, e a condição de não-metricidade torna-se riemanniana. De fato, considerando um um elemento genérico (g, ϕ), é imediato constatar que se tomarmos $f = -\phi$ em (1.31), obtemos $\overline{\phi} = 0$. Iremos nos referir ao elemento de $\mathscr{M}$ ($\overline{\gamma} = e^{-f} g, \overline{\phi} = 0$) como o *referencial de Riemann* [26].

É possível reformular a ação (1.24), assim como as equações de campo, no referencial de Riemann. Não é difícil verificar que neste referencial (1.24) a ação (1.24) é transformada em

$$\overline{S} = \int d^4 x \sqrt{-\gamma} \{ \bar{R} + \omega(\phi) \gamma^{\mu\nu} \phi_{,\mu} \phi_{,\nu} - e^{2\phi} V(\phi) \} + S^{(m)}(\gamma, \psi) \},$$

---

[25] Embora tenhamos até agora nos referido à palavra *gauge*, quando se trata do caso integrável da geometria de Weyl, seguiremos a convenção adotada por C. Brans e R. Dicke, de usar o termo *frame*, que traduziremos por *referencial*.

[26] Na literatura, quando se está considerando a teoria de Brans-Dicke, o que denominamos aqui *referencial de Weyl* e *referencial de Riemann* corresponde, respectivamente, a *referencial de Jordan* e *referencial de Einstein*.

enquanto que as equações de campo (1.27) e (1.28) passam a ser, respectivamente,

$$\bar{G}_{\mu\nu} = \omega(\phi) \left(\frac{\phi_{,\alpha}\phi^{,\alpha}}{2} \gamma_{\mu\nu} - \phi_{,\mu}\phi_{,\nu} \right) - \frac{e^{2\phi}}{2} \gamma_{\mu\nu} V(\phi) - \kappa T_{\mu\nu}(\gamma), \quad (1.32)$$

$$\bar{\Box}\phi = -\frac{1}{2\omega}\frac{d\omega}{d\phi}\phi_{,\alpha}\phi^{,\alpha} - \frac{e^{2\phi}}{\omega}\left(V + \frac{1}{2}\frac{dV}{d\phi} \right), \quad (1.33)$$

onde $\bar{G}_{\mu\nu}$ é o tensor de Einstein calculado a partir da conexão de Levi-Civita definida com a métrica $\gamma_{\mu\nu}$.

Alguns comentários sobre a nova forma das equações de campo são pertinentes. O primeiro deles diz respeito ao seguinte: se a função $\omega(\phi)$ for tomada igual a uma constante ω, e se $V(\phi) = 0$, então a ação acima torna-se

$$\bar{S} = \int d^4x \sqrt{-\gamma}(\bar{R} + \omega\phi^{,\mu}\phi_{,\mu}) + S^{(m)}(\gamma, \psi),$$

que, corresponde à ação de um campo escalar ϕ sem massa acoplado minimalmente com o campo gravitacional.

Convém, neste ponto, acrescentar o seguinte comentário. A equivalência matemática entre a teoria escalar-tensorial geométrica e a teoria da relatividade geral (desde que seja adicionado um campo escalar sem massa) nos leva a indagar se existe também uma equivalência física. Esta questão nos remete às conhecidas controvérsias no contexto da teoria de Brans-Dicke sobre a equivalência física entre o *referencial de*

1. Geometria de Weyl e Teorias da Gravitação

Jordan e o *referencial de Einstein* (ver, por exemplo [40]). No entanto, no caso da teoria geométrica, podemos adiantar o seguinte: no que diz respeito ao movimento de partículas movendo-se apenas sob a influência da gravitação, ou à propagação de raios luminosos, ambas descrições são equivalentes. A razão disto está no fato de que as geodésicas são invariantes em relação a transformações de Weyl, as quais, vale dizer, também preservam a estrutura causal do espaço-tempo.

Antes de concluir esta seção, gostaríamos de chamar a atenção para uma versão anterior da teoria exposta acima, que difere desta última pela escolha da ação $\mathscr{S}$ (que aqui, aliás, não é tomada como sendo invariante de gauge) [42]. Vamos nos limitar ao setor gravitacional desta primeira versão, o qual é dado por

$$\mathscr{S} = \int d^n x \sqrt{-g} \left[\mathscr{R} + \omega \phi_{,\alpha} \phi^{,\alpha} \right], \tag{1.34}$$

onde $\mathscr{R}$ é o escalar de curvatura calculado com a conexão de Weyl, e ω é um parâmetro adimensional [27]. Não é difícil verificar que a ação acima pode ser reduzida a

$$\mathscr{S} = \int d^n x \sqrt{-g} \left[\widetilde{R} + (\omega + \frac{3}{2}) \phi_{,\alpha} \phi^{,\alpha} \right],$$

onde $\widetilde{R}$ representa o escalar de curvatura calculado com a conexão riemanniana. (É interessante notar que parte do termo cinético do campo

---

[27] O acoplamento da matéria é feito exatamento como a relatividade geral, isto é, simplesmente adicionando o termo $\int d^4 x \sqrt{-g} L_m$, em que L_m é a lagrangiana da matéria.

escalar aparece naturalmente como uma conseqüência do carácter weyliano da geometria.) Variando $\mathcal{S}$ em relação a $g_{\alpha\beta}$ e a ϕ, obtemos respectivamente, respectivamente, as seguintes equações:

$$R_{\mu\nu} - \frac{1}{2} g_{\mu\nu} R + (\omega + \frac{3}{2}) \left[\phi_{,\mu} \phi_{,\nu} - \frac{1}{2} g_{\mu\nu} \phi_{,\alpha} \phi^{,\alpha} \right] = 0, \qquad (1.35)$$

$$\Box \phi = 0, \qquad (1.36)$$

onde $\Box$ denota o operador d'Alembertiano definido com a conexão riemanniana. É fácil ver que as equações de campo acima são, de fato, diferentes de (1.27) e (1.28), quando tomamos ω constante e $V(\phi) = 0$.

Concluindo esta seção, chamamos a atenção para a importância do campo escalar na contexto atual da cosmologia moderna. Como se sabe, campos escalares têm sido aparecido recentemente nos modelos inflacionários do universo, como modelo para explicar a existência (ainda obscura) da chamada *matéria escura,* e como ingrediente principal dos modelos de quintessência. Na cosmologia inflacionária o campo escalar seria o responsável pela pressão negativa necessária para expandir o universo primordial. No entanto, natureza deste campo é inteiramente desconhecida. Finalmente, é importante mencionar o modelo de um universo não-singular que descreve um cenário geométrico em que o regime inflacionário é dirigido pelo campo escalar de Weyl [42].

Agradecimentos

Gostaria de dedicar este trabalho à memória do Prof. Joel Batista Fonseca Neto, amigo e colaborador de longo tempo, quem me introduziu à teoria de Weyl. Gostaria, também, de agradecer a F. Dahia, T. Sanomiya, I. Lobo, R. Avalos, J. B. Formiga, pelas várias discussões que tivemos sobre a teoria unificada de Weyl.

Bibliografia

[1] H. Weyl, Gravitation und Elektrizität, *Sitzungesber Deutsch. Akad. Wiss. Berlin,* **465** (1918). Ver, também, H. Weyl, *Space, Time, Matter* (Dover, 1952).

[2] Para a história de como Weyl foi levado a uma nova geometria, ver A. Afriat, *Studies in History and Philosophy of Modern Physics,* **40**, 20, (2009).

[3] Ver, por exemplo, do Carmo, M. P. *Riemannian Geometry,* Ch.2, (Birkhäuser, 1992).

[4] O'Raiefeartaigh, L, *The Dawning of Gauge Theory* (Princeton University Press, 1997).

[5] A. Einstein, Über eine naheliegende Ergänzung des Fundamentes der allgemeinen Relativitätstheorie, *Akad. Wiss. Berl.,* Berichte 51-53, (1921).

[6] Goenner, H. F. M. (2004). On the History of Unified Field Theories, *Living Reviews in Relativity* 7 (2). Ver Reichenbach, H. (1929). Zur Einordnung des neuen Einsteinschen Ansatzes über Gravitation und Elektrizität', *Zeitschrift für Physik* **59**, 683. Bell, J. L. and H. Korté, *"Hermann Weyl"*, The Stanford Encyclopedia of Philosophy (Winter 2016 Edition), Edward N. Zalta (ed.), URL = <https://plato.stanford.edu/archives/win2016/entries/weyl/>.

[7] Pauli, W. *Theory of Relativity,* (Dover, 1981).

[8] Stelle, K. S., *General Relativity and Gravitation,* **9**, *353* (1978).

[9] T. A. T. Sanomiya, *Reinterpretação e Extensão da Teoria Unificada de Weyl*, Tese de Doutorado (UFPB, 2020).

[10] Sobre este tópico, consultar Cacciatori, S., Gorini, V, Kamenshchik, A , *Annalen der Physik.* **17**, 728 (2018) (e-Print: arXiv:0807.3009). Aldrovandi, R. , Pereira, J. G. (2009). de Sitter Relativity: a New Road to Quantum Gravity?. *Foundations of Physics. 39 (2): 1–19.* (e-Print: arXiv:0711.2274).

[11] Adler, A., Bazin, M. e Schiffer, M. (1975). *Introduction to General Relativity*, Ch. 15 (McGraw-Hill).

[12] Consultar, por exemplo, Greiner, W. and Reinhardt, J. *Field Quantization* (Springer, 1996).

[13] Veja, por exemplo, L. Landau e E. M. Lifshitz, *Classical Field Theory* (Pergamon Press, 1973).

BIBLIOGRAFIA

[14] Uma explicação clara do segundo efeito do relógio pode ser encontrada em R. Penrose, *The Road to Reality,* Cap. 19, (Jonathan Cape, 2004), H. R. Brown, *Physical Reality,* Cap.7, (Clarendon Press, 2005).

[15] Para um resumo histórico da teoria unificada de Weyl, ver A. Pais, *Subtle is the Lord*, Cap. 17. (Oxford University Press, (1982)). Ver também P. G. Bergmann, *Theory of Relativity* (Dover, 1976), e L. O'Raiefeartaigh e N. Straumann, *Gauge theory: Historical origins and some modern developments*, Rev. Mod. Phys. **72**, *1*, 2000.

[16] Para mais detalhes sobre a geometria de Weyl, ver F. Dahia, G.A.T. Gomez, , C. Romero, *Journal of Mathematical Physics,* 49, 102501 (2008). Um tratamento matemático mais formal pode ser encontrado em G. B. Folland, *J. Diff. Geom.* **4**, 145 (1970). Para uma revisão bem completa da geometria de Weyl, ver E. Scholz, *The unexpected resurgence of Weyl geometry in late 20-th century physics*, in Einstein Studies 14, 261 (2018) (e-Print: arXiv:1703.0).

[17] Manheim, P. D. *Foundations of Physics*, **42**, 388 (2012).

[18] Ver, por exemplo, R. d'Inverno, *Introducing Einstein's Relativity*, Cap. 3 (Oxford, 1992).

[19] B. Russell, *Analysis of Matter* (Spokesman, 2007). C. Romero, *Russell on Weyl* (a ser submetido a publicação).

[20] J. Ehlers, F. A. E, Pirani, A. Schild, *General Relativity and Gravitation* **44**, 1587 (2012)

Carlos Romero

[21] P. Teyssandier, *Acta Physica Polonica B,* **29**, 987 (1998).

[22] E. Rodrigues, C. Romero, *Perlick's geometry and non-local electrodynamics* (em preparação).

[23] Veja, por exemplo, T. S. Almeida, M. L. Pucheu, C. Romero and J. B. Formiga, *Physical Review D* **89**, 064047 (2014).

[24] J. M. Salim, S. Sautú, *International Journal of Modern Physics* **D1**, 641(1996). H. P. Oliveira, J. M. Salim, and S. L. Sautú, *Classical and Quantum Gravity*, **13**, 353 (1997). Oliveira, H. P., Salim, J. M, and Sautú, S. L. (1997) *Classical and Quantum Gravity* 14, 2833. V. Melnikov, *Classical Solutions in Multidimensional Cosmology* in Proceedings of the VIII Brazilian School of Cosmology and Gravitation II (1995), edited by M. Novello (Editions Frontières) 542-560, ISBN 2-86332-192-7. K. A. Bronnikov, M.Yu. Konstantinov, V. N. Melnikov, *Gravitation and Cosmology,* **1**, 60 (1995). J. Miritzis, *Classical and Quantum Gravity* **21**, 3043 (2004). J. Miritzis, *Journal of Physics, Conference Series, 8,131* (2005). J. E. M. Aguilar, C. Romero, , *Foundations of Physics* **39**,1205 (2009) .J. M. Salim, and F. P. Poulis, *International Journal of Modern Physics: Conference Series 3,* 87-97 (2011). R. Vazirian, M. R. Tanhayi and Z. A.Motahar, *Advances in High Energy Physics* **7**, 902396 (2015). I. P. Lobo, A. B. Barreto, Romero, C., *Europhysics Journal C,* **75**, 448 (2015). M. L. Pucheu, C. Romero, M. Bellini, J. E. M. Aguilar, *Physical Review,* D **94,** 064075 (2016). M. L. Pucheu,, F. A. P Alves-Junior, A. B. Barreto, C. Romero, *Physical Review,* D **94**, 064010 (2016). F. A. P. Alves-Junior, M. L. Pucheu, A. B. Barreto,

BIBLIOGRAFIA

A. B., *Physical Review, D* **97**, 044007 (2018).

[25] V. Perlick, *General Relativity Gravitation,* **19**, 1059 (1987).

[26] R. Avalos, F. Dahia, and C. Romero, *Foundations of Physics* **48**, 253 (2018).

[27] M. Atiyha, M. Einstein and Geometry. *Current Science,* **89**, 2041 (2005).

[28] A. Proca, J. Phys. Radium, **7**, 347 (1936). Veja, por exemplo, W. Greiner, e J. Reinhardt, *Field Quantization* (Springer, 1996)

[29] Para um pouco da história da teoria de Yukawa, ver, por exemplo, L. M. Brown, Phys. Today, **39**, 12 (1986).

[30] I. PLobo, C. Romero, *Physics Letter B* **783**, *306* (2018).

[31] S.De Bianchi, G. Catren, Studies in History and Philosophy of Science Part B, **61**, 1.

[32] R. A. Alemañ Berenguer, *El desafio de Einstein,* vol I, capítulo 4, pag. 131 (URSS, 2011).

[33] J. B. Fonseca-Neto, C. Romero, S. P. G. Martinez, *Gen.Rel.Grav.* **45**, 1579 (2013). S. P. G. Martinez, *Torção escalar e Relatividade Geral*, Tese de Doutorado (UFPB, 2013).

[34] T. Singh, G. P. Singh, Lyra's Geometry and Cosmology: A Review, *Fortschritte der Physik/Progress of Physics* **41**, 737 (1993). Para uma introdução à geometria de Lyra ver C. A. M. Melo, *Geometria*

Invariante de Escala, Tese de Doutorado (IFT/UNESP, 2006). Para outras abordagens geométricas de teorias escalares-tensoriais, ver P. C. Peters, *J. Math. Phys.* **10**, 1029 (1969). H. H. Soleng, *Class. Quant. Grav.* **5**, 1489 (1988). D. K. Sen, *Z. Phys.* **149**, 311 (1957).

[35] D. K. Ross, *Phys. Rev. D* **5**, 284 (1972). Ver, também, D. K. Ross, Gen. Rel. Grav. **6**, 157 (1975).

[36] M. Novello, H. Heintzmann, *Phys. Lett. A*, **98**, 10 (1983).

[37] M.Novello, "Dirac's equation in a Weyl space", *Il Nuevo Cimento*, 64, 954 (1969).

[38] P. Jordan, *Schwerkraft und Weltall* (Vieweg, Braunschweig, 1955). Para uma história das teorias escalares-tensoriais, ver H. Goenner, Gen. Rel. Grav. **44**, 2077 (2012). Ver, também, C. H. Brans, arXiv:gr-qc/0506063.

[39] C. H. Brans and R. H. Dicke, Phys. Rev. **124**, 925 (1961). R. H. Dicke, Phys. Rev. **125**, 2163 (1962).

[40] Para uma excelente revisão das teorias escalares-tensoriais, remetemos o leitor a Y. Fujii and K. Maeda, *The Scalar-Tensor Theory of Gravitation* (Cambridge University Press, 2003). Ver, também, V. Faraoni, *Cosmology in Scalar-Tensor Gravity* (Kluwer Academic Publishers, 2004).

[41] A. H. Guth, Phys. Rev. D **23**, 347 (1981). Ver, também, V. Mukhanov, *Physical Foundations of Cosmology* (Cambridge University

BIBLIOGRAFIA

Press, Cambridge, 2005). A. R. Liddle and D. H. Lyth, *Cosmological Inflation and Large-Scale Structure*, (Cambridge University Press, Cambridge, 2000). S. Tsujikawa, Class. Quant. Grav. **30**, 214003 (2013).

[42] M. Novello, L. A. R. Oliveira, E. Elbaz, *Int. J. Mod. Phys. D* **1**, 641 (1993).

Capítulo 2

Introdução à Cosmologia

MARIO NOVELLO

Para evitar que as pessoas, seguindo em procissão, ao longo das regiões montanhosas da Grécia pré-socrática, se perdessem pelos desvios e tortuosidade dos caminhos, escolhia-se um sacerdote para que de tempos em tempos, subindo a montanha mais alta, fizesse sinais aos que se desgaravam. Esses personagens que indicavam o caminho a seguir eram chamados theoros.

~ Werner Jaeger

Mario Novello

2.1 Introdução

Essas notas de aula estão fundamentadas nos meus cursos contidos nos livros:

- Cosmologia, M. Novello, Editora Livraria da Fisica, 2010

- Exercicios de Comologia, M. Novello, Editora da Fisica, 2021

Notação e convenção

Nessas notas usarei a convenção da métrica na forma $(+, -, -, -)$.

A variedade espaço-tempo que iremos examinar é um caso particular das geometrias de Riemann, caracterizada por um tensor simétrico de segunda ordem $g_{\mu\nu}$ e uma conexão $\Gamma^{\mu}_{\alpha\beta}$ relacionados pela formula

$$\Gamma^{\mu}_{\alpha\beta} = \frac{1}{2} g^{\mu\nu} \left(g_{\nu\alpha,\beta} + g_{\nu\beta,\alpha} - g_{\alpha\beta,\nu} \right).$$

A métrica de Minkowski $\gamma_{\mu\nu}$ reduz-se no sistema de coordenadas cartesiano à expresão $\text{diag}(1, -1, -1, -1)$. Em geral, nesse sistema de coordenadas iremos denotá-la como $\eta_{\mu\nu}$. Indices gregos variam de 0 a

2. Introdução à Cosmologia

3. A derivada covariante se escreve

$$v_{\mu;\nu} = v_{\mu,\nu} - \Gamma^{\alpha}_{\mu\nu} v_{\alpha}, \tag{2.1}$$

onde $v_{\mu,\nu} \equiv \partial_{\nu} v_{\mu}$ denota derivada parcial. A metricidade riemanniana está contida na expressão

$$g_{\mu\nu;\lambda} = 0.$$

Segue então

$$v^{\alpha}_{\;;\mu;\nu} - v^{\alpha}_{\;;\nu;\mu} = R^{\alpha}_{\;\beta\mu\nu} v^{\beta},$$

onde $R^{\alpha}_{\;\beta\mu\nu}$ é o tensor de curvatura. Em termos da conexão tem-se:

$$R^{\mu}_{\;\varepsilon\alpha\beta} = \Gamma^{\mu}_{\;\varepsilon\alpha,\beta} - \Gamma^{\mu}_{\;\varepsilon\beta,\alpha} + \Gamma^{\mu}_{\;\beta\sigma} \Gamma^{\sigma}_{\;\varepsilon\alpha} - \Gamma^{\mu}_{\;\alpha\sigma} \Gamma^{\sigma}_{\;\beta\varepsilon}.$$

O tensor de curvatura satisfaz as identidades algébricas

$$R_{\mu\nu\alpha\beta} = -R_{\mu\nu\beta\alpha} = -R_{\nu\mu\alpha\beta} = R_{\alpha\beta\mu\nu}$$

e as identidades de Bianchi

$$R^{\mu\nu}_{\;\;\alpha\beta;\lambda} + R^{\mu\nu}_{\;\;\lambda\alpha;\beta} + R^{\mu\nu}_{\;\;\beta\lambda;\alpha} = 0$$

Contraindo indices temos

$$R^{\mu\nu}{}_{;\nu} - \frac{1}{2} R_{,\nu} g^{\mu\nu} = 0,$$

que implica, via equações da relatividade geral, a conservação do tensor de energia-momentum. Variando a métrica dada na Lagrangiana

$$\delta S = \delta \int \sqrt{-g} \, (R + L)$$

e usando

$$\delta \sqrt{-g} = -\frac{1}{2} \sqrt{-g} \, g_{\mu\nu} \, \delta g^{\mu\nu}.$$

obtemos as equações da Relatividade Geral que se escrevem sob a forma compacta como

$$R_{\mu\nu} - \frac{1}{2} R g_{\mu\nu} = -\kappa T_{\mu\nu}. \tag{2.2}$$

Essa expressão deve ser entendida, na forma explicita, como sendo

2. Introdução à Cosmologia

$$R_{\varepsilon\beta} \equiv \frac{1}{2}g^{\lambda\mu}{}_{,\beta}g_{\lambda\mu,\varepsilon} + \frac{1}{2}g^{\lambda\mu}g_{\lambda\mu,\varepsilon\beta} - \frac{1}{2}g^{\alpha\mu}{}_{,\mu}\left(g_{\alpha\varepsilon,\beta} + g_{\alpha\beta,\varepsilon} - g_{\varepsilon\beta,\alpha}\right)$$

$$-\frac{1}{2}g^{\alpha\mu}{}_{,}\left(g_{\alpha\varepsilon,\beta\mu} + g_{\alpha\beta,\varepsilon\mu} - g_{\varepsilon\beta,\alpha\mu}\right)$$

$$+\frac{1}{4}g^{\mu\alpha}{}_{,}g^{\sigma\lambda}g_{\alpha\beta,\sigma}\left(g_{\lambda\varepsilon,\mu} + g_{\lambda\mu,\varepsilon} - g_{\varepsilon\mu,\lambda}\right)$$

$$+\frac{1}{4}g^{\mu\alpha}g^{\sigma\lambda}g_{\alpha\sigma,\beta}\left(g_{\lambda\varepsilon,\mu} + g_{\lambda\mu,\varepsilon} - g_{\varepsilon\mu,\lambda}\right)$$

$$-\frac{1}{4}g^{\mu\alpha}g^{\sigma\lambda}g_{\beta\sigma,\alpha}\left(g_{\lambda\varepsilon,\mu} + g_{\lambda\mu,\varepsilon} - g_{\varepsilon\mu,\lambda}\right)$$

$$-\frac{1}{4}g^{\rho\sigma}g_{\rho\sigma,\lambda}g^{\lambda\alpha}\left(g_{\alpha\varepsilon,\beta} + g_{\alpha\beta,\varepsilon} - g_{\varepsilon\beta,\alpha}\right) = -\kappa(T_{\varepsilon\beta} - \frac{1}{2}T g_{\varepsilon\beta})$$

Tensor de energia-momento $T_{\mu\nu}$

Definimos o tensor $T_{\mu\nu}$ a partir de uma lagrangiana de matéria L_m pela relação

$$T_{\mu\nu} = \frac{2}{\sqrt{-g}}\frac{\delta\sqrt{-g}\,L_m}{\delta g^{\mu\nu}}.$$

Mario Novello

Calcule o tensor de energia do campo eletromagnético se sua lagrangiana é dada por

$$L = L(F)$$

onde $F = F_{\mu\nu} F^{\mu\nu}$

2.2 Métricas Binomiais

Recentemente, tem crescido o interesse no estudo de uma hipótese especifica de que processos dinâmicos podem ser satisfatoriamente descritos como consequência da modificação na estrutura geométrica do espaço-tempo. É claro que, para GR especificamente, existe uma motivação natural uma vez que a gravidade é tomada como uma forma universal de interação. Mas nas teorias efetivas, a métrica do espaço-tempo surge como resultado das equações dinâmicas dos campos não gravitacionais. As caracteristicas deste procedimento foram analisadas no contexto da propagação de ondas lineares e de teorias não lineares [29], [7], [31].

O método se baseia na construção de uma métrica dada por

$$g_{\mu\nu} = \eta_{\mu\nu} - h_{\mu\nu}, \tag{2.3}$$

que dá, automaticamente, uma série infinita para sua versão contravari-

2. Introdução à Cosmologia

ante:

$$g^{\mu\nu} = \eta^{\mu\nu} + h^{\mu\nu} - h^{\alpha\mu} h_\alpha{}^\nu + \ldots$$

,

Assim, o uso da mesma abordagem na GR lida com sérias dificulda-des. Alternativamente, pode-se implementar uma nova interpretação e entender a teoria como um campo de spin-2 se propagando em uma mé-trica plana de fundo [27] [36]. Pode-se também considerar as condições sob as quais a métrica contravariante resulta em uma forma binomial. A resposta a esta pergunta pode ser dada de uma forma mais geral, como segue.

Considere a forma

$$g_{\mu\nu} = a\eta_{\mu\nu} + bZ_{\mu\nu}. \tag{2.4}$$

Se $Z_{\mu\nu}$ satisfaz a relação de fechamento dada por

$$\eta^{\alpha\beta} Z_{\mu\alpha} Z_{\beta\nu} = m\,\eta_{\mu\lambda} + n Z_{\mu\lambda}. \tag{2.5}$$

então a forma contravariante da métrica, $g^{\mu\nu}$ será também binomial

$$g^{\mu\nu} = \alpha\,\eta^{\mu\nu} + \beta\, Z^{\mu\nu}, \tag{2.6}$$

onde $Z^{\mu\nu} = \eta^{\mu\alpha}\eta^{\nu\beta}Z_{\alpha\beta}$ e

$$\alpha = \frac{a+bn}{a(a+bn)-mb^2} \tag{2.7}$$

$$\beta = \frac{-b}{a(a+bn)-mb^2}. \tag{2.8}$$

Isso acontece em teorias de campos escalar e spinorial. Com efeito, consideremos a metrica definida em termos de um campo escalar Φ dada po

$$g_{\mu\nu} = a(\Phi,w)\,\eta_{\mu\nu} + b(\Phi,w)\,\Phi_\mu\,\Phi_\nu \tag{2.9}$$

onde a e b são funções arbitrárias do campo escalar e $\omega = \eta^{\mu\nu}\Phi_\mu\Phi_\nu$, onde $\Phi_\mu = \nabla_\mu\Phi$.´ É imediato verificar que $h_{\mu\nu} = \Phi_\mu\Phi_\nu$ satisfaz a condição de fechamento com $m = 0$ e $n = \omega$.

O mesmo acontece no saco spinorial. Seja a métrica dada por

$$g_{\mu\nu} = a\,\eta_{\mu\nu} + b\Sigma_{\mu\nu}, \tag{2.10}$$

onde os escalares a e b são funções da norma $\bar{\Psi}\Psi$, e

$$\Sigma_{\mu\nu} = \Delta_\mu\,\Delta_\nu, \tag{2.11}$$

one os vetores nulos Δ_μ são definidos em termos da corrente $J^\mu =$

2. Introdução à Cosmologia

$\bar{\Psi}\gamma^{\mu}\Psi$, e da corrente axial $I^{\mu} = \bar{\Psi}\gamma^{\mu}\gamma^{5}\Psi$

$$\Delta_{\mu} = J_{\mu} + \varepsilon I_{\mu}, \tag{2.12}$$

onde $\varepsilon^2 = 1$. A relação de fechamento é satisfeita com $\alpha = 0$ e $\beta = \Delta^2 = \eta_{\mu\nu}\Delta_{\mu}\Delta_{\nu}$.

Em geral a relação de fechamento é satisfeita quando $h_{\mu\nu}$ pode ser descrita sob a forma

$$Z_{\mu\nu} = Z_{\mu}Z_{\nu} \tag{2.13}$$

pois neste caso,

$$Z_{\mu\nu}Z^{\nu\lambda} = Z^2 Z_{\mu}{}^{\lambda}, \tag{2.14}$$

com $Z^2 = \eta^{\mu\nu}Z_{\mu}Z_{\nu}$.

2.2.1 Dualidade

O objeto completamente anti-simétrico de Levi-Civita $\varepsilon_{\alpha\beta\mu\nu}$ tem o valor 1 para indices (0123) ou qualquer permutação par, -1 para permutação impar e é nulo para indices repetidos. Podemos construir, a partir dele, o verdadeiro tensor

$$\eta_{\alpha\beta\mu\nu} = \sqrt{-g}\,\varepsilon_{\alpha\beta\mu\nu}$$

onde g é o determinante de $g_{\mu\nu}$. Usando esse objeto define-se o dual, para qualquer tensor anti-simétrico $F_{\mu\nu} = -F_{\nu\mu}$ pela relação:

$$F^*_{\mu\nu} \equiv \frac{1}{2}\,\eta_{\mu\nu\alpha\beta}\,F^{\alpha\beta}.$$

Assim,

$$F^{**}_{\mu\nu} = -F_{\mu\nu}.$$

É útil definir a quantidade

$$g_{\alpha\beta\mu\nu} \equiv g_{\alpha\mu}g_{\beta\nu} - g_{\alpha\nu}g_{\beta\mu}$$

que satisfaz as simetrias

$$g_{\alpha\beta\mu\nu} = -g_{\alpha\beta\nu\mu} = -g_{\beta\alpha\mu\nu} = g_{\mu\nu\alpha\beta}.$$

Segue então que $g_{\alpha\beta\mu\nu}$ é o dual de $\eta_{\alpha\beta\mu\nu}$, i.e.,

$$\eta^*_{\alpha\beta\mu\nu} = -g_{\alpha\beta\mu\nu}$$

e, inversamente,

2. Introdução à Cosmologia

$$g^{*}_{\alpha\beta\mu\nu} = \eta_{\alpha\beta\mu\nu}.$$

Note que $\varepsilon_{\alpha\beta\mu\nu}$ é um pseudo-tensor, enquanto $\eta_{\alpha\beta\mu\nu}$ é um verdadeiro tensor, isto é

$$\eta^{\mu\nu\rho\sigma} = g^{\mu\alpha}g^{\nu\beta}g^{\rho\varepsilon}g^{\sigma\lambda}\eta_{\alpha\beta\varepsilon\lambda}.$$

Então tem-se

$$\eta^{\alpha\beta\mu\nu} = -\frac{1}{\sqrt{-g}}\varepsilon^{\alpha\beta\mu\nu}.$$

Exercicio

Considere o invariante

$$G = F^{*}_{\mu\nu}F^{\mu\nu}$$

A ação

$$\int \sqrt{-g}\,G$$

Mario Novello

é um invariante topológico. Qual a expressão de seu tensor de energia?

Exercicio: geometria estática com simetria esférica

Escreva, no sistema de coordenadas gaussiano, a métrica de Schwarzschild dada no sistema de coordenadas esférico como

$$ds^2 = (1 - \frac{r_H}{r})\,dt^2 - (1 - \frac{r_H}{r})^{-1}\,dr^2 - r^2\,d\Omega^2.$$

Inversão de massa ou Mirror Universe

Considere a métrica

$$ds^2 = \frac{1}{z+1}\,dt^2 - n^2\frac{z+1}{z^4}\,dz^2 - n^2\frac{(z+1)^2}{z^2}\,(d\theta^2 + sin^2\theta\,d\varphi^2))$$

- **Mostre que no dominio de z entre $(-\infty, \infty)$ ela satisfaz a equação**

2. Introdução à Cosmologia

da relatividade geral sem matéria $R_{\mu\nu} = 0$. Essa geometria tem somente um único ponto singular. Onde?

- Essa geometria é estática e esfericamente simétrica. Ela deve ser então equivalente à métrica de Schwarzschild. Qual a transformação de coordenadas que a leva para a forma convencional de Schwarzschild no sistema (t, r, θ, φ)?

- Essa geometria é invariante pela transformação

$$n \to -n.$$

Mostre que essa simetria equivale a uma inversão de massa.

Decomposição de um tensor antisimétrico como o tensor de Faraday

Consideremos um observador arbitrário de 4-velocidade normalizada v^μ. **Ele pode decompor** $F_{\mu\nu}$ **em partes chamadas elétrica e magnética sob a forma:**

$$F_{\mu\nu} = -v_\mu E_\nu + v_\nu E_\mu + \eta_{\mu\nu\rho\sigma} v^\rho H^\sigma,$$

onde os vetores elétrico (E_μ) **e magnético** (H_μ) **são definidos por**

$$E_\mu = F_{\mu\alpha} v^\alpha,$$

$$H_\mu = F^*_{\mu\alpha} v^\alpha = \frac{1}{2}\eta_{\mu\alpha\rho\sigma} F^{\rho\sigma} v^\alpha.$$

Tensor de Weyl

É possivel decompor o tensor de curvatura de Riemann $R_{\alpha\beta\mu\nu}$ **em partes irredutiveis, a saber, suas contrações e o tensor conforme de Weyl** $W_{\alpha\beta\mu\nu}$**:**

2. Introdução à Cosmologia

$$R_{\alpha\beta\mu\nu} = W_{\alpha\beta\mu\nu} + M_{\alpha\beta\mu\nu} - \frac{1}{6}Rg_{\alpha\beta\mu\nu} \tag{2.15}$$

onde

$$2M_{\alpha\beta\mu\nu} = R_{\alpha\mu}g_{\beta\nu} + R_{\beta\nu}g_{\alpha\mu} - R_{\alpha\nu}g_{\beta\mu} - R_{\beta\mu}g_{\alpha\nu}. \tag{2.16}$$

O tensor de Weyl possui dez componentes independentes, e as restantes dez quantidades do tensor de Riemann são associadas pelo tensor de Ricci

$$R_{\mu\nu} = R^{\alpha}{}_{\mu\alpha\nu}$$

e o escalar de curvatura

$$R = R^{\alpha}{}_{\alpha}.$$

Podemos definir as partes (tensoriais) elétrica e magnética do tensor de Weyl:

$$E_{\alpha\beta} = -W_{\alpha\mu\beta\nu}v^{\mu}v^{\nu},$$

$$H_{\alpha\beta} = -W^{*}_{\alpha\mu\beta\nu}v^{\mu}v^{\nu}.$$

Segue então que os tensores eléctrico e magnético são simétricos, sem traço e ortogonais ao observador:

$$E_{\mu\nu} = E_{\nu\mu}, \quad E_{\mu\nu}v^{\mu} = 0 \quad \text{e} \quad E_{\mu\nu}g^{\mu\nu} = 0$$

and

$$H_{\mu\nu} = H_{\nu\mu}, \quad H_{\mu\nu}v^{\mu} = 0 \quad \text{e} \quad H_{\mu\nu}g^{\mu\nu} = 0.$$

Exercicio: escreva o tensor de Weyl em termos de $E_{\mu\nu}$ e $H_{\mu\nu}$

2.2.2 Invariantes de Debever

Além dos dois invariantes

$$I_1 = W_{\alpha\beta\mu\nu} W^{\alpha\beta\mu\nu}$$

$$I_2 = W^*_{\alpha\beta\mu\nu} W^{\alpha\beta\mu\nu}$$

podemos construir outros 12 escalares algébricos independentes, usando não somente o tensor de Weyl, mas o tensor sem traço $C_{\mu\nu}$ dado por

$$C_{\mu\nu} = R_{\mu\nu} - \frac{1}{4} R g_{\mu\nu}.$$

e também por

$$D_{\mu\nu} = W_{\mu\alpha\nu\beta} C^{\alpha\beta}$$

$$D^*_{\mu\nu} = W^*_{\mu\alpha\nu\beta} C^{\alpha\beta}$$

Temos:

$$I_3 = W^{\alpha\beta\mu\nu} W_{\mu\nu\rho\sigma} W^{\rho\sigma}{}_{\alpha\beta}$$

$$I_4 = W^{\alpha\beta\mu\nu} W_{\mu\nu\rho\sigma} W^*_{\alpha\beta}{}^{\rho\sigma}$$

$$I_5 = C^{\mu\nu} C_{\mu\nu}$$

$$I_6 = C^{\mu\alpha} C_{\alpha\nu} C_\mu{}^\nu$$

$$I_7 = C^{\mu\alpha} C_{\alpha\nu} C^{\nu\lambda} C_{\lambda\mu}$$

2. Introdução à Cosmologia

$$I_8 = R$$

$$I_9 = D^{\mu\nu} C_{\mu\nu}$$

$$I_{10} = D^{\mu\nu} D_{\mu\nu}$$

$$I_{11} = D^{\mu\alpha} D_{\alpha\nu} C_\mu{}^\nu$$

$$I_{12} = D^*_{\mu\nu} C^{\mu\nu}$$

$$I_{13} = D^*_{\mu\nu} D^{\mu\nu}$$

$$I_{14} = D^*_{\mu\alpha} D^{*\,\alpha}_{\nu} C^{\mu\nu}$$

2.2.3 Transformação Conforme

Uma transformação conforme consiste no mapa que leva a métrica $g_{\mu\nu}(x)$ em $\tilde{g}_{\mu\nu}(x)$ definida por

$$\tilde{g}_{\mu\nu}(x^\alpha) = \Omega^2(x^\alpha) g_{\mu\nu}(x^\alpha),$$

onde $\Omega^2(x^\alpha)$ é uma função arbitrária. Tem-se

$$\tilde{g}^{\mu\nu}(x^\alpha) = \Omega^{-2}(x^\alpha) g^{\mu\nu}(x^\alpha),$$

que induz a conexão afim

$$\tilde{\Gamma}^\alpha_{\mu\nu} = \Gamma^\alpha_{\mu\nu} + \frac{1}{\Omega}\left(\Omega_{,\mu}\delta^\alpha_\nu + \Omega_{,\nu}\delta^\alpha_\mu - \Omega_{,\lambda}g^{\alpha\lambda}g_{\mu\nu}\right)$$

2. Introdução à Cosmologia

e o tensor associado de curvatura

$$\tilde{R}^{\alpha\beta}_{\ \ \mu\nu} = \Omega^{-2} R^{\alpha\beta}_{\ \ \mu\nu} - \frac{1}{4}\delta^{[\alpha}_{\ [\mu} M^{\beta]}_{\ \nu]}$$

onde

$$M^{\alpha}_{\ \beta} \equiv 4\Omega^{-1}(\Omega^{-1})_{,\beta;\lambda}g^{\alpha\lambda} - 2(\Omega^{-1})_{,\mu}(\Omega^{-1})_{,\nu}g^{\mu\nu}\delta^{\alpha}_{\beta}.$$

Os colchetes significam anti-simetrização. Contraindo indices obtemos os correspondentes transformados do tensor de Ricci e do escalar R, respectivamente

$$\tilde{R}^{\alpha}_{\ \mu} = \Omega^{-2} R^{\alpha}_{\ \mu} - \frac{1}{2}M^{\alpha}_{\ \mu} - \frac{1}{4}M\delta^{\alpha}_{\mu}$$

e

$$\tilde{R} = \Omega^{-2}[R + 6\Omega^{-1}\Box\Omega].$$

Mario Novello

Finalmente, tem-se para o tensor de Weyl conforme

$$\tilde{W}^{\alpha}{}_{\beta\mu\nu} = W^{\alpha}{}_{\beta\mu\nu}.$$

Exercício: Mostre que as equações de Maxwell são invariantes por transformação conforme.

2.2.4 Tensor de Projeção

Seja v^{μ} o vetor campo normalizado de uma congruência de curvas em um espaço-tempo que possui uma métrica $g_{\mu\nu}$. Definimos o projetor $h_{\mu\nu}$ pela expressão

$$h_{\mu\nu} \equiv g_{\mu\nu} - v_{\mu}\, v_{\nu}. \tag{2.17}$$

Ele projeta quantidades definidas no espaço-tempo sobre o referencial de repouso de v^{μ}.

2. Introdução à Cosmologia

Parâmetros cinemáticos

Considere uma congruência de curvas Γ caracterizada por um campo de velocidades v^μ. Podemos decompor sua derivada em partes irreductiveis pela expressão

$$v_{\mu;\nu} = \frac{\theta}{3}\, h_{\mu\nu} + \sigma_{\mu\nu} + \omega_{\mu\nu} + a_\mu v_\nu$$

onde além da aceleração $a_\mu \equiv \dot{v}_\mu = v_{\mu;\nu}v^\nu$ definimos o fator de expansão θ, o tensor simétrico sem traço (shear) $\sigma_{\alpha\beta}$ e a vorticidade antisimétrica $\omega_{\alpha\beta}$:

$$\omega_{\alpha\beta} = \frac{1}{2}\, h_{[\alpha}^{\ \mu}\, h_{\beta]}^{\ \lambda} v_{\mu;\lambda},$$

$$\sigma_{\alpha\beta} = \frac{1}{2}\, h^\mu_{\ (\alpha}\, h_{\beta)}^{\ \lambda} v_{\mu;\lambda} - \frac{1}{3}\, \theta h_{\alpha\beta},$$

$$\theta = v^\alpha_{\ ;\alpha}.$$

Mario Novello

Define-se o vetor de rotação pela expressão

$$\omega^\tau = \frac{1}{2}\,\eta^{\alpha\beta\rho\tau}\omega_{\alpha\beta}v_\rho$$

cuja inversa é dada por

$$\omega_{\alpha\beta} = \eta_{\alpha\beta\mu\nu}\omega^\mu v^\nu$$

Note que valem as relações

$$\sigma_{\mu\nu}v^\mu = 0$$

$$\omega_{\mu\nu}v^\mu = 0.$$

Evolução do fator de expansão

$$\dot{\theta} + \frac{\theta^2}{3} + 2(\sigma^2 - \omega^2) - a^\alpha{}_{;\alpha} = R_{\mu\nu}v^\mu v^\nu.$$

2. Introdução à Cosmologia

Exercicio: calcule as equações de evolução do shear $\sigma_{\mu\nu}$ e da vorticidade.

Mario Novello

2.3 Pequena coletânea de resultados da Cosmologia de Friedmann

O modelo cosmológico de Friedmann pode ser descrito a partir de quatro hipóteses:

- **A gravitação é descrita pela teoria da Relatividade Geral com ou sem constante cosmológica;**

- **Existe um tempo global que permite descrever a geometria do universo em um sistema gaussiano único;**

- **O universo possui uma geometria espacialmente homogênea e isotrópica;**

- **A fonte da geometria consiste em um fluido perfeito.**

O elemento infinitesimal de comprimento da geometria de Fried-

2. Introdução à Cosmologia

mann é dado por

$$ds^2 = dt^2 - A^2(t) \left[d\chi^2 + \sigma^2(\chi) \left(d\theta^2 + \sin^2 \theta d\phi^2 \right) \right]$$

Este modelo representa um universo gerado por um fluido perfeito isotrópico, expansionista e irrotacional. Estas propriedades podem ser demonstradas diretamente. Consideremos um observador gaussiano, que se co-move com o fluido, isto é, tal que no sistema de coordenadas (t, χ, θ, ϕ) seu vetor velocidade tenha componentes

$$v^\mu = \delta^\mu_{\ 0}.$$

Da forma da geometria segue que a evolução deste campo de velocidades é dada por

$$v^\mu_{;\nu} = \frac{\theta}{3} h_{\mu\nu}$$

onde o tensor $h_{\mu\nu}$ é o projetor no 3-espaço perpendicular a v^μ, dado por

$$h_{\mu\nu} = g_{\mu\nu} - v_\mu v_\nu,$$

e o parâmetro de expansão θ é a divergência da velocidade:

$$\theta \equiv v^{\mu}_{;\mu}.$$

2.3.1   Espaço de Weyl Integrável (WIST)

A não-metricidade do espaço de Weyl é definida pela relação

$$g_{\mu\nu;\lambda} = f_{\lambda} \, g_{\mu\nu}.$$

Isso significa que em um transporte paralelo de uma régua de comprimento l ela muda seu valor pela quantidade

$$\delta l = l \, f_a \, \delta x^a.$$

Segue então que a conexão que permite obter derivada covariante tem a forma

2. Introdução à Cosmologia

$$\Gamma^{\alpha}_{\mu\nu} = \hat{\Gamma}^{\alpha}{}_{\mu\nu} - \frac{1}{2}\left(\delta^{\alpha}_{\mu}\,f_{\nu} + \delta^{\alpha}_{\nu}\,f_{\mu} - g_{\mu\nu}\,f^{\alpha}\right),$$

onde $\hat{\Gamma}^{\alpha}{}_{\mu\nu}$ é a conexão de Riemann associada. O Wist é o caso especial em que o vetor f_{μ} é um gradiente. Essa propriedade garante então que o comprimento não muda em um caminho fechado:

$$\oint \delta l = 0.$$

Equações quase-maxwellianas ou JEK

Mostre que as equações da relatividade geral podem ser escritas de modo equivalente usando as identidades de Bianchi sob a forma [?], [17], [?]:

$$W^{\alpha\beta\mu\nu}{}_{;\nu} = -\frac{\kappa}{2}(T^{\mu\alpha;\beta} - T^{\mu\beta;\alpha}) + \frac{\kappa}{12}(g^{\mu\alpha}T^{\beta} - g^{\mu\beta}T^{\alpha})$$

onde

$$T^{\alpha} = g^{\alpha\beta}T_{,\beta}$$

e aqui, como nesse texto, a virgula significa derivada ou seja

$$T_{,\alpha} \equiv \frac{\partial T}{\partial x^{\alpha}}.$$

2.4 Cosmologia gerada por eletrodinâmica não linear

Efeitos não-lineares são importantes em duas questões fundamentais da Cosmologia: na questão da singularidade e na aceleração do universo [?], [?, 21].

2. Introdução à Cosmologia

A forma geral da dinâmica do campo eletromagnético, compatível com princípios da covariância e conservação da carga (invariância de "gauge") pode ser escrita sob a forma

$$L = L(F, G),$$

onde $F \equiv F^{\mu\nu}F_{\mu\nu}$ e $G \equiv F^{\mu\nu}F^*_{\mu\nu}$ construído com o dual. Segundo Tolmann estes campos aparecem sob forma de média.

Assim, a Lagrangiana aparece como uma função regular que pode ser aproximada por um polinômio ou por uma série contendo potência positiva e negativa (série de Laurent). Potências positivas são importante e dominam a dinâmica gravitacional na vizinhança de seus momentos de curvatura extremamente elevada. Potências negativas de F controlam o outro extremo, isto é, no caso e campos extremamente fracos [21]. No primeiro aso, pode influenciar de tal modo a produzir um "bouncing"e evitar a singularidade inicial; no segundo caso, modifica a evolução da geometria cósmica para

Mario Novello

grandes valores do "raio-do-universo", isto é, de seu fator de escala.

Segundo os argumentos apresentados em [?] vamos limitar nossa análise aqui a campos onde somente a média da parte magn'etica do campo sobevive em uma geometria tipo FRW. Uma tal configuração de puro campo magnético médio combinado com a dinâmica das equações da Relatividade Geral recebeu o nome genérico de Universo Magnético [34].

2.5 Universo não singular

O primeiro exemplo de um universo não singular construído com acoplamento não mínimo entre a eletrodinâmica e a gravitação foi apresentado em [13],

usando a lagrangiana

2. Introdução à Cosmologia

$$L = \frac{1}{\kappa} R - \frac{1}{4} F^{\mu\nu} F_{\mu\nu} + \beta R A_\mu A^\mu. \tag{2.18}$$

A equação de movimento se escreve

$$\left(\frac{1}{\kappa} + \beta A^2\right) G_{\mu\nu} = \beta \left(\partial_\mu \partial^\mu A^2 g_{\mu\nu} - A^2_{,\mu\,;\nu} - R A_\mu A_\nu\right) - T_{\mu\nu}, \tag{2.19}$$

$$F^{\mu\nu}_{\;;\nu} = -2\beta R A^\mu. \tag{2.20}$$

Para obter uma geometria homogênea e isotrópica a partir dessa teoria, usamos a propriedade que a teoria não é invariante de calibre. Podemos então buscar uma soluç ao tal que $F^{\mu\nu}$ se anule. De fato, para o traço da equação segue

$$\frac{1}{\kappa} R = -\frac{3\beta}{2} \partial_\mu \partial^\mu A^2.$$

Egue então

$$F^{\mu\nu}_{\;;\nu} - 6\beta^2 \partial_\mu \partial^\mu A^2 A^\mu = 0. \tag{2.21}$$

Note-se que uma propriedade geral do acoplamento não-mínimo entre o campo vetorial e o gravitacional é o aparecimento de não-linearidade para o campo vetorial. Para se obter a solução das equações (??) e (??) onde a geometria e não-singular para o caso homogêneo e isotrópico, e de tal maneira que $F_{\mu\nu}$ seja identicamente nulo, nós tomamos A_μ sob a forma

$$A_\mu = A(t)\,\delta_\mu^0.$$
(2.22)

Definindo a quantidade Ω por

$$\Omega(t) \equiv \frac{1}{\kappa} + \beta A^2,$$
(2.23)

o conjunto de equações (??) e (??) reduzem-se a

$$3\frac{\ddot{a}}{a} = -\frac{\ddot{\Omega}}{\Omega},$$
(2.24)

2. Introdução à Cosmologia

$$\frac{\ddot{a}}{a} + 2 \left(\frac{\dot{a}}{a}\right)^2 + \frac{2\varepsilon}{a^2} = -\frac{\dot{a}}{a}\frac{\dot{\Omega}}{\Omega}, \qquad (2.25)$$

$$\frac{\ddot{a}}{a} + 2 \left(\frac{\dot{a}}{a}\right)^2 - \frac{1}{a^2} \left(\frac{\sigma''}{\sigma} + \frac{\sigma'^2 - 1}{\sigma^2}\right) = -\frac{\dot{a}}{a}\frac{\dot{\Omega}}{\Omega}, \qquad (2.26)$$

$$\partial_\mu \partial^\mu \Omega = 0. \qquad (2.27)$$

Então

$$\dot{\Omega} = bA^{-3}$$

Uma solução particular deste conjunto de equações dada em [13] tem a forma

$$A^2(t) = \frac{1}{\kappa}\left[1 - \frac{t}{a(t)}\right] \qquad (2.28)$$

$$a(t) = \sqrt{t^2 + Q^2} \qquad (2.29)$$

onde Q e uma constante que mede o valor mínimo do fator de escala. Quando $Q = 0$ o sistema se reduz ao espaço-tempo de

Mario Novello

Minkowski descrito em coordenadas de Milne. Para $Q \neq 0$ este modelo representa um universo eterno sem singularidade e com *bouncing*.

Podemos examinar o sistema (0.0) de equações de uma forma mais trasparente se definirmos novas variáveis x e y escolhendo

$$x = 3\frac{\dot{A}}{A}$$
$$y = \frac{\dot{\Omega}}{\Omega} \tag{2.30}$$

Nesse caso, as equações (0.0) geram um sistema dinâmico planar e autônomo:

$$\dot{x} = -\frac{1}{3}x^2 + xy$$
$$\dot{y} = -y^2 - xy \tag{2.31}$$

C. Romero estudou este tipo de equações e construiu as curvas integrais para este sistema sob a esfera de Poincarè (compatificando

2. Introdução à Cosmologia

toda a fase (x, y)).

2.5.1 Energia negativa

Recentemente alguns físicos consideraram teorias com energias negativas. Um caminho para se obter tal descrição consiste em introduzir um termo na Lagrangiana com sinal "errado". No caso de um campo escalar esta propriedade pode ser dado pela ação

$$ S = \int \sqrt{-g} \left(R - \frac{1}{2} \partial_\mu \varphi \, \partial^\mu \varphi \right) \tag{2.32} $$

Um fluido com tal propriedade estranha pode ser obtido de uma maneira menos artifical através de uma interação com o campo gravitacional. De fato, nos iremos mostrar que a solução do acoplamento não-mínimo para o campo de spin-1 com a gravidade apresentado na seção precedente pode ser interpretado como um fluido perfeito com energia negativa. As equações de movimento

mostradas em eqn (2.20,2.19) podem ser re-escritas na forma

$$R_{\mu\nu} = \frac{\Omega_{,\mu;\nu}}{\Omega}$$
(2.33)

com a quantidade Ω dependendo somente do tempo e dada em Eqn.(2.23). Usando a definição de Ω na geometria de FRW, podemos escrever o tensor momento-energia de um fluido perfeito com densidade de energia negativa e pressão dados por

$$
\begin{aligned}
\rho &= -3\frac{Q^2}{a^4} \\
p &= \frac{1}{3}\rho.
\end{aligned}
$$
(2.34)

Desta forma, fluidos com sinal "errado" na equação de Einstein podem ser interpretados como interação não mínima de um campo vetorial com a gravidade.

2. Introdução à Cosmologia

"Bouncing"

Ao analisarmos as condições para a existência de um *bouncing* é conveniente reescrever a equação para a aceleração usando explicitamente o fator de expansão θ, que é chamada de equação de Raychaudhuri:

$$\dot{\theta} + \frac{1}{3}\theta^2 = -\frac{1}{2}(\rho + 3p) \qquad (2.35)$$

A existência de um *bounce* requer restriç oes sobre a matéria. De fato, a existência de um mínimo para o fator de escala implica que no ponto de *bounce* a inequação $(\rho_B + 3p_B) < 0$ deve ser satisfeita. Note que no extremo do fator de escala a densidade de energia se anula. Esta é uma consequência direta da primeira integral na equação de Friedmann que, no caso Euclidiano, reduz-se a

$$\rho = \frac{1}{3}\theta^2.$$

Mario Novello

O procedimento da média e a representação do fluido

Dada uma Lagrangiana independente de calibre $L = L(F)$, escrita em termos do invariante $F \equiv F_{\mu\nu}F^{\mu\nu}$ segue que o tensor momento-energia associado, definido por

$$T_{\mu\nu} = \frac{2}{\sqrt{-\gamma}}\frac{\delta L\sqrt{-\gamma}}{\delta\gamma^{\mu\nu}}, \qquad (2.36)$$

reduz-se a

$$T_{\mu\nu} = -4L_F F_\mu{}^\alpha F_{\alpha\nu} - Lg_{\mu\nu}. \qquad (2.37)$$

No cenário cosmológico padrão a estrutura métrica do espaço-tempo é dada pela geometria de FRW. Por compatibilidade com este cenário, isto é, de forma a se obter uma configuração homogênea e isotrópica de geometria um processo de médias deve ser utilizado sobre os campos. Define-se a média espacial de uma quantidade X

2. Introdução à Cosmologia

em um tempo t pela expressão

$$\overline{X} \equiv \lim_{V \to V_0} \frac{1}{V} \int X \sqrt{-g} \, d^3x,$$

onde $V = \int \sqrt{-g} \, d^3x$ e V_0 é um tri-volume suficientemente grande e dependente do tempo. Nesta notação, para que o campo eletromagnético possa ser fonte de geometrias do tipo espacialmente homogênea e isotrópica (como o modelo de Friedmann) precisamos impor Com estas condições, o tensor momento-energia do campo EM associado à Lagrangiana $L = L(F)$ pode ser escrito como um fluido perfeito

$$T_{\mu\nu} = (\rho + p)v_\mu v_\nu - p \, g_{\mu\nu}, \qquad (2.38)$$

onde

$$\begin{aligned}
\rho &= -L - 4L_F E^2, \\
p &= L - \frac{4}{3}(2B^2 - E^2)L_F,
\end{aligned} \qquad (2.39)$$

2.6 Universo Magnético

Um caso particularmente interessante ocorre quando somente a média do campo magnético não se anula, isto é, quando $E^2 = 0$. Este caso vem sendo intensamente estudado em modelos cosmológicos chamados *Universo Magnético* que iremos agora examinar. Uma tal propriedade é possivel no caso da cosmologia, pois no universo primordial o campo elétrico é amortecido pelas cargas do plasma primordial, enquanto as linhas de campo magnético permanecem "congeladas". Independentemente deste fato,certa atenção foi dada ao caso em que $E^2 = \sigma^2 B^2 \neq 0$.

Uma propriedade interessante do Universo Magnético se deve a que ele pode ser associado a um conjunto de fluidos perfeitos, sem interação.

Mostre o seguinte resultado: Qualquer teoria não-linear do campo Eletromagnético cuja Lagrangiana é da forma $L = L(F)$ em

2. Introdução à Cosmologia

um contexto cosmológico do tipo universo magnético se caracteriza pelo fato de que o campo B possui a mesma dependência com o fator de escala, $B = B_0 a^{-2}$, independentemente da função especifica da Lagrangiana com F.

Solução

Consideramos a geometria da forma (note que limitaremos nossa análise à seção euclidiana)

$$ds^2 = dt^2 - a(t)^2 \left(dr^2 + r^2 d\Omega^2 \right).$$

O fator de expansão θ tem a forma

$$\theta \equiv v^\mu_{;\mu} = 3 \frac{\dot{a}}{a}$$

A conservação do tensor momento-energia projetado na direção da velocidade co-movente $v^\mu = \delta_0^\mu$ gera a relação

$$\dot{\rho} + (\rho + p)\theta = 0.$$

Usando a Lagrangiana acima $L(F)$ no caso do universo magnético tem-se, para a densidade de energia e pressão as equações:

$$\rho = -L$$

$$p = L - \frac{8}{3}B^2 L_F$$

onde

$$F = 2B^2$$

2. Introdução à Cosmologia

Substituindo estes valores na lei de conservação tem-se

$$L_F \left[(B^2)^{\cdot} + 4B^2 \frac{\dot{a}}{a} \right] = 0$$

onde $L_F \equiv \partial L / \partial F$**, que completa a demonstração de que a evolução do campo magnético em termos do fator de expansão é dado por** $B = B_0 \, a^{-2}$**.**

Além da equação de conservação, a outra equação da RG se escreve

$$\rho = 3 \left(\frac{\dot{a}}{a} \right)^2 + \frac{3\varepsilon}{a^2} \qquad (2.40)$$

ou seja

$$(\dot{a})^2 + V = \varepsilon \qquad (2.41)$$

com

$$V = -\frac{\rho \, a^2}{3}$$

e que pode ser interpretada como a equação de uma particula submetida a um potencial V com energia total dada por ε. No universo magnético a densidade de energia é dada por

$$\rho = -L \qquad (2.42)$$

Assim, pode-se fórmular o seguinte exercício:

Qual deve ser a dependência da Lagrangiana com o invariante do campo da teoria não-linear para que o potencial tenha uma dada forma?

Esta propriedade acima implica que para cada potencia F^k é possível associar uma configuração de fluido específica com densidade de energia ρ_k e pressão p_k.

Questão: qual a correspondente equação de estado?

2. Introdução à Cosmologia

Solução

Tem-se:

$$p_k = \left(\frac{4k}{3} - 1 \right) \rho_k.$$

Vamos considerar o exame do modelo descrito pela Lagrangiana

$$L_F = L_1 + L_2 + L_3 + L_4 = \alpha^2 F^2 - \frac{1}{4} F - \frac{\mu^2}{F} + \frac{\beta^2}{F^2},$$

onde α, β, μ são parâmetros caracterizando um modelo específico concreto.

Mostre que essa lagrangiana dá origem a um universo magnético gerado por quatro fluidos independentes.Qual a respectiva expressão das densidades de energia e pressão?

Mario Novello

Solução

$$\rho_1 = -\alpha^2 F^2, \quad p_1 = \frac{5}{3}\rho_1$$

$$\rho_2 = \frac{1}{4}F, \quad p_2 = \frac{1}{3}\rho_2$$

$$\rho_3 = \frac{\mu^2}{F}, \quad p_3 = -\frac{7}{3}\rho_3$$

$$\rho_4 = -\frac{\beta^2}{F^2}, \quad p_4 = -\frac{11}{3}\rho_4$$

Usando a dependência do campo na equação do fator de escala encontramos

2. Introdução à Cosmologia

$$\rho_1 = -4\alpha^2 B_0^4 \frac{1}{a^8}$$

$$\rho_2 = \frac{B_0}{2} \frac{1}{a^4}$$

$$\rho_3 = \frac{\mu^2}{2B_0^2} a^4$$

$$\rho_4 = -\frac{\beta^2}{4B_0^4} a^8.$$

Segue dai que podemos distinguir diferentes "eras"dependendo do valor do fator de escala. Quando $a(t)$ for muito pequeno, o termo dominante provém da Lagrangiana L_1 e quando este fator for muito grande quem controla a evolução é L_4; e os outros dois termos disputam a predominância no intervalo entre estes extremos. É importante ressaltar uma propriedade notável do sistema combinado envolvendo esta teoria não linear da eletrodinâmica e as equações de Friedmann para a evolução cósmica. Uma inspeção das expressões para os valores da densidade de energia exibe o que poderia ser uma possível dificuldade deste sistema em situações extremas, isto é,

Mario Novello

quando os termos F^2 e $1/F^2$ dominam. Afinal, lembremos que se o raio do universo pode atingir valores arbitrariamente pequenos e/ou arbitrariamente grandes, deveríamos nos perguntar sobre a questão da positividade da energia ao longo da evolução. Uma tal situação é resolvida pelo problema seguinte.

Mostre que o sistema combinado de equações da métrica cósmica e do campo magnético descrito pela relatividade geral (RG) e pela teoria não linear da eletrodinâmica (NLED) permite o aparecimento de uma bela conspiração: as contribuições negativas à densidade total de energia, oriundas dos termos L_1 e L_4 nunca superam as contribuições positivas vindas de L_2 and L_3. Antes de se alcançar os valores indesejáveis onde a densidade de energia poderia ser negativa, o universo "ricocheteia" (para valores enormes do campo) e "re-ricocheteia" (para valores mínimos do campo) evitando precisamente esta dificuldade. Mostre essa afirmação

2. Introdução à Cosmologia

Solução

Isto ocorre no limite $\rho_B = \rho_{RB} = 0$, como se pode ver da equação

$$\rho = \frac{\theta^2}{3}.$$

Cumpre ressaltar que esta não é uma condição extra imposta a mão, mas uma consequência direta da dinâmica descrita por $L(F)$. De fato, em estágios remotos da fase de expansão a dinâmica é controlada pela Lagrangiana aproximada $L_T \approx L_{1,2} = L_1 + L_2$. Segue então o resultado

$$\rho = \frac{F}{4} \left(1 - 4\alpha^2 F \right).$$

Usando a lei de conservação concluímos que a densidade de energia será sempre positiva uma vez que existe um valor mínimo para o fator de escala dado por $a_{mim}^4 = 8\alpha^2 B_o^2$. Uma conspiração similar acontece no outro extremo quando $a(t)$ é muito grande e pode-se aproximar $L_T \approx L_{2,3} = L_2 + L_3$, que mostra que a densidade permanece positiva e definida, já que $a(t)$ permanece limitado, alcançando um máximo no momento em que a solução apresenta um *ricochete*. Este extremo ocorre precisamente nos pontos onde a densidade total se anula.

Passemos agora às condições genéricas necessárias para que o universo apresente um *ricochete* e uma fase de expansão acelerada.

Aceleração

Das equações de Einstein, a aceleração do universo está relacionada com o seu conteúdo material por

$$3\frac{\ddot{a}}{a} = -\frac{1}{2}(\rho + 3p).$$

De forma a se obter um universo acelerado, a matéria precisa satisfazer o vínculo $(\rho + 3p) < 0$.

Estude a condi[c]ão de positividade/negatividade da quantidade

2. Introdução à Cosmologia

$$\rho + 3p = 2(L - 4B^2 L_F).$$

Solução

Temos que $(\rho + 3p) < 0$ **translada-se para**

$$L_F > \frac{L}{4B^2}.$$

Segue que qualquer teoria não-linear da eletrodinâmica que satisfaça esta desigualdade gera uma expansão acelerada. No presente modelo segue que os termos L_2 e L_4 produzem aceleração negativa e L_1 e L_3 geram regimes inflacionários $(\ddot{a} > 0)$. **Para uso futuro escrevemos** $\rho + 3p$ **para o caso da Lagrangiana** L_F **acima:**

$$\rho + 3p = -6\alpha^2 F^2 + \frac{F}{2} - \frac{6\mu^2}{F} + \frac{10\beta^2}{F^2}.$$

Ricochete

Mario Novello

De forma a se analisar as condições para a existência de um *ricochete* é conveniente re-escrever a equação para a aceleração usando explicitamente o fator de expansão θ, que consiste na chamada equação de Raychaudhuri:

$$\dot{\theta} + \frac{1}{3}\,\theta^2 = -\frac{1}{2}(\rho + 3p) \qquad (2.43)$$

Além das condições acima para a existência de aceleração, restrições adicionais para $a(t)$ aparecem. Examine essas condições

De fato, a existência de um mínimo (ou máximo) para o fator de escala implica que no ponto de *ricochete* a inequação $(\rho_B + 3p_B) < 0$ (ou, respectivamente, $(\rho_B + 3p_B) > 0$) deve ser satisfeita. Note que no extremo (máximo ou mínimo) do fator de escala a densidade de energia se anula. Esta é uma consequência direta da primeira integral na equação de Friedmann.

2. Introdução à Cosmologia

2.6.1 Dualidade no Universo Magnético como consequência da simetria inversa

O cenário cosmológico apresentado aqui lida com uma geometria de FRW que apresenta um comportamento simétrico para valores pequenos e grandes do fator de escala. Este cenário e possível quando o comportamento da fonte de curvatura para altas energias é o mesmo que no regime fraco. Isto se dá precisamente no caso do universo magnético tratado aqui. Para se obter uma configuração perfeitamente simétrica nós iremos impor um novo princípio dinâmico:

- **Princípio de Simetria Inversa**

  A teoria não-linear da eletrodinâmica deve ser invariante pela ação da transformação

$$F \to \tilde{F} = \frac{cte}{F}.$$

Mario Novello

Para a Lagrangiana (??), escolhemos a constante como $4\mu^2$. Isto restringe o número de parâmetros livres de três para dois, uma vez que a aplicação direta deste princípio acarreta $\beta^2 = 16\alpha^2\mu^4$. Esta simetria induz uma simetria correspondente para a geometria. De fato, a dinâmica cosmológica é invariante pela ação deste mapa dual

$$a(t) \rightarrow \tilde{a}(t) = \frac{B_0}{\sqrt{\mu}}\frac{1}{a} \tag{2.44}$$

Esta invariância implica em uma estrutura cíclica no cenário cosmológico.

Notemos que a transformação de simetria nada mais é do que uma transformação conforme. Define-se um tempo conforme – representado pela letra graga η pela relação

$$dt = a(\eta)\,dt.$$

Usando este tempo conforme, a geometria toma a forma

$$ds^2 = a(\eta)^2 \left(d\eta^2 - dr^2 - r^2 d\Omega^2\right). \qquad (2.45)$$

Então, realizando o mapa conforme que consiste numa aplicação da métrica $g_{\mu\nu}$ em uma outra $\tilde{g}_{\mu\nu}$ tem-se:

$$\tilde{g}_{\mu\nu} = \omega^2 g_{\mu\nu}$$

onde $\omega = \lambda/a^2$, and $\lambda \equiv B_0/\sqrt{\mu}$.

Note que, ainda que a Lagrangiana L_T não seja invariante por uma transformação conforme, o precesso de médias usado para se compatibilizar a dinâmica do campo eletromagnético com a geometria de Friedmann é invariante. De fato, temos

$$\tilde{F} = \tilde{g}^{\mu\nu}\tilde{g}^{\alpha\beta} F_{\alpha\mu}F_{\beta\nu} = \frac{4\mu^2}{F}.$$

2.6.2 Um cenário completo

A radiação eletromagnética descrita por uma distribuição maxwelliana serviu de combustível para a geometria do universo por um certo periodo. Iremos analisar as modificacoes introduzidas pelos termos não lineares no cenário cósmico. A forma mais simples de se fazer isto é combinar a Lagrangiana em questão com a dependência do campo magnético com o fator de escala. Então

$$L_T = \alpha^2 F^2 - \frac{1}{4} F - \frac{\mu^2}{F} + \frac{\beta^2}{F^2} \qquad (2.46)$$

onde β está relacionado aos outros parâmetros α e μ pelo princípio de simetria inversa, como descrito acima.

2. Introdução à Cosmologia

Potential

Será mais direto examinar os efeitos do universo magnético controlado pela Lagrangiana acima se fizermos uma análise qualitativa usando uma analogia com a mecânica classica. A equação de Friedmann reduz-se a

$$\dot{a}^2 + V(a) = 0$$

onde

$$V(a) = \frac{M}{a^6} - \frac{N}{a^2} - Pa^6 + Qa^{10}$$

e um potencial que restringe o movimento da lozalização $a(t)$ de uma "partícula". As constantes em V são dadas por

$$M = \frac{4\alpha^2 B_0^4}{3}, \quad N = \frac{B_0^2}{6}, \quad P = \frac{\mu^2}{6B_0^2}, \quad Q = \frac{4\alpha^2\mu^4}{3B_0^4},$$

e são positivas. A dependência do campo como $B = B_0/a^2$ implica

Mario Novello

na existência de quatro épocas distintas, que analisaremos agora. As derivadas dL/dF apresentam três extremos, nos quais $\rho + p$ se anula. No caso de um universo magnético o valor F e sempre positivo. Distinguimos quatro eras.

2.6.3 As quatro eras do Universo Magnético

A dinâmica do universo magnético pode ser obtida qualitativamente da análise das equações de Einstein. Distinguimos quatro períodos distintos de acordo com o domínio energético de cada um deles. O regime mais remoto (controlado pelo termo F^2); a era de radiação (onde a equação de estado $p = 1/3\rho$ controla a expansão); a evolução acelerada em terceiro (onde o termo do tipo $1/F$ e o mais importante) e finalmente a última era, onde $1/F^2$ domina e a expansão termina, o universo passando por um *re-bounce* e entrando em uma era de colapso.

2. Introdução à Cosmologia

Era de ricochete

No limite de campo forte o valor da curvatura escalar é pequeno e o volume do universo alcança um mínimo, a densidade de energia e a pressão são dominadas pelos termos quadráticos F^2 e tem a forma aproximada

$$\rho \approx \frac{B^2}{2}\left(1 - 8\alpha^2 B^2\right)$$
$$p \approx \frac{B^2}{6}\left(1 - 40\alpha^2 B^2\right) \tag{2.47}$$

Usando a dependência $B = B_o/a^2$, na equação (??) leva a

$$\dot{a}^2 = \frac{kB_o^2}{6a^2}\left(1 - \frac{8\alpha^2 B_o^2}{a^4}\right) - \varepsilon. \tag{2.48}$$

Lembremos o leitor que estamos nos limitando aqui a seção euclidiana ($\varepsilon = 0$). Contanto que o lado de direito da equação (2.48) não seja negativo, segue que o fator de escala $a(t)$ não pode se tornar arbitrariamente pequeno. De fato, a solução de (2.48) é dada como

$$a^2 = B_o \sqrt{\frac{2}{3}\left(t^2 + 12\,\alpha^2\right)}. \tag{2.49}$$

O periodo de radiação pode ser obtido da equação acima escolhendo $\alpha = 0$. Como consequência, o campo magnético B evolui no tempo como

$$B^2 = \frac{3}{2}\frac{1}{t^2 + 12\,\alpha^2}. \tag{2.50}$$

Note que em $t = 0$ o raio do universo alcança um valor mínimo no *bounce*

$$a_B^2 = B_o\,\sqrt{8\,\alpha^2}. \tag{2.51}$$

Consequentemente, o valor a_B depende de B_o, que para um dado α, μ torna-se o único parâmetro livre do modelo. A densidade de

2. Introdução à Cosmologia

energia ρ alcança seu máximo para o valor $\rho_B = 1/64\alpha^2$ no instante $t = t_B$, onde

$$t_B = \sqrt{12\,\alpha^2}. \tag{2.52}$$

Para valores pequenos de t a densidade de energia decresce, se anulando em $t = 0$, enquanto a pressão torna-se negativa. Apenas para valores muito pequenos do tempo $t < \sqrt{4\alpha^2/k}$ os efeitos não-lineares são relevantes para a solução cosmológica para o fator de escala normalizado. De fato, a solução (2.49) torna-se a expressão do caso de Maxwell no limite de grandes tempos.

Era de Radiação

O termo padrão de Maxwell domina em regimes intermediários. Gracas a dependência a^{-2} no campo, esta fase e definida por $B^2 >>$

Mario Novello

B^4 gerando a aproximação

$$\rho \approx \frac{B^2}{2}$$
$$p \approx \frac{B^2}{6} \qquad (2.53)$$

Esta fase é dominada pelo regime linear do campo eletromagnético. Suas propriedades são as mesmas daquelas descritas no modelo cosmológico padrão.

Era de aceleração: campos fracos propulsionam a geometria

Quando o universo torna-se maior, potências negativas de F dominam e a distribuição de energia se torna típica de um universo acelerado, isto é:

2. Introdução à Cosmologia

$$\rho \approx \frac{1}{2}\frac{\mu^2}{B^2}$$

$$p \approx \frac{-7}{6}\frac{\mu^2}{B^2} \tag{2.54}$$

No regime intermediário entre o regime de radiação e aceleração o conteúdo de energia é descrito pela forma combinada

$$\rho = \frac{B^2}{2} + \frac{\mu^2}{2}\frac{1}{B^2},$$

ou, em termos do fator de escala

$$\rho = \frac{B_0^2}{2}\frac{1}{a^4} + \frac{\mu^2}{2B_0^2}\,a^4.$$

Para a suficientemente pequeno e o termo de radiação quem domina. O termo $1/F$ apenas supera depois de $a = \sqrt{H_0}/\mu$, e deveria crescer sem limites em tempos posteriores. De fato, o escalar de curvatura e

Mario Novello

$$R = T^\mu_\mu = \rho - 3p = \frac{4\mu^2}{B_0^2}\, a^4,$$

mostrando que deveria-se esperar que uma singularidade da curvatura no futuro do universo onde $a \to \infty$. Nos veremos que, no entanto, a presença do termo $1/F^2$ altera este comportamento.

Usando esta densidade de matéria na Eqn.(??) fica

$$3\frac{\ddot{a}}{a} + \frac{B_0^2}{2}\frac{1}{a^4} - \frac{3}{2}\frac{\mu^2}{B_0^2}\, a^4 = 0.$$

Para se obter um regime de expansão acelerada, deveremos ter

$$\frac{B_0^2}{a^4} - 3\frac{\mu^2}{B_0^2}\, a^4 < 0,$$

implicando que o universo irá se acelerar para $a > a_c$, com

$$a_c = \left(\frac{B_0^4}{3\mu^2}\right)^{1/8}.$$

2. Introdução à Cosmologia

Re-Bouncing

Para valores muito grandes do fator de escala a densidade de energia pode ser aproximada por

$$\rho \approx \frac{\mu^2}{F} - \frac{\beta^2}{F^2} \tag{2.55}$$

e passamos do regime acelerado para uma fase na qual a aceleração é negativa. Quando o campo alcança o valor $F_{RB} = 16\alpha^2\mu^2$ o universo altera sua expansão para uma fase de colapso. O fator de escala alcança um máximo

$$a_{max}^4 \approx \frac{H_0^2}{8\alpha^2\mu^2}.$$

Mario Novello

2.6.4 Positividade da energia

A densidade total de energia no modelo cosmológico em questão é sempre positiva e definida (veja ??). Durantes os períodos de *bounce* e *re-bounce* ela toma os valores $\rho_B = \rho_{RB} = 0$. Nestes pontos a densidade é um extremo. De fato, ambos os pontos são mínimos da densidade. Esta é uma consequência das equações (??) e (??). De fato, a derivada de (??) no *bouncing* e *re-bouncing* geram

$$\ddot{\rho}_B = \frac{3}{2}\, p_B^2 > 0.$$

Portanto, deve existir outro extremo de ρ que deve ser um máximo. Este é, de fato, o caso uma vez que existe um valor no domínio de evolução do universo entre dois mínimos tal que

$$\rho_c + p_c = 0.$$

2. Introdução à Cosmologia

Neste ponto temos

$$\ddot{\rho} + \dot{p}_c\, \theta_c = 0$$

mostrando que, neste ponto c a densidade toma seu valor máximo. Pode-se então obter diretamente o comportamento do fator de escala que deixaremos como exercicio para o leitor.

2.6.5 Conclusão

O modelo teste apresentado aqui exibe muitas propriedades regulares que merecem ser investigadas em detalhes. Em particular, ele produz uma geometria espacialmente homogenea e isotrópica sem singularidade. Ela descreve corretamente a era de radiação e permite uma fase acelerada sem a introdução de nenhum outro tipo de termo de fonte. A forma particular da dinâmica do campo magnético e ditada pelo princípio de inversão, que assume a invariância do comportamento do campo sob a acao do mapa $F \to \tilde{F} = \frac{4\mu^2}{F}$.

Mario Novello

Isto reflete diretamente no comportamento simétrico da geometria $a \to \tilde{a} = H_0/\sqrt{\mu}\, a$. A forma particular da teoria não linear e baseada em um princípio que confere uma relação íntima entre configurações de campos fortes e fracos. Esta simetria inversa reduz o número de parâmetros arbitrários da teoria e permite propriedades regulares no modelo cósmico. Neste caso, o universo é uma estrutura cíclica, tendo suas características sintetizadas da seguinte forma:

- Passo 1: o universo contém uma fase de colapso na qual o fator de escala alcança um mínimo $a_B(t)$;

- Passo 2: após o ricochete o universo expande com $\ddot{a} < 0$;

- Passo 3: quando o fator $1/F$ domina o universo entra em uma fase de regime acelerado;

- Passo 4: quando $1/F^2$ domina a aceleração muda de sinal e começa uma fase na qual $\ddot{a} < 0$ uma vez mais, o fator de escala alcanca um máximo e aparece um novo ricochete, comecando uma nova fase de colapso;

2. Introdução à Cosmologia

- **Passo 5: o universo repete o mesmo processo, passando pelos passos 1, 2, 3 e 4 novamente e assim por diante, indefinidamente.**

Ainda que este seja apenas um modelo simples, suas principais propriedades devem ser aprofundadas.

Mario Novello

2.7 Numerologia: dimensionalidade e constantes especiais

Vamos listar aqui algumas relações úteis que encontramos com frequência em Cosmologia.

- [**lagrangiana**] $= E L^{-3} = M L^{-1} T^{-2}$;

- [**carga eletrica**] $= [Q] = M^{1/2} L^{3/2} T^{-1}]$;

- [**constante de Fermi**] $= [g_w] = M L^5 T^{-2}$;

- [**constante de Newton**] $= [g_N] = M^{-1} L^3 T^{-2}$;

- $L_{PN} \equiv$ **comprimento de Planck-Newton** $= (G_N \hbar)^{1/2} c^{-3}$;

- $M_{PN} \equiv$ **massa de Planck-Newton** $= (c \hbar)^{1/2} G_N^{-1/2}$;

- **constante de Einstein** $= \kappa = 8 \pi G_N / c^4$;

- $T_{PN} \equiv$ **tempo de Planck-Newton** $= (G_N \hbar)^{1/2} c^{-5}$;

2. Introdução à Cosmologia

- $[\hbar] = M L^2 T^{-1}$;

- $L_{PF} \equiv$ **comprimento de Planck-Fermi** $= L_{PF} = g_F / \hbar c$.

- **Comprimento de Compton** $= mc/\hbar$.

2.8   Exercícios adicionais

- **Mostre que a geometria de deSitter pode ser escrita sob as duas formas:**

$$ds^2 = \left(1 - H^2 r^2\right) dt^2 - \frac{dr^2}{\left(1 - H^2 r^2\right)} - r^2 \left(d\theta^2 - \sin^2\theta \, d\varphi^2\right) \quad (2.56)$$

$$ds^2 = d\tau^2 - e^{2H\tau}[dx^2 + x^2 \left(d\theta^2 - \sin^2\theta \, d\varphi^2\right) \quad (2.57)$$

Quem é x?

Mario Novello

- **Mostre que o tensor de Riemann tem 20 graus de liberdade.**

- **Mostre que a condição para que o dual do tensor de Riemann seja independente do par onde o operador de dualidade atue é dada por**

$$R_{\mu\nu} = \Lambda g_{\mu\nu}.$$

- **Mostre a relação**

$$\eta^{\alpha\beta\mu\nu}\eta_{\gamma\delta\varepsilon\nu} = \delta^{\alpha\beta\mu}_{\gamma\delta\varepsilon}. \tag{2.58}$$

- **Mostre que se um espaço de Riemann a quatro dimensões admite o número máximo de simetrias (isto é, 10) ele não tem curvatura.**

- **Sendo a geometria dada por**

$$ds^2 = dt^2 - dr^2 + q(r)d\varphi^2 + 2h(r)d\varphi dt - dz^2 \tag{2.59}$$

calcule as funções $q(r)$ e $h(r)$ para que ela represente a geome-

2. Introdução à Cosmologia

tria de Minkowski.

- **Como se transforma a conexão** $\{^{\mu}_{\alpha\beta}\}$ **para que a derivada covariante de um vetor qualquer**

$$C_{\mu;\nu} = C_{\mu,\nu} - \{^{\varepsilon}_{\mu\nu}\} C_{\varepsilon}$$

se transforme como um tensor?

- **Considere a métrica de Minkowski dada por** $ds^2 = dt^2 - dx^2 - dy^2 - dz^2$. **Faça a transformação de coordenadas dada por**

$$
\begin{aligned}
t &= \chi \sinh T \\
x &= \chi \cosh T \\
y &= Y \\
z &= Z.
\end{aligned}
\tag{2.60}
$$

Faça um gráfico (t,x) **das curvas** $T = constante$ **e** $\chi = constante$. **Escreva a métrica neste novo sistema de coordenadas.**

Mario Novello

- **Se o traço do tensor de energia-momento de qualquer distribuição de energia é zero, qual a relação entre sua pressão e densidade de energia?**

- **Seja $T_{\mu\nu}$ um fluido perfeito descrito por um observador de velocidade v^μ tal que**

$$T_{\mu\nu} = (\rho + p)\, v_\mu\, v_\nu - p\, g_{\mu\nu}$$

Mostre que para um outro observador de 4-velocidade s^μ ele se escreve como um fluido tal que

$$\tilde{\rho} = \beta^2 \rho + (\beta^2 - 1)\, p$$
$$\tilde{p} = \frac{1}{3}(\beta^2 - 1)\,\rho + \frac{1}{3}(\beta^2 + 2)\, p$$
$$\tilde{q}_\lambda = (\rho + p)\,\beta\,(v_\lambda - \beta\, s_\lambda)$$
$$\tilde{\pi}_{\mu\nu} = (\rho + p)$$
$$\left(v_\mu\, v_\nu + \frac{(1 + 2\beta^2)}{3}\, s_\mu\, s_\nu - \beta\, s_\mu\, v_\nu - \beta\, s_\nu\, v_\mu + \frac{(\beta^2 - 1)}{3}\, g_{\mu\nu} \right)$$

$$(2.61)$$

2. Introdução à Cosmologia

onde definimos $\beta \equiv v_\mu s^\mu$.

- Se a curvatura escalar de um espaço de Riemann de dimensão três é constante, então podemos escrever

$$R_{ijkl} = M g_{ijkl}.$$

Quanto vale M?

- Mostre que a equação de movimento do campo eletromagnético acoplado minimalmente com a gravitação pode ser obtida a partir da conservação de seu tensor de energia-momento.

- Mostre que se $g_{\mu\nu} = \Omega \eta_{\mu\nu}$ o tensor de Weyl é nulo.

- Mostre que na geometria de Friedman os invariantes de Debever que não são identicamente nulos, divergem no tempo $t = 0$ onde o fator de escala se anula.

- Toda equação de campo que representa uma partículade massa zero é invariante por transformação conforme. Isso é verdade

Mario Novello

na teoria da relatividade geral?

- **Mostre que as equações de Maxwell são invariantes por transformação conforme.**

- **Dada a geometria de Friedmann sob a forma**

$$ds^2 = dt^2 - a^2 \left(\frac{dx^2 + dy^2 + dz^2}{1 - \frac{\varepsilon}{4}(x^2 + y^2 + z^2)} \right)$$

Qual transformação de coordenadas que a leva para a forma

$$ds^2 = dt^2 - a^2 \left(d\chi^2 + \sigma^2(\chi)d\Omega^2 \right).$$

onde $d\Omega^2 \equiv d\theta^2 + \sin^2\theta$.

- **Mostre que uma geodésica nula é invariante por transformação conforme. Use** $\tilde{v}^\mu = \Omega^{-1} v^\mu$.

- **Mostre que a solução das equações do vazio na Relatividade Geral com simetria esferica e estática pode ser escrito na forma**

2. Introdução à Cosmologia

(Painlevé)

$$ds^2 = (1 - \frac{r_H}{r})dt^2 + 2\sqrt{\frac{r_H}{r}}\,drdt - dr^2 - r^2 d\Omega^2.$$

que transformação de coordenadas leva esta forma para a expressão de Schzswarchild?

- **Mostre que**

$$I_1 = R^*_{\alpha\beta}{}^*{}_{\mu\nu} R^{\alpha\beta\mu\nu}$$

$$I_2 = R^*_{\alpha\beta\mu\nu} R^{\alpha\beta\mu\nu}$$

são invariantes topológicos.

- **Mostre que é possível escrever I_1 como combinação de $W_{\alpha\beta\mu\nu} W^{\alpha\beta\mu\nu}$, $R_{\mu\nu} R^{\mu\nu}$ e R^2.**

- **Mostre que as equações quase-maxwellianas relevantes para a perturbação do modelo de Friedmann são dadas por:**

Mario Novello

$$(\delta E^{\mu\nu})^{\bullet} h_{\mu}{}^{\alpha} h_{\nu}{}^{\beta} \; + \; \Theta \, (\delta E^{\alpha\beta}) - \frac{1}{2} (\delta E_{\nu}{}^{(\alpha)} h^{\beta)}{}_{\mu} \, V^{\mu;\nu}$$

$$+ \; \frac{\Theta}{3} \eta^{\beta\nu\mu\varepsilon} \, \eta^{\alpha\gamma\tau\lambda} \, V_{\mu} V_{\tau} (\delta E_{\varepsilon\lambda}) \, h_{\gamma\nu}$$

$$= \; -\frac{1}{2} (\rho + p) \, (\delta\sigma^{\alpha\beta}) \qquad (2.62)$$

$$\frac{1}{2} (\delta E_{\lambda}{}^{\mu})_{;\tau} \, h_{\mu}{}^{(\alpha} \eta^{\beta)\tau\gamma\lambda} \, v_{\gamma} = 0 \qquad (2.63)$$

$$(\delta E_{\alpha\mu})_{;\nu} h^{\alpha\varepsilon} \, h^{\mu\nu} \; = \; \frac{1}{3} (\delta\rho)_{,\alpha} h^{\alpha\varepsilon} - \frac{1}{3} \dot{\rho} \, (\delta V^{\varepsilon}) \qquad (2.64)$$

$$(\delta\theta)^{\bullet} + \frac{2}{3} \theta \, (\delta\theta) - (\delta a^{\alpha})_{;\alpha} = -\frac{(1+3\lambda)}{2} \, (\delta\rho) \qquad (2.65)$$

$$(\delta\sigma_{\mu\nu})^{\bullet} + \frac{1}{3} h_{\mu\nu} (\delta a^{\alpha})_{;\alpha} + \frac{2}{3} \theta (\delta\sigma_{\mu\nu}) = -(\delta E_{\mu\nu}) \qquad (2.66)$$

$$(\delta\rho)^{\bullet} + \theta \, (\delta\rho + \delta p) + (\rho + p) \, (\delta\theta) = 0 \qquad (2.67)$$

2.9 APÊNDICE: Influência cósmica sobre a microfísica

2.9.1 Generalized Mach principle

In this section we present an extension of Mach principle in similar lines as it has been suggested by Dirac, Hoyle and others. This generalization aims to produce a mechanism that transforms the vague idea according to which local properties may depend on the universe's global characteristics into an efficient process. We will obtain as a by-product a strategy to generate mass.

Mario Novello

2.9.2 The cosmological influence on the microphysical world: the case of chiral-invariant Heisenberg-Nambu-Jona-Lasinio dynamics

There have been many discussions in the scientific literature in the last decades related to the cosmic dependence of the fundamental interactions. The most popular one was the suggestion of Dirac – the so called Large Number Hypothesis – that was converted by Dicke and Brans into a new theory of gravitation, named the scalar-tensor theory. We will do not analyze any of these here. On the contrary, we will concentrate on a specific self-interaction of an elementary field and show that its correspondent dynamics is a consequence of a dynamical cosmological process. That is, to show that dynamics of elementary fields in the realm of microphysics, may depend on the global structure of the universe.

The first question we have to face concerns the choice of the elementary process. There is no better way than start our analysis

2. Introdução à Cosmologia

with the fundamental theory proposed by Nambu and Jona-Lasinio concerning a dynamical model of elementary particles. Since the original paper until to-day hundreds of papers devoted to the NJL model were published. For our purpose here it is enough to analyze the nonlinear equation of motion that they used in their original paper as the basis of their theory which is given by

$$i\gamma^{\mu}\nabla_{\mu}\Psi - 2s(A + iB\gamma^5)\Psi = 0$$

This equation, as remarked by these authors, was proposed earlier by Heisenberg [Heisenberg(1930)] although in a quite different context. We will not enter in the analysis of the theory that follows from this dynamics. Our question here is just this: is it possible to produce a model such that HNJL (Heisenberg-Nambu-Jona-Lasinio) equation for spinor field becomes a consequence of the gravitational interaction of a free massless Dirac field with the rest-of-the-universe? We shall see that the answer is yes.

We used Mach's principle as the statement according to which the inertial properties of a body $\mathbb{A}$ are determined by the energy-momentum throughout all space. We follow here a similar procedure and will understand the Extended Mach Principle as the idea which states that the influence of the rest-of-the-universe on microphysics can be described through the action of the energy-momentum distribution identified with the cosmic form

$$T_{\mu\nu}^{U} = \Lambda g_{\mu\nu}$$

2.9.3 Non minimal coupling with gravity

In the framework of General Relativity we set the dynamics of a fermion field Ψ coupled non-minimally with gravity to be given by the Lagrangian (we are using units were $\hbar = c = 1$)

$$L = L_D + \frac{1}{\kappa} R + V(X) R - \frac{1}{\kappa} \Lambda + L_{CT} \tag{2.68}$$

where

$$L_D \equiv \frac{i}{2}\bar{\Psi}\gamma^\mu \nabla_\mu \Psi - \frac{i}{2}\nabla_\mu \bar{\Psi}\gamma^\mu \Psi \qquad (2.69)$$

The non-minimal coupling of the spinor field with gravity is contained in the term $V(X)$ and depends on the scalar X defined by

$$X = A^2 + B^2$$

where $A = \bar{\Psi}\Psi$ and $B = i\bar{\Psi}\gamma^5\Psi$. We note that we can write, in an equivalent way,

$$X = J_\mu J^\mu$$

where $J^\mu = \bar{\Psi}\gamma^\mu \Psi$. This quantity X is chiral invariant, once it is invariant under the map

$$\Psi' = \gamma^5 \Psi.$$

Indeed, from this γ^5 transformation, it follows

Mario Novello

$$A' = -A,\ B' = -B;\ then, X' = X.$$

The case in which the theory breaks chiral invariance and the interacting term V depends only on the invariant A – is the road to the appearance of a mass as we saw in the previous sections [21]. Here we start from the beginning with a chiral invariant theory. For the time being the dependence of V on X is not fixed. We have added L_{CT} to counter-balance the terms of the form $\partial_\lambda X\, \partial^\lambda X$ and $\Box X$ that appear due to the gravitational interaction. The most general form of this counter-term is

$$L_{CT} = H(X)\, \partial_\mu X\, \partial^\mu X \tag{2.70}$$

We shall see that H depends on V and if we set $V = 0$ then H vanishes. This dynamics represents a massless spinor field coupled non-minimally with gravity. The cosmological constant represents the influence of the rest-of-the-universe on Ψ.

2. Introdução à Cosmologia

Independent variation of Ψ and $g_{\mu\nu}$ yields

$$i\gamma^\mu \nabla_\mu \Psi + \Omega\,(A + iB\gamma^5)\Psi = 0 \qquad (2.71)$$

where

$$\Omega \equiv 2RV' - 2H'\,\partial_\mu X\,\partial^\mu X - 4H\Box X$$

$$\alpha_0\,(R_{\mu\nu} - \frac{1}{2}Rg_{\mu\nu}) = -T_{\mu\nu} \qquad (2.72)$$

where we set $\alpha_0 \equiv 2/\kappa$ and $V' \equiv \partial V/\partial X$. The energy-momentum tensor is given by

$$
\begin{aligned}
T_{\mu\nu} &= \frac{i}{4}\bar{\Psi}\gamma_{(\mu}\nabla_{\nu)}\Psi - \frac{i}{4}\nabla_{(\mu}\bar{\Psi}\gamma_{\mu)}\Psi \\
&+ 2V(R_{\mu\nu} - \frac{1}{2}Rg_{\mu\nu}) + 2\nabla_\mu\nabla_\nu V - 2\Box V g_{\mu\nu} \\
&+ 2H\,\partial_\mu X\,\partial_\nu X - H\,\partial_\lambda X\,\partial^\lambda X\,g_{\mu\nu} + \frac{\alpha_0}{2}\Lambda g_{\mu\nu} \qquad (2.73)
\end{aligned}
$$

Taking the trace of equation (2.72), after some simplification and

using

$$\Box V = V' \Box X + V'' \partial_\mu X \, \partial^\mu X \tag{2.74}$$

it follows

$$
\begin{aligned}
(\alpha_0 + 2V + 2V'X)\, R \;=\;& (4HX - 6V')\Box X \\
+\;& (2H'X - 6V'' - 2H)\, \partial_\alpha X \, \partial^\alpha X \\
+\;& 2\alpha_0 \Lambda
\end{aligned}
\tag{2.75}
$$

Then

$$
\begin{aligned}
\Omega \;=\;& \left(\mathbb{M}\Box X + \mathbb{N}\, \partial_\mu X \, \partial^\mu X \right) \\
+\;& \frac{4\alpha_0 \Lambda V'}{\alpha_0 + 2V + 2V'X}
\end{aligned}
\tag{2.76}
$$

where

$$\mathbb{M} = \frac{2V'(4HX - 6V')}{\alpha_0 + 2V + 2V'X} - 4H$$

2. Introdução à Cosmologia

$$\mathbb{N} = \frac{2V'\left(2XH' - 6V'' - 2H\right)}{\alpha_0 + 2V + 2V'X} - 2H'$$

Defining $\Delta \equiv \alpha_0 + 2V + 2V'X$ **we re-write** $\mathbb{M}$ **and** $\mathbb{N}$ **as**

$$\mathbb{M} = -\frac{4}{\Delta}\left(3V'^2 + H\left(\alpha_0 + 2V\right)\right)$$

$$\mathbb{N} = -\frac{2}{\Delta}\left(3V'^2 + H\left(\alpha_0 + 2V\right)\right)'$$

Inserting this result on the equation (2.71) yields

$$i\gamma^\mu \nabla_\mu \Psi + \left(\mathbb{M}\,\square X + \mathbb{N}\,\partial_\lambda X\,\partial^\lambda X\right)\Psi + \mathbb{Z}\left(A + iB\gamma^5\right)\Psi = 0 \qquad (2.77)$$

where

$$\mathbb{Z} = \frac{4\,\alpha_0\,\Lambda V'}{\Delta}$$

At this stage it is worth to select among all possible candidates of V **and** H **particular ones that makes the factor on the gradient and on** $\square$ **of the field to disappear from equation (2.77).**

Mario Novello

The simplest way is to set $\mathbb{M} = \mathbb{N} = 0$, which is satisfied if

$$H = -\frac{3V'^2}{\alpha_0 + 2V}$$

Imposing that $\mathbb{Z}$ must reduce to a constant we obtain

$$V = \frac{1}{\kappa}\left[\frac{1}{1 + \beta X} - 1\right]. \tag{2.78}$$

As a consequence of this,

$$H = -\frac{3\beta^2}{2\kappa}\frac{1}{(1 + \beta X)^3} \tag{2.79}$$

where β is a constant. Using equations 2.77) and 2.78) the equation for the spinor becomes

$$i\gamma^\mu \nabla_\mu \Psi - 2s(A + iB\gamma^5)\Psi = 0 \tag{2.80}$$

2. Introdução à Cosmologia

where

$$s = \frac{2\beta\Lambda}{\kappa(\hbar c)}. \tag{2.81}$$

Thus as a result of the gravitational interaction the spinor field satisfies Heisenberg-Nambu-Jona-Lasinio equation of motion. This is possible due to the influence of the rest-of-the-Universe on Ψ. If Λ vanishes then the constant of the self-interaction of Ψ vanishes.

The final form of the Lagrangian is provided by

$$L = L_D + \frac{1}{\kappa(1+\beta X)} R - \frac{1}{\kappa}\Lambda - \frac{3\beta^2}{2\kappa}\frac{1}{(1+\beta X)^3}\partial_\mu X \partial^\mu X \tag{2.82}$$

In this section we analyzed the influence of all the material content of the universe on a fermionic field when this content is in two possible states: in one case its energy distribution is zero; in another case it is in a vacuum state represented by the homogeneous distribution $T_{\mu\nu} = \Lambda g_{\mu\nu}$. Note that when Λ vanishes, the dynamics of the field is independent of the global properties of the universe and it reduces to the massless Dirac equation

Mario Novello

$$i\gamma^{\mu}\nabla_{\mu}\Psi = 0$$

In the second case, the rest-of-the-universe induces on field Ψ the Heisenberg-Nambu-Jona-Lasinio non-linear dynamics

$$i\gamma^{\mu}\nabla_{\mu}\Psi - 2s\left(A + iB\gamma^{5}\right)\Psi = 0.$$

Such scenario shows a mechanism by means of which the rules of the microphysical world depends on the global structure of the universe. It is not hard to envisage others situations in which the above mechanism can be further applied.

2.10 Referências

LIVROS

2. Introdução à Cosmologia

- **Mario Novello: Exercicios de Cosmologia, Editora Livraria da Fisica (SP) (2021);**

- **Mario Novello: Cosmologia, Editora Livraria da Fisica (SP) (2010)**

- **Mario Novello-Erico Goulart: Eletrodinâmica não linear (Causalidade e efeitos cosmoló gicos), Editora Livraria da Fisica (SP) (2010).**

Bibliografia

[1] M. Novello - A. Hartmann: From weak interaction to gravity in International Journal of Modern Physics A 36 (2021) 2150051;

[2] U.Moschella - M. Novello: New dynamical features of pure k-essential cosmologies in International Journal of Modern Physics D 31 (2022) 2250010

[3] Amanda Guerriere- Mario Novello: Photon propagation in a material medium on a curved spacetime in Classical and Quantum Gravity 39 (2022) 245008.

[4] Vicente Antunes, Ignacio Bediaga, Mario Novello: Gravitational baryogenesis without CPT violation in: JCAP 10 (2019) 076

[5] M. Novello- C.E.L.Ducap : How can the neutrino interact with the electromagneic field ? in Chinese Physics C 42 (2018) 1, 01310

[6] M Novello e J. Duarte de Oliveira (On dual properties of the Weyl tensor) in General Relativity and Gravitation, vol 12, no 11 (1980) 871.

[7] A. D. Dolgov in Phys Rev 48, 6 (1993) 2499.

[8] M Novello e E. Bittencourt in Gen. Rel. Grav. 45, 1005 (2013).

[9] M.Novello e R. P. Neves in Class. Quantum Grav. 19 (2002) 1.

[10] V. L. Ginzburg, D. A. Kirzhnits e A. A. Lyubushin in Soviet Physics JETP 33, 242 (1971)

[11] M.Novello: Weak and Electromagnetic forces as a conse-

BIBLIOGRAFIA

quence of the self-interaction of the γ field in Physc Rev D, vol 8, 8 (1973) 2398.

[12] M Novello: Absortion of gravitational waves by an excited vacuum space-time, in Physics Letters vol 61 A, pg 441 (1977).

[13] M. Novello and J. Salim, Non linear photons in the universe in Physical Review D 20,377 (1979).

[14] "Artificial Black Holes", Proceedings of the Workshop "Analog Models of General Relativity" (held at the Centro Brasileiro de Pesquisas Fisicas, Brazil, Oct. 2000), M. Novello, M. Visser, and G. Volovik (Eds), World Scientific (2002).

[15] E. Bittencourt, V. A. De Lorenci, R. Klippert, M. Novello e J.M. Salim: Analogue black holes for light rays in static dielectrics in Classical and Quantum Gravity, 31 (2014) 145007

[16] M.Novello, M.Makler, L. S. WErneck e C. A. Romero in ????

[17] Yvonne Choquet-Bruhat - Mario Novello in Comptes Rendues Acad. Sci. Paris, t. 305, série II, p. 155 (1987)

Mario Novello

[18] M Novello e J M Salim in Cesar Lattes 70 anos (A nova fisica brasileira) Editor Alfredo Marques (1994).

[19] W. Heisenberg in Review of Modern Physics 29, 269 (1957)

[20] M. Novello e R. C. Arcuri in International Journal of Modern Physics A, vol 15, n 15 (2000) 2255.

[21] M. Novello and N. Pinto-Neto, *Fortschrift der Physik* 40 173 (1992a).

[22] M. Novello and N. Pinto-Neto, *Fortschrift der Physik* 40 195 (1992b).

[23] M. Novello and A. L. Velloso in General Relativity and Gravitation, vol 19, no 12 (1987) pg 1251-1265

[24] M. Novello and E. Goulart, *Class. Quantum Grav.* 28 145022 (2011).

[25] M. Novello, E. Bittencourt, U. Mosquella, E. Goulart, J.M. Salim and J.D. Toniato, *JCAP* 06 014 (2013).

BIBLIOGRAFIA

[26] M. Novello, F.T. Falciano, E. Goulart, arXiv:1111.2631.

[27] M. Novello and E. Bittencourt, *Int. J. Mod. Phys. A* **29** 1450075 (2014);

[28] M. Novello and E. Bittencourt, *Phys. Rev. D* **86** 124024 (2012).

[29] Mario Novello, Eduardo Bittencourt: Metric Relativity and the Dynamical Bridge: highlights of Riemannian geometry in physics in Braz.J.Phys. 45 (2015) 6, 756-805

[30] *Leçons sur la propagation des ondes et les equations de l'hydrodynamique*, Ed. Dunod, Paris, 1958.

[31] Y. Choquet-Bruhat, C. de Witt-Morette, and M. Dillard-Bleick, *Analysis, Manifolds and Physics*, North-Holland, New York, 1977, p. 455; see also J. Hadamard, *Leçons sur la propagation des ondes et les équations de l'hydrodynamique*, Hermann, Paris, 1903.

M. Novello, I Damião Soares e J. Tiomno: Phys. Rev. D, 8 8, 2398 (1973)

Mario Novello

[32] M. Novello and J. M. Salim, *Phys. Rev. D* 63, 083511 (2001).

[33] M. Novello, E. Bittencourt and J. M. Salim, *Braz. J. Phys.*, 44 832 (2014)

[34] M. Novello, S. E. Perez-Bergliaffa and J. M. Salim, *Phys. Rev. D* 69 127301 (2004);

[35] Novello, M. and Araujo, R. A.- Phys. Rev. D, 22 , 260 (1980).

[36] L. P. Grishchuk, A. N. Petrov, and A. D. Popova, Exact theory of the (Einstein) gravitational field in an arbitrary background space-time, Communications in Mathematical Physics 94, 379 (1984).

[37] M. Novello, DeLorenci,V.A. JM Klippert and JM Salim in Phys. Rev. D61,045001 (2000), and references therein.

[38] Novello, M. and Salim,J.M. in Phys. Rev. D63, 083511, (2001).

[39] A. Kamenshchik, U. Moschella, and V. Pasquier, Phys. Lett. B 511, 265 (2001).

BIBLIOGRAFIA

[40] M Novello, M Makler, L S Werneck and Romero,C.A.: Phys. Rev. D71, 043515 (2005).

[41] M. Novello, V. A. De Lorenci, J. M. Salim, and R. Klippert, Class. Quantum Gravity 20, 859 (2003).

[42] M. Born and L. Infeld, Proc. Roy. Soc. A 144, 425 (1934).

[43] V. A. De Lorenci, Renato Klippert, M. Novello, J.M. Salim, Phys. Lett. B482, 134 (2000).

[44] M. Novello, J. M. Salim, V. A. De Lorenci, and E. Elbaz, Phys. Rev. D 63, 103516 (2001).

[45] *Bi-refringence versus bi-metricity*, M. Visser, C. Barcelo, and S. Liberati. Contribution to the Festschrift in honor of Mario Novello, to be published. gr-qc/0204017.

[46] V. A. De Lorenci and M. A. Souza, Phys. Lett. B 512, 417 (2001), V. A. De Lorenci and R. Klippert, Phys. Rev D 65, 064027 (2002).

Mario Novello

[47] M. Novello, J. Salim, Phys. Rev. D 63, 083511 (2001).

[48] W. Gordon, Ann. Phys. (Leipzig), 72, 421 (1923).

[49] C. Romero, J. Fonseca-Neto, Maria B. Pucheu, International Journal of Modern Physics A 26(22)3721 (2011).

[50] C. Romero, J. Fonseca-Neto, Maria L. Pucheu (2012)Classical and Quantum Gravity 29(15),155015.

[51] P. Painlevé, *C. R. Acad. Sci. (Paris)*, 173, 677 (1921).

[52] A. Gullstrand, *Arkiv. Mat. Astron. Fys.*, 16, 1 (1922).

[53] T. Jacobson and G. Kang, Class. Quantum Grav.10, L201 (1993).

[54] M. Novello, S.E. Perez Bergliaffa, J.M. Salim, Class. Quant. Grav. 17, 3821 (2000).

[55] M. Novello, V. A. De Lorenci, J. M. Salim, and R. Klippert, Phys. Rev. D 61, 045001 (2000).

BIBLIOGRAFIA

[56] Novello, M. and Araujo, R. A.- Phys. Rev. D, 22 , 260 (1980).

[57] M. Novello and R. P. Neves in Classical and Quantum Gravity 19, 5351, 5335 (2002).

Capítulo 3

Introdução à Teoria de Perturbações Cosmológicas

JÚLIO FABRIS E HERMANO VELTEN

3.1 Introdução

Um dos pilares dos estudos em cosmologia atualmente é o *princípio cosmológico*, que supõe que o universo tem as mesmas propriedades independente da direção que se observa e da posição do observador. Isto

Júlio Fabris e Hermano Velten

implica que o universo é homogêneo e isotrópico. Obviamente, não observamos esta isotropia e homogeneidade nas escalas locais: a matéria parece estar distribuída de forma diferente conforme a direção que observamos e da região que analisamos. No entanto, há indicações que a partir de uma certa distância o universo, de fato, seria homogêneo e isotrópico. Estabelecer a partir de qual escala a isotropia e homogeneidade na distribuição de matéria no universo se verifica é um dos tópicos de intensa atividade em cosmologia observacional. Não há consenso em qual seria esta escala, mas resultados obtidos até agora permitem especular que a partir de distâncias da ordem de 100 Mpc [1] a homogeneidade e isotropia do cosmo se verifica, mesmo que não de forma exata, pois, de fato, o *princípio cosmológico* é verificado estatisticamente.

Por outro lado, a compreensão das complexas estruturas que o universo exibe, sobretudo abaixo da possível escala de homogeneidade e isotropia, é um dos grandes desafios da cosmologia contemporânea. Focando nas escalas cosmológicas, sabemos que a matéria se organiza em galáxias, que podem fazer parte de aglomerados ou mesmo super-aglomerados de galáxias, ao mesmo tempo que existem regiões quase que inteiramente desprovidas de galáxias. Além disto, se observa que as grandes estruturas frequentemente se organizam em filamentos. Os diversos mapeamentos da distribuição de matéria (galáxias) no cosmo, com dados cada vez mais precisos, motivam a construção de modelos teóricos cada vez mais detalhados não apenas na descrição do universo em grande escalas como também (e talvez principalmente) na configuração

---

[1]Um parsec é definido como a distância na qual uma unidade astronômica subtende um ângulo de um segundo de arco. 1 parsec equivale a $3,085 \times 10^{16}$ metros.

3. Introdução à Teoria de Perturbações Cosmológicas

das estruturas locais.

A compreensão da formação das estruturas locais implica uma rica simbiose entre a microfísica e a física que rege o comportamento do universo em grandes escalas. A microfísica intervém de forma mais crucial na origem das flutuações que levarão à formação as estruturas locais do universo. Supõe-se que estas flutuações têm uma origem quântica estando relacionadas a um hipotético campo escalar que provocou uma expansão acelerada no universo primordial, o inflaton, responsável pela chamada fase inflacionária primordial. Posteriormente, estas flutuações se amplificaram através do mecanismo de instabilidade gravitacional. A evolução destas flutuações depende da teoria gravitacional que se emprega (comumente a teoria da Relatividade Geral) e do modelo cosmológico que se constrói a partir desta teoria. Os detalhes observados nas estruturas existentes requerem, para sua compreensão, simulações numéricas visto que rapidamente as pequenas flutuações originais entram ulteriormente no regime não linear, além do que vários processos astrofísicos precisam ser levados em conta.

Resumidamente, entendemos o processo de formação de estruturas no universo da seguinte maneira. A estrutura em grande escala observada hoje é fruto da instabilidade gravitacional da matéria, mesmo em um universo em expansão. Uma distribuiçao inicial de matéria absolutamente homogênea não originaria tal cenárioa não homogêneo. Por isso, a origem das flutuações deve ser entendida como um processo de origem quântica. A amplitude destas flutuações primordiais evolui pela própria natureza da atração gravitacional. As pequenas estruturas se formam primeiro. Estruturas maiores, como galáxias, se formam pela aglomeração da menores. Esse é o chamado processo hierárquico de formação de estruturas cosmológicas. O desafio de unir o conceito de instabildiade gravitacional em um universo em expansão dá origem à teoria de pertubações cosmológicas, tema deste capítulo.

O presente texto pretende apresentar a teoria de perturbações cosmológicas, ingrediente fundamental para compreender a origem e evolução das flutuações que conduziram à formação das estruturas cósmicas. Nos deteremos sobretudo nos aspectos teóricos, primeiramente no âmbito da teoria newtoniana da gravitação, e posteriormente no caso de modelo relativista da gravitação baseado na teoria da Relatividade Geral. A teoria newtoniana, por ser mais simples, permite estabelecer conceitos básicos fundamentais que serão também importantes no estudo relativista. Por outro lado, os modelos relativistas apresentam dificuldades suplementares, no estudo da origem e evolução das perturbações cósmicas, sobretudo por ser a teoria da Relatividade Geral uma teoria geométrica da gravitação, descrevendo o fenômeno gravitacional como a própria estrutura do espaço-tempo. Focaremos nos elementos teóricos básicos relativos à teoria das perturbações cosmológicas.

Focaremos sobretudo em aspectos teóricos, que devem ser completados pelos estudos estatísticos e observacionais. Referimos o leitor, para leituras complementares, às Refs. [1, 2, 3, 4]. A literatura sobre o assunto aqui abordado é muito ampla, e nos limitaremos a algumas referências pontuais quando se revelarem necessárias.

3. Introdução à Teoria de Perturbações Cosmológicas

3.2 Equações newtonianas para um fluido

O universo pode ser descrito, até certo ponto, como um fluido. A descrição do fluido é possível quando as escalas envolvidas na análise são muito maiores que as distâncias típicas entre as partículas que constituem o sistema. Podemos considerar as *partículas* que compõem o substrato cósmico como as galáxias. As galáxias têm tipicamente dimensões da ordem de kpc, e sua separação se estende de dezenas a centenas de kpc. Em cosmologia lidamos com distâncias de dezenas a centenas de Mpc, ou mesmo Gpc. Neste caso, aplica-se a aproximação do fluido, com maior ou menor precisão dependendo do problema que estamos tratando. Essas considerações motivam a descrição do universo como um fluido.

Tendo em vista a discussão anterior, começamos revisando as equações fundamentais de um fluido autogravitante com densidade ρ, pressão p e campo de velocidade $\vec{v}$. A relação entre pressão e densidade está ligada às propriedades microfísicas do fluido. Em geral, a equação de estado que descreve como a pressão depende das outras grandezas físicas envolve, por exemplo, a densidade e a temperatura. Se a pressão depende apenas da densidade, a equação de estado é chamada de *barotrópica*. A equação de estado barotrópica é relevante quando variações locais na temperatura podem ser ignoradas à medida que o sistema evolui . A temperatura pode ser associada ao movimento das partículas do sistema em relação à distribuição média do campo de velocidades. Em um sistema em expansão, como o universo, o movimento das galáxias em relação à velocidade cósmica de expansão é denominado de *movimento peculiar*. Em geral, em escalas muito grandes (as escalas cósmicas), esse movimento peculiar é pequeno em comparação com a velocidade de expansão. Ainda, é razoável assumir que equação de estado barotrópica é uma aproximação muito boa para os fluidos cósmicos.

A descrição de um fluido autogravitante requer três equações: a equação da continuidade, que é consequência da conservação da matéria; a equação de Euler, que é a segunda lei de Newton aplicada à descrição de um fluido; e a equação de Poisson que fornece o campo gravitacional em termos da distribuição de matéria. Essas três equações são as seguintes:

$$\frac{\partial \rho}{\partial t} + \nabla \cdot (\rho \vec{v}) = 0, \tag{3.1}$$

$$\frac{\partial \vec{v}}{\partial t} + \vec{v} \cdot \nabla \vec{v} = -\frac{\nabla p}{\rho} - \nabla \phi, \tag{3.2}$$

$$\nabla^2 \phi = 4\pi G \rho. \tag{3.3}$$

A dedução dessas equações é bastante padrão. Dirigimos ao leitor, por exemplo, à Ref. [5] onde essas equações são obtidas de forma bem direta e pedagógica.

3.3   Um modelo cosmológico newtoniano

O universo está se expandindo e as observações indicam que ele é homogêneo e isotrópico, pelo menos em escalas muito grandes. No contexto newtoniano é possível descrever esse universo em expansão, mas muito simétrico, supondo que quantidades como a densidade têm o mesmo valor em todas as direções (invariância rotacional) e em cada ponto do espaço (invariância translacional), ou seja, a distribuição é

3. Introdução à Teoria de Perturbações Cosmológicas

isotrópica e homogênea. Estes valores, porém, mudam com o tempo, o que é consequência direta do fato do universo ser dinâmico pois está em expansão. Logo, a densidade e a pressão (no caso de uma equação de estado barotrópica) são funções apenas do tempo, tendo o mesmo valor em cada ponto do espaço. A lei de Hubble-Lemaître é conseqüência de que, à medida que se expande, o universo deve manter a homogeneidade e a isotropia: para um observador localizado em um determinado ponto, que escolhemos como origem do sistema de coordenadas, ele só pode ver uma configuração homogênea e isotrópica em seu entorno se a velocidade de recessão das partículas em sua vizinhança depender linearmente com a sua distância.

De fato, pela lei de conservação da matéria, a massa dentro de uma dada esfera de raio r varia com a corrente da matéria, dada por $\vec{j} = \rho\vec{v}$, que flui através da superfície que envolve o volume. Este conceito pode ser expresso pelas seguinte sequência de equações:

$$\frac{d}{dt}M = -\int \vec{j} \cdot d\vec{S},$$

$$\frac{d}{dt}\int \rho\, dV = -\int \rho\vec{v} \cdot d\vec{S}, \tag{3.4}$$

$$\frac{4\pi}{3}r^3\dot{\rho} = -4\pi r^2 v\rho. \tag{3.5}$$

O ponto indica derivada em relação ao tempo. Ao deduzir a expressão (3.5), usamos explicitamente o fato de que a densidade depende apenas do tempo (homogeneidade) e que o observador centrado na origem vê o movimento como sendo puramente radial tendo o mesmo valor em todas as direções (isotropia). Isso implica que,

$$\vec{v} = -\frac{\dot{\rho}}{3\rho}\vec{r}. \tag{3.6}$$

A relação obtida acima implica que a velocidade de recessão vista pelo observador depende da distância das partículas a ele. Esta é a lei de Hubble-Lemaître. Observe que a densidade diminui à medida que o universo se expande e, para um pequeno intervalo de tempo, $\dot{\rho}/\rho$ é, aproximadamente, uma constante negativa. Assim, a lei de Hubble-Lemaître pode ser escrita, hoje, como

$$v = H_0 r, \quad H_0 = \text{constante}. \tag{3.7}$$

Consideremos uma configuração para densidade, velocidade e pressão descrevendo um universo homogêneo e isotrópico. Essas funções podem ser escritas, a partir das considerações feitas acima, como,

$$\rho = \rho(t), \tag{3.8}$$
$$\vec{v} = \frac{\dot{a}}{a}\vec{r}, \tag{3.9}$$
$$p = p(t). \tag{3.10}$$

A parametrização do campo de velocidade é feita por conveniência tendo em vista os cálculos a serem desenvolvidos posteriormente: ela implementa a lei de Hubble-Lemaître com a função a que está relacionada com a expansão do universo. Comparando com a expressão anterior para a lei de Hubble-Lemaître, isto implica que $\rho \propto a^{-3}$, como verificaremos explicitamente em breve.

3. Introdução à Teoria de Perturbações Cosmológicas

Em um universo homogêneo e isotrópico, a densidade e a pressão só dependem do tempo. Logo, a contribuição do gradiente da pressão na equação de Euler, nestas condições, é nula. Inserindo (3.8), (3.9) e (3.10) nas equações (3.1), (3.2) (3.3) obtemos,

$$\dot{\rho} + 3\frac{\dot{a}}{a}\rho = 0, \tag{3.11}$$

$$\frac{\ddot{a}}{a}\vec{r} = -\nabla\phi, \tag{3.12}$$

$$\nabla\phi = \frac{4\pi G}{3}\rho\vec{r}. \tag{3.13}$$

A partir dessas expressões encontramos uma relação entre o fator de escala a e a densidade ρ dada pelas equações,

$$\frac{\ddot{a}}{a} = -\frac{4\pi G}{3}\rho, \tag{3.14}$$

$$\rho = \rho_0 a^{-3}. \tag{3.15}$$

A expressão (3.15) sugere que a função $a(t)$ deve estar relacionada com a distância, pois a densidade varia como o inverso do volume, de acordo com o conceito newtoniano para matéria encerrada em um dado volume. De fato, $a(t)$ é uma função sem dimensão que estabelece a escala das distâncias, de onde deriva sua denominação usual: *fator de escala*.

Na hidrodinâmica, existem duas abordagens diferentes para descrever o fluido: uma usando as coordenadas de Lagrange, na qual as coordenadas seguem o fluido, permanecendo sempre constantes para um determinado elemento do fluido; e as coordenadas de Euler que são definidas em relação a uma origem fixa dada, e que consequentemente muda com o tempo. As coordenadas de Lagrange, que notamos como $\vec{r}_c$, são comumente chamadas de *coordenadas co-móveis*. Elas estão relacionados com as coordenadas eulerianas $\vec{r}_p$, geralmente chamadas de *coordenadas físicas*, por

$$\vec{r}_p = a(t)\vec{r}_c. \tag{3.16}$$

Essa relação justifica o termo *fator de escala* para a função $a(t)$, pois mostra como as escalas mudam com o tempo à medida que o universo se expande. Outro detalhe é que a relação (3.11) combinada com (3.6) leva consistentemente a (3.9).

Multiplicando (3.14) por $a\dot{a}$ e usando (3.15), obtemos a integral primeira,

$$\left(\frac{\dot{a}}{a}\right)^2 + \frac{K}{a^2} = \frac{8\pi G}{3}\rho. \tag{3.17}$$

Esta é a equação de Friedmann. Nós a encontraremos novamente no contexto relativista. No entanto, observe que, na estrutura newtoniana, a equação de Friedmann é obtida na ausência de contribuição de pressão, desde que a hipótese de homogeneidade seja justificada. Por outro lado, a constante de integração K é interpretada, nesta configuração newtoniana, como (menos) energia por unidade de massa. Se $K > 0$ temos um sistema limitado, correspondendo a um universo fechado; se $K < 0$ a energia é positiva, encontramos um universo aberto. O caso $K = 0$ é a linha divisória entre essas duas situações, correspondendo ao caso parabólico.

3. Introdução à Teoria de Perturbações Cosmológicas

De fato, multiplicando a equação (3.17) por a^2 e usando a solução para $\rho(t)$, a expressão resultante pode ser escrita como,

$$\frac{\dot{a}^2}{2} - \frac{4\pi G\rho_0}{a} = -\frac{K}{2}. \tag{3.18}$$

A equação (3.18) é formalmente semelhante à soma das energias cinética e potencial gravitacional na física newtoniana. Dessa forma, k faz o papel de (menos) a energia por unidade de massa, como já foi dito. Se. fixarmos a escala hoje tal que $a_0 = 1$ (o que implica que hoje a distância co-móvel é igual à distância física), ρ_0 será a densidade atual do universo. O subscrito 0 indica que as quantidades são computadas no momento atual.

Quando $K = 0$, a solução assume a forma de lei de potência:

$$a \propto t^{2/3}, \tag{3.19}$$
$$\rho \propto t^{-2}. \tag{3.20}$$

Este resultado é independente da pressão uma vez que, como já dissemos acima, em um universo homogêneo o gradiente da pressão é nulo, não contribuindo para a evolução da dinâmica do sistema. No entanto, quando inhomogeneidades são introduzidas, a contribuição da pressão é importante, influindo no comportamento do sistema.

Júlio Fabris e Hermano Velten

3.4 Perturbações newtonianas

3.4.1 A equação que rege o comportamento perturbativo na teoria newtoniana

Agora vamos nos voltar para as perturbações em torno das soluções descritas na seção anterior. Introduzindo pequenas inhomogeneidades iniciais em um universo homogêneo e isotrópico, e acompanhando a evolução dessas inhomogeneidades, esperamos entender como as estruturas são formadas no universo. Para realizar este estudo, devemos considerar a solução da base (jargão usado para designar a configuração não perturbada) sobre a qual as flutuações são introduzidas. A solução da base descreve um universo homogêneo e isotrópico. As perturbações devem introduzir inhomogeneidades, permitindo que as quantidades variem espacial e temporalmente. Assim, dividimos o quantidades relevantes em quantidades da base, descrevendo um universo homogêneo e isotrópico, e flutuações em torno delas que podem depender da posição e do tempo:

$$\tilde{\rho}(\vec{r},t) = \rho(t) + \delta\rho(\vec{r},t), \tag{3.21}$$
$$\tilde{p}(\vec{r},t) = p(t) + \delta p(\vec{r},t), \tag{3.22}$$
$$\tilde{\vec{v}}(\vec{r},t) = \vec{v}(\vec{r},t) + \delta\vec{v}(\vec{r},t), \tag{3.23}$$
$$\tilde{\phi}(\vec{r},t) = \phi(\vec{r},t) + \delta\phi(\vec{r},t). \tag{3.24}$$

Nessas expressões, os tils designam as quantidades totais que se dividem nas quantidades não perturbadas (também chamadas de quantidades de fundo) e as flutuações sobre essas quantidades não perturbadas. As flutuações são designadas com a ajuda do símbolo δ. Observe que

3. Introdução à Teoria de Perturbações Cosmológicas

o campo de velocidade $\vec{v}$ e o potencial gravitacional ϕ já no nível de fundo dependem da posição mas, como descrito anteriormente, de forma bastante regular com comportamento global. As perturbações dependem aleatoriamente da posição. As quantidades com til acima devem ser introduzidas agora nas equações newtonianas fundamentais (3.1), (3.2) e (3.3) e a divisão descrita acima deve ser desenvolvida.

Faremos uma análise linear por enquanto. Isso significa que vamos desprezar todo o produto das quantidades perturbadas. Isso equivale a supor que as perturbações devem ser pequenas. As condições de validade desta consideração serão melhor discutidas posteriormente. Sob a hipótese de linearidade para as flutuações e usando as equações satisfeitas pelas quantidades de fundo descritas na seção anterior, ficamos apenas com as equações perturbadas em nível linear:

$$\frac{\partial \delta \rho}{\partial t} + \rho \nabla \cdot \delta \vec{v} + \delta \rho \nabla \cdot \vec{v} + \vec{v} \cdot \nabla \delta \rho = 0, \tag{3.25}$$

$$\frac{\partial \delta \vec{v}}{\partial t} + \delta \vec{v} \cdot \nabla \vec{v} + \vec{v} \cdot \nabla \delta \vec{v} = -\frac{\nabla \delta p}{\rho} - \nabla \delta \phi, \tag{3.26}$$

$$\nabla^2 \delta \phi = 4\pi G \delta \rho. \tag{3.27}$$

Todas as grandezas perturbadas dependem do tempo e da posição, conforme indicado acima. Agora vem um ponto sutil. Se a quantidade $\delta \rho \equiv \delta \rho(\vec{r}, t)$ é interpretada, por exemplo, como uma sobre densidade (sendo talvez uma galáxia) na posição $\vec{r}$, então, para uma completa descrição de todas as centenas de bilhões de galáxias exitentes no universo, deveríamos ter o mesmo número de equações para $\delta \rho(\vec{r}, t)$. Obviamente, trata-se de uma estratégia inviável. A saída é fazer uma decomposição de Fourier nas equações (3.25), (3.26) e (3.27). Assim, teremos o comportamento do contraste de densidade para diferentes escalas físicas, onde vários objetos seriam enquadrados. Tal decomposição pode ser facilmente desenvolvida pelo menos em nível linear. A transformação de Fourier é escrita geralmente como,

$$f(\vec{r},t) = \frac{1}{(2\pi)^{3/2}} \int f(\vec{k},t)e^{i\vec{k}\cdot\vec{r}}d^3k. \qquad (3.28)$$

A transformação inversa pode ser definida de forma semelhante. Como as equações são lineares nas equações perturbadas, podemos acompanhar a evolução de apenas um modo, caracterizado pelo vetor número de onda $\vec{k}$, e posteriormente integrar as expressões resultantes em $\vec{k}$ para reconstituir a solução no espaço real $\vec{r}$. Portanto, a partir de agora, escrevemos,

$$f(\vec{r},t) = f_k(t)e^{i\vec{k}\cdot\vec{r}}, \qquad (3.29)$$

onde, para simplificar, denotamos $f(\vec{k},t) \equiv f_k(t)$.

Aqui entra em cena um aspecto importante quanto à escolha das coordenadas. Podemos escolher a coordenada co-móvel $\vec{r}_c$ ou a coordenada física $\vec{r}_p$. Elas estão relacionadas por $\vec{r}_p = a(t)\vec{r}_c$, como já frisado acima. A coordenada co-móvel está relacionada com as coordenadas de Lagrange na mecânica dos fluidos, que acompanham as partículas durante seu deslocamento; a coordenada física leva em conta a mudança nas escalas espaciais devido à expansão do universo, e está relacionada com as coordenadas eulerianas. O modo de Fourier, para uma dada

3. Introdução à Teoria de Perturbações Cosmológicas

quantidade $f(\vec{r},t)$ deve então ser escrito como,

$$f(\vec{r},t) = f_k(t)e^{i\vec{k}_c\cdot\vec{r}_c} = f_k(t)e^{i\vec{k}_p\cdot\vec{r}_p} = f_k(t)e^{i\frac{\vec{k}_c\cdot\vec{r}_p}{a}}. \qquad (3.30)$$

O modo de Fourier deve ser o mesmo, independentemente de usar coordenadas físicas ou co-móveis, ou ainda a forma mista. Lembre-se de que as variáveis espaciais físicas são as variáveis co-móveis multiplicadas pelo fator de escala a. Por exemplo, $\vec{r}_p = a\vec{r}_c$. O número de onda $\vec{k}$ é dado por $\vec{k} = \frac{2\pi}{\lambda}\hat{n}$, onde $\hat{n}$ é o vetor unitário que indica a direção de propagação da perturbação. Assim, $\vec{k}_p = \frac{\vec{k}_c}{a}$. Então, o modo de Fourier deve ser escrito em uma das formas apresentadas na equação (3.30).

Por conveniência, escolhemos a forma mista na escrita do modo de Fourier, a posição dada pela coordenada física e o número de onda expresso em termos das coordenadas co-móveis. Iremos suprimir a partir de agora o subscrito p para o vetor posição física e o subscrito c para o número de onda co-móvel, para ter uma notação mais econômica. Assim, as quantidades perturbadas assumem a forma,

$$\delta\rho(\vec{r},t) = \delta\rho_k(t)e^{i\frac{\vec{k}\cdot\vec{r}}{a(t)}}, \qquad (3.31)$$

$$\delta\vec{v}(\vec{r},t) = \delta\vec{v}_k(t)e^{i\frac{\vec{k}\cdot\vec{r}}{a(t)}}, \qquad (3.32)$$

$$\delta\phi(\vec{r},t) = \delta\phi_k(t)e^{i\frac{\vec{k}\cdot\vec{r}}{a(t)}}. \qquad (3.33)$$

Doravante, $\vec{k}$ é o número de onda co-móvel e $\vec{r}$ são as distâncias físicas.

As derivadas dos modos de Fourier se escrevem então como,

$$\frac{\partial f(\vec{x},t)}{\partial t} = \left(\dot{f}_k - i\frac{\dot{a}}{a}\frac{\vec{k}\cdot\vec{r}}{a}f_k \right) e^{i\frac{\vec{k}\cdot\vec{r}}{a}}, \tag{3.34}$$

$$\nabla f(\vec{r},t) = \frac{i\vec{k}}{a}f_k e^{i\frac{\vec{k}\cdot\vec{r}}{a}}. \tag{3.35}$$

Observe que o operador ∇ diz respeito à derivação em relação à coordenada física.

Usando as relações conhecidas da base não perturbada, as equações para as quantidades perturbadas se escrevem agora como:

$$\frac{\partial \delta\rho}{\partial t} + \rho\nabla\cdot\delta\vec{v} + 3H\delta\rho + H\vec{r}\cdot\nabla\delta\rho = 0, \tag{3.36}$$

$$\frac{\partial \delta\vec{v}}{\partial t} + H\delta\vec{v} + H\vec{r}\cdot\nabla\delta v = -\frac{\nabla\delta p}{\rho} - \nabla\delta\phi, \tag{3.37}$$

$$\nabla^2\delta\phi = 4\pi G\delta\rho. \tag{3.38}$$

Inserindo a decomposição de Fourier descrita anteriormente, obtemos as seguintes equações.

$$\frac{\partial \delta\rho_k}{\partial t} + i\rho\frac{\vec{k}\cdot\delta\vec{v}_k}{a} + 3H\delta\rho_k = 0, \tag{3.39}$$

$$\frac{\partial \delta\vec{v}_k}{\partial t} + H\delta\vec{v}_k = -ic_s^2\frac{\vec{k}}{a}\frac{\delta\rho_k}{\rho} - i\frac{\vec{k}}{a}\delta\phi_k, \tag{3.40}$$

$$-\frac{k^2}{a^2}\delta\phi_k = 4\pi G\delta\rho_k. \tag{3.41}$$

3. Introdução à Teoria de Perturbações Cosmológicas

Na dedução da equação (3.40) consideramos que a pressão depende apenas da densidade, $p = p(\rho)$, e que trata-se de um fluido adiabático, no sentido que

$$\delta p = \frac{\partial p}{\partial \rho} \delta \rho \equiv c_s^2 \delta \rho, \tag{3.42}$$

sendo c_s^2 o quadrado da velocidade do som.

Agora definimos o contraste de densidade δ_k, que é uma quantidade sem dimensão que indica o quanto as flutuações se afastam da densidade média:

$$\delta_k \equiv \frac{\delta \rho_k}{\rho} \tag{3.43}$$

O regime linear é justificado desde que $\delta_k < 1$. Usando agora a equação de conservação da base,

$$\dot{\rho} + 3H\rho = 0, \tag{3.44}$$

a equação (3.39) torna-se,

$$\dot{\delta}_k = -i \frac{\vec{k} \cdot \delta \vec{v}_k}{a}. \tag{3.45}$$

Multiplicando a equação (3.40) por $i\vec{k}$, e usando a relação anterior junto com (3.41) obtemos uma equação mestra que rege o comportamento do contraste de densidade:

$$\ddot{\delta}_k + 2H\dot{\delta}_k + \left\{ \frac{c_s^2}{a^2} k^2 - 4\pi G\rho \right\} \delta_k = 0. \tag{3.46}$$

A equação (3.46) determina a evolução das perturbações de densidade no regime linear em uma estrutura newtoniana. Esta equação é muito eloqüente em seu significado. É uma equação linear de segunda ordem que é semelhante a um oscilador amortecido paramétrico, que em geral pode ser escrito como,

$$\ddot{f} + \gamma(t)\dot{f} + \omega(t)^2 f = 0. \tag{3.47}$$

A função $\gamma(t)$ representa o amortecimento que em (3.46) é dado por duas vezes a função de Hubble, $H(t)$. A palavra paramétrico significa que a frequência $\omega(t)$ depende do tempo. A frequência ao quadrado em (3.46) é dada por,

$$\omega(t)^2 = \left\{ \frac{c_s^2}{a^2} k^2 - 4\pi G\rho \right\}, \tag{3.48}$$

e pode assumir valor positivo ou negativo, dependendo se

$$\frac{c_s^2}{a^2} k^2 \gtrless 4\pi G\rho. \tag{3.49}$$

- Se $\frac{c_s^2}{a^2} k^2 > 4\pi G\rho$ a frequência (dependente do tempo) $\omega(t)$ é real e as perturbações oscilam, pois o a pressão é mais eficaz do que a atração gravitacional. Ao mesmo tempo, a amplitude diminui devido ao amortecimento causado pela expansão do universo;

- Se $\frac{c_s^2}{a^2} k^2 < 4\pi G\rho$, implicando um $\omega(t)$ imaginário, as perturbações crescem pois a atração gravitacional é mais efetiva que pressão que se opõe ao colapso da região com sobre-densidade, a menos que o

3. Introdução à Teoria de Perturbações Cosmológicas

amortecimento devido à expansão seja muito forte, o que em geral não é o caso.

O limite entre esses dois regimes define o comprimento de onda de Jeans, ou a escala de Jeans, via a relação $\lambda = 2\pi/k$:

$$\lambda_J = \frac{2\pi c_s}{a\sqrt{4\pi G\rho}}. \tag{3.50}$$

Para escalas maiores que a escala de Jeans, as perturbações crescem, enquanto para escalas menores as perturbações apenas oscilam. É importante notar que c_s, a e ρ geralmente dependem do tempo, e o valor da escala de Jeans muda durante a evolução do universo.

3.4.2 Soluções da equação newtoniana para as perturbações

Procuremos soluções para a equação (3.46). Deve-se observar que o fundo tem sempre o mesmo comportamento dado por $a \propto t^{2/3}$, devido ao fato de que, no contexto newtoniano, uma pressão homogênea não contribui para a dinâmica já que a equação de Euler contém o gradiente da pressão: para que a contribuição da pressão seja não trivial, deve haver uma configuração não homogênea.

Existem dois casos para os quais é possível obter soluções simples para a equação (3.46).

- Matéria sem pressão: $p = 0$. Neste caso, a equação (3.46) pode ser escrita como,

$$\ddot{\delta}_k + 2H\dot{\delta}_k - 4\pi G\rho\,\delta_k = 0. \tag{3.51}$$

Usando a equação da base, (3.51) pode ser reescrita como

$$\ddot{\delta}_k + 2H\dot{\delta}_k - \frac{3}{2}H^2\delta_k = 0. \tag{3.52}$$

Usando a solução da base, essa equação assume a forma,

$$\ddot{\delta}_k + \frac{4}{3}\frac{\dot{\delta}_k}{t} - \frac{2}{3}\frac{\delta_k}{t^2} = 0. \tag{3.53}$$

Esta é uma equação do tipo Euler admitindo soluções de lei de potência,

$$\delta_k \propto t^p. \tag{3.54}$$

Inserindo esta expressão em (3.53) obtemos,

$$p_+ = 2/3, \quad p_- = -1. \tag{3.55}$$

Portanto, existe um modo decrescente representado por $p_- = -1$ e um modo crescente representado por $p_+ = 2/3$. Observe que as perturbações crescem com a mesma taxa que o fator de escala de fundo. Em outras palavras,

$$\delta_k \propto a \propto t^{2/3}. \tag{3.56}$$

3. Introdução à Teoria de Perturbações Cosmológicas

- Regime de grandes comprimentos de onda, $k \to 0$.

  Para este regime a equação é novamente dada por (3.51) independentemente da pressão da componente dominante do universo. Assim, em escalas muito grandes as perturbações crescem como no caso da matéria sem pressão, mesmo que em escalas pequenas os resultados sejam essencialmente dependentes da pressão do fluido. Isso é de certa forma esperado: em escalas muito grandes, a velocidade do som do fluido, devido à presença de uma pressão, é ineficaz para contrabalançar o colapso gravitacional.

Agora vamos nos voltar para o problema em que a pressão é diferente de zero e as escalas das perturbações não são necessariamente grandes. O primeiro passo é avaliar a velocidade do som. Para fazer isso, devemos fixar uma equação de estado. Para um fluido newtoniano uma das configurações mais relevantes, permitindo um tratamento analítico, é dada por uma equação politrópica de estado:

$$p = \omega \rho^{\gamma}, \tag{3.57}$$

onde ω é uma constante dimensional e γ é o índice politrópico (sem dimensão), que também pode ser considerado como constante. O índice politrópico pode estar relacionado à razão entre as capacidades caloríficas avaliadas a pressão constante e a volume constante, ver discussão detalhada na Ref. [6]. Por isso,

$$c_s^2 = \frac{\partial p}{\partial \rho} = \gamma \omega \rho^{\gamma-1} = \gamma \omega \frac{\rho_0^{\gamma-1}}{a^{3(\gamma-1)}}. \tag{3.58}$$

Usamos nesta expressão a solução da equação de conservação dada por $\rho = \rho_0 a^{-3}$.

Assim, a equação para o contraste de densidade torna-se:

$$\ddot{\delta}_k + 2H\dot{\delta}_k + \left\{ k^2 \frac{\gamma\omega\rho_0^{\gamma-1}}{a^{3\gamma-1}} - \frac{3}{2}H^2 \right\}\delta_k = 0. \tag{3.59}$$

A pressão não influencia a evolução da base no contexto newtoniano: o fator de escala comporta-se como $a = a_0 t^{2/3}$, sendo a_0 uma constante, independentemente da pressão do fluido. Mas a pressão é muito relevante em nível perturbativo, pois a distribuição de matéria não é homogênea neste caso.

A equação para o contraste na densidade também pode ser escrita como

$$\ddot{\delta}_k + \frac{4}{3}\frac{\dot{\delta}_k}{t} + \left\{ \frac{\bar{k}^2}{t^{\frac{2(3\gamma-1)}{3}}} - \frac{2}{3}\frac{1}{t^2} \right\}\delta_k = 0. \tag{3.60}$$

Nesta expressão redefimos o número de onda como,

$$\bar{k}^2 = k^2 \frac{\gamma\omega\rho_0^{\gamma-1}}{a_0^{3\gamma-1}}. \tag{3.61}$$

Quando a pressão é nula ($\omega = 0$) ou no regime de comprimento de onda longo ($k \to 0$) voltamos aos casos anteriores.

A equação (3.60) pode ser resolvida através de duas transformações

3. Introdução à Teoria de Perturbações Cosmológicas

diferentes. Definindo a nova variável,

$$x = \frac{\bar{k}}{p}t^p, \quad p = \frac{4}{3} - \gamma, \tag{3.62}$$

a equação admite a seguinte forma,

$$\delta'' + \frac{p+1/3}{p}\frac{\delta'}{x} + \left\{1 - \frac{2}{3p^2x^2}\right\}\delta = 0. \tag{3.63}$$

Agora, redefinimos a função δ como,

$$\delta = x^q\lambda, \quad q = -\frac{1}{6p}. \tag{3.64}$$

Assim, a equação para λ é,

$$\lambda'' + \frac{\lambda'}{x} + \left\{1 - \left(\frac{5}{6p}\right)^2\frac{1}{x^2}\right\}\lambda = 0. \tag{3.65}$$

A solução final é,

$$\delta = x^q\left\{AJ_n(x) + BJ_{-n}(x)\right\}, \tag{3.66}$$

onde A e B são constantes, $J_n(x)$ é uma função de Bessel de ordem n. No presente caso, $n = 5/6p$. Em termos de tempo cósmico, a solução se escreve como,

$$\delta = t^{-1/6}\left\{AJ_n\left(\frac{\bar{k}}{p}t^p\right) + BJ_{-n}\left(\frac{\bar{k}}{p}t^p\right)\right\}, \tag{3.67}$$

É direto verificar que para grandes escalas, $k \to 0$, a solução (3.67) é uma combinação de modos crescente e decrescente, enquanto para pequenas escalas, $k \to \infty$, a solução exibe um comportamento oscilatório decrescente. Matematicamente, essas propriedades se devem ao comportamento assintótico das funções de Bessel:

$$J_n(x) \sim x^n, \quad x \to 0, \tag{3.68}$$

$$J_n(x) \sim \sqrt{\frac{2}{\pi x}} \cos\left(x - \frac{n\pi}{2} - \frac{\pi}{4}\right), \quad x \to \infty. \tag{3.69}$$

3.4.3 A equação do oscilador paramétrico

Voltemos à equação que rege o comportamento das perturbações no contexto newtoniano:

$$\ddot{\delta} + 2\frac{\dot{a}}{a}\dot{\delta} + \left\{\frac{k^2}{a^2}c_s^2 - 4\pi G\rho\right\}\delta = 0. \tag{3.70}$$

Podemos definir uma nova coordenada de tempo tal que $dt = ad\eta$. Geralmente, η é chamado de tempo conforme e é usado frequentemente no contexto cosmológico relativístico como veremos mais adiante. Aqui, na estrutura newtoniana, pode ser visto apenas como uma transformação de variável conveniente. A equação fica sendo,

$$\delta'' + \frac{a'}{a}\delta' + \left\{k^2 c_s^2 - 4\pi G\rho a^2\right\}\delta = 0. \tag{3.71}$$

A partir de agora, o símbolo plica $(')$ significa uma derivada em relação a η.

3. Introdução à Teoria de Perturbações Cosmológicas

Agora definimos uma nova função μ tal que,

$$\delta = \frac{\mu}{\sqrt{a}}. \tag{3.72}$$

Em termos desta nova função, a equação de perturbação torna-se,

$$\mu'' + \left\{ k^2 c_s^2 - \left[\frac{1}{2} \mathscr{H}' + \frac{7}{4} \mathscr{H}^2 \right] \right\} \mu = 0, \tag{3.73}$$

onde $\mathscr{H} = a'/a$.

Essencialmente, a Eq. (3.73) é uma equação do oscilador paramétrico, que formalmente tem a forma,

$$\mu'' + \omega(\eta)^2 \mu = 0. \tag{3.74}$$

Esta equação leva aos fenômenos de amplificação paramétrica: a amplitude das oscilações pode ser amplificada quando os parâmetros do sistema são variados. Por exemplo, esta amplificação pode ser obtida variando o comprimento do sistema de pêndulo, levando a uma variação da frequência do oscilador o que ocasiona um aumento da amplitude da oscilação. Efeito semelhante se obtém no balanço, esticando ou recolhendo as pernas, o que provoca uma mudança da posição do centro de massa no corpo. Uma discussão sobre o oscilador harmônico paramétrico pode ser encontrada na Ref. [7]. O fenômeno de amplificação paramétrica é essencial para entender o crescimento das minúsculas flutuações quânticas iniciais conduzindo às perturbações clássicas que resultam nas estruturas observadas no universo. A amplificação no oscilador paramétrico implica que há alguma fonte externa atuando no sistema oscilante. No caso de um pêndulo com comprimento variável, a fonte externa é o agente que provoca a variação do comprimento do pêndulo; na evolução cósmica, o agente externo é dado pelo campo gravitacional variável devido à expansão do universo.

Um oscilador paramétrico é um importante mecanismo de amplificação que aparece em muitos ramos da física, como sistemas mecânicos, óptica quântica, cosmologia, etc. Voltaremos ao oscilador paramétrico no estudo da evolução das perturbações no contexto relativístico.

3.5 Modelos cosmológicos relativistas

A moderna teoria da gravitação é a teoria da Relatividade Geral, que interpreta o fenômeno gravitacional como curvatura do espaço-tempo. As chamadas equações de campo da Relatividade Geral são:

$$R_{\mu\nu} - \frac{1}{2}g_{\mu\nu}R = 8\pi G T_{\mu\nu}, \qquad (3.75)$$

$$T^{\mu\nu}{}_{;\mu} = 0. \qquad (3.76)$$

Nestas equações, $R_{\mu\nu}$ é o tensor de Ricci, R o escalar de curvatura, ambos construídos a partir da métrica do espaço-tempo $g_{\mu\nu}$, enquanto $T_{\mu\nu}$ descreve o conteúdo material. As equações acima mostram a geometria, lado esquerdo, sendo determinado pela distribuição de matéria, lado

3. Introdução à Teoria de Perturbações Cosmológicas

direito. Nossas definições são tais que,

$$R_{\mu\nu} = \partial_\rho \Gamma^\rho_{\mu\nu} - \partial_\nu \Gamma^\rho_{\mu\rho} + \Gamma^\rho_{\mu\nu} \Gamma^\sigma_{\rho\sigma} - \Gamma^\rho_{\mu\sigma} \Gamma^\sigma_{\nu\rho}, \qquad (3.77)$$

$$R = g^{\mu\nu} R_{\mu\nu}, \qquad (3.78)$$

$$\Gamma^\rho_{\mu\nu} = \frac{g^{\rho\sigma}}{2} \left(\partial_\mu g_{\sigma\nu} + \partial_\nu g_{\sigma\mu} - \partial_\sigma g_{\mu\nu} \right), \qquad (3.79)$$

sendo $\Gamma^\rho_{\mu\nu}$ os símbolos de Christoffel. A assinatura da métrica é $(+ - --)$.

A equação (3.76) é consequência de identidades geométricas conhecidas como identidades de Bianchi, e expressam as leis de conservação. Inicialmente vamos considerar o tensor de momento-energia de um fluido perfeito dado por,

$$T^{\mu\nu} = (\rho + p)u^\mu u^\nu - pg^{\mu\nu}. \qquad (3.80)$$

O universo em larga escala é homogêneo e isotrópico, sendo portanto descrito pela métrica espaço-temporal de Friedmann-Lemaître-Robertson-Walker (FLRW):

$$ds^2 = dt^2 - a(t)^2 \left[\frac{dr^2}{1 - Kr^2} + r^2(d\theta^2 + \sin^2\theta d\phi^2) \right]. \qquad (3.81)$$

A função $a(t)$ tem agora uma natureza geométrica indicando a escala de medidas sendo, no caso, variável no tempo. Aqui, o parâmetro K indica a curvatura do espaço tri-dimensional, podendo assumir valores $K = 0, \pm 1$. Importante frisar que este parâmetro tem significado físico diferente daquele apresentado no contexto newtoniano, apesar de, efetivamente, terem o mesmo papel nas equações de base como mostraremos logo.

A partir desta métrica podemos computar as componentes não nulas dos símbolos de Christoffel:

$$\Gamma^i_{0j} = \frac{\dot{a}}{a}\gamma_{ij}, \tag{3.82}$$

$$\Gamma^0_{ij} = a\dot{a}\gamma_{ij}. \tag{3.83}$$

Nestas relações γ_{ij} é a métrica tri-dimensional da seção espacial com curvatura constante.

As componentes não nulas do tensor de Ricci são dadas por:

$$R_{00} = -3\frac{\ddot{a}}{a}, \tag{3.84}$$

$$R_{ij} = \left[\frac{\ddot{a}}{a} + 2\left(\frac{\dot{a}}{a}\right)^2\right]a^2\gamma_{ij}. \tag{3.85}$$

O escalar de Ricci assume a forma,

$$R = -6\left\{\frac{\ddot{a}}{a} + \left(\frac{\dot{a}}{a}\right)^2\right\}. \tag{3.86}$$

Podemos agora computar as componentes não nulas do tensor momento-energia:

$$T_{00} = \rho, \tag{3.87}$$

$$T_{ij} = pa^2\gamma_{ij}. \tag{3.88}$$

3. Introdução à Teoria de Perturbações Cosmológicas

Estamos usando o sistema de coordenadas co-móvel, de tal forma que a quadri-velocidade se escreve, $u^\mu = (1, \vec{0})$.

As equações do movimento resultantes das expressões acima são:

$$\left(\frac{\dot{a}}{a}\right)^2 + \frac{K}{a^2} = \frac{8\pi G}{3}\rho, \tag{3.89}$$

$$2\frac{\ddot{a}}{a} + \left(\frac{\dot{a}}{a}\right)^2 + \frac{K}{a^2} = -8\pi G p, \tag{3.90}$$

$$\dot{\rho} + 3\frac{\dot{a}}{a}(\rho + p) = 0. \tag{3.91}$$

As equações (3.89) e (3.90) resultam de (3.75), enquanto que (3.91) é devido a (3.76).

Vamos escrever a função de Hubble como,

$$H = \frac{\dot{a}}{a}. \tag{3.92}$$

As equações podem então ser combinadas levando a,

$$\dot{H} + H^2 = -\frac{4\pi G}{3}(\rho + 3p) \quad \rightarrow \quad \frac{\ddot{a}}{a} = -\frac{4\pi G}{3}(\rho + 3p). \tag{3.93}$$

A função H descreve a expansão do universo. A expansão é desacelerada se $p > -\frac{\rho}{3}$ e acelerada se $p < -\frac{\rho}{3}$. A possibilidade que a pressão seja negativa deve ser considerada em cosmologia em várias situações, em especial na descrição da fase inflacionária no universo primordial e na atual fase de expansão acelerada do universo.

No contexto relativista, as diferentes fases do universo podem ser descritas por uma equação de estado do tipo,

$$p = \omega\rho,\tag{3.94}$$

sendo ω constante. A lei de conservação implica:

$$\rho = \rho_0 a^{-3(1+\omega)}.\tag{3.95}$$

Estamos assumindo que $\omega \neq -1$, caso que será considerado à parte mais à frente.

As outras duas equações admitem soluções simples sob a forma de lei de potência se a curvatura espacial for zero, $K = 0$. Nesse caso,

$$\left(\frac{\dot{a}}{a}\right)^2 = \frac{8\pi G}{3}\rho,\tag{3.96}$$

com a solução,

$$a = a_0 t^{\frac{2}{3(1+\omega)}}.\tag{3.97}$$

Às vezes é conveniente mudar a parametrização do tempo. Uma nova variável de tempo particularmente relevante é o tempo conformal η, já definido anteriormente:

$$dt = a(\eta)d\eta.\tag{3.98}$$

Em termos do tempo conforme, a solução de fundo é:

$$a = \bar{a}_0 \eta^{\frac{2}{1+3\omega}}.\tag{3.99}$$

3. Introdução à Teoria de Perturbações Cosmológicas

Alguns casos são particularmente importantes para descrever a evolução do universo.

- $\omega = 1$ (matéria rígida):

$$a = a_0 t^{1/3}, \quad a = \bar{a}_0 \eta^{1/2}, \quad \rho = \rho_0 a^{-6}. \tag{3.100}$$

- $\omega = 1/3$ (radiação):

$$a = a_0 t^{1/2}, \quad a = \bar{a}_0 \eta, \quad \rho = \rho_0 a^{-4}. \tag{3.101}$$

- $\omega = 0$ (matéria sem pressão):

$$a = a_0 t^{2/3}, \quad a = \bar{a}_0 \eta^2, \quad \rho = \rho_0 a^{-3}. \tag{3.102}$$

- $\omega = -1$ (vácuo):

$$a = a_0 e^{Ht}, \quad a = \frac{\bar{a}_0}{\eta}, \quad \rho = \rho_0. \tag{3.103}$$

As perturbações hidrodinâmicas são muito importantes em cosmologia, mas outro caso importante é o campo escalar de auto-interação, que são usados intensamente em cosmologia para descrever o campo de inflaton no universo primordial ou o campo de quintessência em alguns modelos de energia escura.

A Lagrangeana de um campo escalar de auto-interação minimamente acoplado à gravidade é dado por,

$$\mathscr{L} = \sqrt{-g} \left\{ R - \phi^{;\rho} \phi_{;\rho} + 2V(\phi) \right\}. \tag{3.104}$$

Essa expressão resulta no seguinte tensor momento-energia:

$$T_{\mu\nu} = \phi_{;\mu}\phi_{\nu} - \frac{1}{2}g_{\mu\nu}\phi^{;\rho}\phi_{;\rho} + g_{\mu\nu}V(\phi). \tag{3.105}$$

O tensor momento-energia de um campo escalar de auto-interação pode ser relacionado ao tensor momento-energia de um fluido através das identificações,

$$\rho_{\phi} = \frac{\phi_{;\rho}\phi^{;\rho}}{2} + V(\phi), \tag{3.106}$$

$$p_{\phi} = \frac{\phi_{;\rho}\phi^{;\rho}}{2} - V(\phi), \tag{3.107}$$

$$u_{\mu} = \frac{\phi_{;\mu}}{\sqrt{\phi_{;\rho}\phi^{;\rho}}}. \tag{3.108}$$

Usando a métrica FLRW, as componentes não nulas são,

$$T_0^0 = \rho_{\phi} = \frac{\dot{\phi}^2}{2} + V(\phi), \tag{3.109}$$

$$T_i^j = p_{\phi}\delta_i^j = \left(\frac{\dot{\phi}^2}{2} - V(\phi)\right)\delta_i^j. \tag{3.110}$$

O subscrito ϕ nas expressões acima indica que podemos identificar uma densidade e pressão efetivas associada ao campo escalar. Como será visto mais adiante, a correspondência campo escalar/fluido será verificada de forma completa apenas no nível da base.

3. Introdução à Teoria de Perturbações Cosmológicas

As equações de movimento são,

$$3H^2 = \frac{\dot{\phi}^2}{2} + V(\phi), \qquad (3.111)$$

$$\ddot{\phi} + 3H\dot{\phi} = -\frac{\partial V(\phi)}{\partial \phi}. \qquad (3.112)$$

Para resolver essas equações devemos, é claro, especificar o potencial. Ao fazer isso, especificamos um determinado modelo para o campo escalar e seu conteúdo físico. Um caso muito ilustrativo é o potencial exponencial,

$$V(\phi) = V_0 e^{\lambda \phi}. \qquad (3.113)$$

Para este caso, são admitidas soluções de lei de potência para o fator de escala. Em especial, escolhendo convenientemente as constantes V_0 e λ, as soluções para um fluido com uma equação de estado $p = \omega\rho$, com ω constante, podem ser reproduzidas. Mas, essa equivalência é verificada apenas no nível da base, sendo quebrada quando perturbações são consideradas. Abordaremos melhor esta questão posteriormente.

3.6 Perturbações relativistas

Abordaremos agora o problema do cálculo de perturbações cosmológicas em uma teoria relativística da gravidade. Enfatizaremos três formalismos que são freqüentemente usados na literatura: o formalismo invariante da calibre de Bardeen e os formalismos usando as condições de coordenadas newtoniana e síncrona. Será feita uma comparação dos

Júlio Fabris e Hermano Velten

resultados usando esses diferentes formalismos, tanto para perturbações em grandes escalas como em pequenas escalas. Além de serem os formalismos mais utilizados na literatura, também são empregados em códigos numéricos para computar quantidades observáveis.

Dos três formalismos que discutiremos a seguir, a abordagem usando a condição de coordenadas síncronas foi historicamente a primeira a ser usada, no artigo seminal de Lifshitz em 1946 [8]. Tem a vantagem de ser mais fácil do ponto de vista computacional, mas também contém alguns dificuldades adicionais com relação ao formalismo de Bardeen ou newtoniano, relacionadas a questões técnicas e conceituais especialmente para perturbações de grande escala. Discutiremos esses aspectos em detalhes.

3.6.1 Equações gerais para perturbações relativistas

Manteremos nosso foco nas equações da Relatividade Geral (3.75) equipada com um fluido perfeito (3.80).

Para as perturbações relativistas, as quantidades de fundo são denotadas por ρ, p, u^μ, $g_{\mu\nu}$. As flutuações em torno do fundo são dadas por $\delta\rho$, δp, δu^μ e $\delta g_{\mu\nu}$. As quantidades totais, soluções da base mais perturbações, são indicadas por tils: $\tilde{\rho}$, $\tilde{p}$, $\tilde{u}^\mu$ e $\tilde{g}_{\mu\nu}$. Assim, serão utilizadas

3. Introdução à Teoria de Perturbações Cosmológicas

as seguintes expressões

$$\tilde{\rho} = \rho + \delta\rho, \tag{3.114}$$
$$\tilde{p} = p + \delta p, \tag{3.115}$$
$$\tilde{u}^\mu = u^\mu + \delta u^\mu, \tag{3.116}$$
$$\tilde{g}_{\mu\nu} = g_{\mu\nu} + \delta g_{\mu\nu}. \tag{3.117}$$

A perturbação métrica será escrita como $\delta g_{\mu\nu} = h_{\mu\nu}$. Pode-se provar que $\delta g^{\mu\nu} = -h^{\mu\nu}$, onde $h^{\mu\nu} = g^{\mu\rho}g^{\nu\sigma}h_{\rho\sigma}$. De fato, a métrica inversa é dada por,

$$g_{\mu\rho}g^{\rho\nu} = \delta_\mu^\nu. \tag{3.118}$$

Perturbando essa relação e mantendo os termos de primeira ordem, encontramos

$$\delta g_{\mu\rho}g^{\rho\nu} + g_{\mu\rho}\delta g^{\rho\nu} = h_{\mu\rho}g^{\rho\nu} + g_{\mu\rho}\delta g^{\rho\nu} = 0. \tag{3.119}$$

Dessa relação resulta,

$$\delta g^{\mu\nu} = -h^{\mu\nu}, \quad h^{\mu\nu} = g^{\mu\rho}g^{\nu\sigma}h_{\rho\sigma}. \tag{3.120}$$

Agora, é necessário estabelecer algumas relações para a quadri-velocidade u^μ. A quadri-velocidade normalizada é dada por,

$$u^\mu u_\mu = u^\mu u^\nu g_{\mu\nu} = 1. \tag{3.121}$$

Perturbando esta condição e lembrando que no referencial co-móvel $u^\mu = (1, \vec{0})$, tem-se,

$$\delta u^0 = -\frac{h_{00}}{2}. \qquad (3.122)$$

Observe que a componente espacial da quadri-velocidade perturbada δu^i ainda precisa ser determinada.

A parte geométrica e material das equações de campo deve ser escrita usando a decomposição anterior, identificando a base e as quantidades perturbadas. A partir da definição do tensor de Ricci,

$$R_{\mu\nu} = \partial_\rho \Gamma^\rho_{\mu\nu} - \partial_\nu \Gamma^\rho_{\mu\rho} + \Gamma^\rho_{\mu\nu}\Gamma^\sigma_{\rho\sigma} - \Gamma^\rho_{\mu\sigma}\Gamma^\sigma_{\nu\rho}, \qquad (3.123)$$

sua perturbação de primeira ordem pode ser escrita como,

$$\delta R_{\mu\nu} = \chi^\rho_{\mu\nu;\rho} - \chi^\rho_{\mu\rho;\nu}, \qquad (3.124)$$

com a perturbação da conexão, escrita como $\delta\Gamma^\rho_{\mu\nu} = \chi^\rho_{\mu\nu}$, dada por,

$$\chi^\rho_{\mu\nu} = \delta\Gamma^\rho_{\mu\nu} = \frac{g^{\rho\sigma}}{2}\left(h_{\sigma\mu;\nu} + h_{\sigma\nu;\mu} - h_{\mu\nu;\sigma}\right), \qquad (3.125)$$

Esta expressão para $\chi^\rho_{\mu\nu}$ pode ser encontrada perturbando a derivada covariante da métrica,

$$g_{\mu\nu;\lambda} = \partial_\lambda g_{\mu\nu} - \Gamma^\rho_{\lambda\mu} g_{\rho\nu} - \Gamma^\rho_{\lambda\nu} g_{\rho\mu} = 0, \qquad (3.126)$$

3. Introdução à Teoria de Perturbações Cosmológicas

em ordem linear e fazendo uma combinação cíclica da expressão resultante. Também podemos escrevê-la de maneira mais explícita:

$$\chi^{\rho}_{\mu\nu} = \frac{g^{\rho\sigma}}{2}\left(h_{\sigma\mu,\nu} + h_{\sigma\nu,\mu} - h_{\mu\nu,\sigma} - 2\Gamma^{\lambda}_{\mu\nu}h_{\lambda\sigma}\right). \tag{3.127}$$

Usando as expressões acima, a perturbação do tensor de Ricci em nível linear assumem a forma,

$$\delta R_{\mu\nu} = \frac{1}{2}\left(h^{\rho}_{\mu;\nu;\rho} + h^{\rho}_{\nu;\mu;\rho} - h_{\mu\nu;\rho}{}^{;\rho} - h^{\rho}_{\rho;\mu;\nu}\right). \tag{3.128}$$

Perturbando o escalar de Ricci, encontramos,

$$\delta R = -h^{\mu\nu}R_{\mu\nu} + g^{\mu\nu}\delta R_{\mu\nu}. \tag{3.129}$$

Por outro lado, a perturbação do tensor momento-energia fornece,

$$\delta T^{\mu\nu} = (\delta\rho + \delta p)u^{\mu}u^{\nu} + (\rho + p)(\delta u^{\mu}u^{\nu} + u^{\mu}\delta u^{\nu}) + \delta p g^{\mu\nu} - p h^{\mu\nu} \tag{3.130}$$

Observe que a perturbação da versão covariante do tensor momento-energia é,

$$\delta T_{\mu\nu} = g_{\mu\rho}g_{\nu\sigma}\delta T^{\rho\sigma} + h_{\mu\rho}T^{\rho\nu} + h_{\nu\rho}T^{\mu\rho}. \tag{3.131}$$

As equações de campo linearizadas assumem a forma,

$$\delta R_{\mu\nu} - \frac{1}{2}(h_{\mu\nu}R - g_{\mu\nu}h^{\rho\sigma}R_{\rho\sigma} + g_{\mu\nu}g^{\rho\sigma}\delta R_{\rho\sigma}) = 8\pi G\delta T_{\mu\nu}. \tag{3.132}$$

As equações perturbadas completas são dadas por,

$$\frac{1}{2}\left\{h^{\rho}_{\mu;\nu;\rho} + h^{\rho}_{\nu;\mu;\rho} - h_{\mu\nu;\rho}{}^{;\rho} - h^{\rho}_{\rho;\mu;\nu} - g_{\mu\nu}\left(h^{\rho\sigma}_{;\rho;\sigma} - \Box h^{\rho}_{\rho}\right)\right\}$$
$$-\frac{1}{2}\left(h_{\mu\nu}R - g_{\mu\nu}h^{\rho\sigma}R_{\rho\sigma}\right) = 8\pi G\delta T_{\mu\nu}. \tag{3.133}$$

Essas relações gerais estão bastante complexas e precisam de condições específicas, seja fixando uma condição de coordenada ou definindo variáveis invariantes de calibre, para levar a um conjunto tratável de equações.

3.6.2   A decomposição escalar, vetorial e tensorial

O tensor $h_{\mu\nu}$ contém modos escalares, vetoriais e tensoriais. Esta importante decomposição pode ser expressa como,

$$h_{\mu\nu} = h^S_1 g_{\mu\nu} + h^S_{2;\mu;\nu} + V_{(\mu;\nu)} + \mathscr{T}_{\mu\nu}. \tag{3.134}$$

Nesta expressão usamos a notação usual onde os sub-índices entre parênteses indicam simetrização. Obviamente, h^S_1 e h^S_2 são modos escalares a partir dos quais um tensor de segunda ordem pode ser construído multiplicando pela métrica ou tomando derivadas covariantes, respectivamente. O modo vetorial V^μ deve satisfazer a condição $V^\mu{}_{;\mu} = 0$, ou seja, V^μ deve ser transversal assegurando que não contém nenhum modo escalar. Além disso, o modo tensorial $\mathscr{T}_{\mu\nu}$ deve satisfazer as condições $\mathscr{T}^\mu_\mu = \mathscr{T}^{\mu\nu}{}_{;\mu} = 0$. Estas condições asseguram que $\mathscr{T}^{\mu\nu}$ não contém modos escalar nem vetorial, ou seja, não é construído a partir de escalar ou vetor por derivação covariante.

3. Introdução à Teoria de Perturbações Cosmológicas

Em nível perturbativo linear, esses três tipos diferentes modos se desacoplam, e os modos escalares, vetoriais e tensoriais podem ser analisados separadamente.

3.6.3 A questão do calibre

As equações perturbadas são invariantes pela transformação de coordenadas infinitesimais,

$$x^\mu \quad \to \quad x^\mu + \xi^\mu. \tag{3.135}$$

Sob esta transformação infinitesimal, a métrica perturbada se transforma como,

$$h_{\mu\nu} = \bar{h}_{\mu\nu} + \xi_{\mu;\nu} + \xi_{\nu;\mu}. \tag{3.136}$$

Portanto, a métrica perturbada $h_{\mu\nu}$ é afetada por uma transformação de coordenadas. Como é possível distinguir uma perturbação física real de um artefato puramente coordenado? Este é um problema em princípio não trivial.

Esta questão é muito semelhante à do eletromagnetismo. As equações de Maxwell se escrevem,

$$F^{\mu\nu}{}_{;\mu} \;=\; \kappa J^\nu, \tag{3.137}$$
$$^*F^{\mu\nu}{}_{;\mu} \;=\; 0, \tag{3.138}$$

sendo $F^{\mu\nu}$ o tensor eletromagnético, J^μ a densidade da quadri-corrente, κ é o acoplamento eletromagnético construído a partir da permissividade elétrica e permeabilidade magnética do vácuo. Além disso,

$$^*F^{\mu\nu} = \frac{1}{2}\varepsilon^{\mu\nu\rho\sigma}F_{\rho\sigma},\tag{3.139}$$

é o tensor eletromagnético dual.

As equações *não homogêneas* (3.138) permitem escrever o tensor eletromagnético em termos de um potencial através da expressão:

$$F_{\mu\nu} = \partial_\mu A_\nu - \partial_\nu A_\mu.\tag{3.140}$$

É claro que o potencial eletromagnético A_μ não é único. Outro potencial $\bar{A}_\mu$, relacionado ao anterior por,

$$\bar{A}_\mu = A_\mu + \partial_\mu\chi,\tag{3.141}$$

leva ao mesmo campo eletromagnético e, portanto, ao mesmo conteúdo físico. Isso significa que A_μ carrega pelo menos um grau de liberdade não físico que deve ser identificado para evitar interpretações errôneas e operações indevidas.

Isso é feito, geralmente, através da imposição de uma condição que pode eliminar a ambigüidade na definição do potencial. Um exemplo é a condição de calibre de Lorentz dada por,

$$\partial_\mu A^\mu = 0.\tag{3.142}$$

Esta condição pode remover a ambigüidade no potencial. Porém, há um ponto sutil: se outra transformação do tipo (3.142) é feita mas exigindo agora que,

$$\Box\chi = 0,\tag{3.143}$$

3. Introdução à Teoria de Perturbações Cosmológicas

não apenas o campo eletromagnético não é afetado por essa nova transformação, mas também a condição do calibre de Lorentz (3.142) é preservada. Portanto a imposição da condição de calibre de Lorentz não é suficiente para fixar unicamente o potencial: há uma liberdade residual de calibre. Depois que essa liberdade de coordenada residual é removida, ficamos com duas componentes independentes do potencial. Elas correspondem às duas possíveis polarizações transversais da onda eletromagnética.

De forma semelhante ao que ocorre com o eletromagnetismo, a invariância das equações de campo pela transformação de coordenadas (3.135), implicando a transformação em $h_{\mu\nu}$ dada por (3.136), revela que quatro componentes da perturbação métrica não são físicas. Como consequência, existem dois procedimentos possíveis:

- Impor uma condição de coordenada, semelhante ao que ocorre no eletromagnetismo, retendo apenas os modos físicos significativos.

- Combinar as grandezas perturbativas para construir novas variáveis invariantes por transformação de coordenadas.

Discutiremos separadamente cada um destes dois procedimentos.

3.7 Impondo um calibre: a condição de coordenada síncrona

Tendo em vista as considerações anteriores, primeiro discutiremos o caso em que usamos a liberdade de calibre para impor uma condição de coordenada. Existem muitos pontos sutis em relação a essa abordagem: os resultados podem parecer diferentes sob certas condições, dependendo do calibre escolhido. Focaremos inicialmente na condição de calibre síncrona. Observe que os termos *condição de coordenada* e *condição de calibre* são usados como sinônimos. No entanto, estritamente falando, eles podem ter significados diferentes. Mas seguimos a tradição da literatura e não os distinguimos.

A condição de coordenadas síncronas foi empregada no trabalho seminal de Lifshitz que analisou pela primeira vez a evolução das perturbações cosmológicas. Usando a liberdade dada pela transformação (3.136), liberdade representada pela função arbitrária ξ_μ, podemos impor quatro condições à métrica perturbada $h_{\mu\nu}$. Na condição de coordenada síncrona, a escolha é fixar,

$$h_{\mu 0} = 0. \tag{3.144}$$

O nome "síncrono" se deve ao fato de que a coordenada temporal permanece a mesma que a coordenada temporal da base, o tempo cósmico (ou conforme). Esta condição simplifica consideravelmente as equações.

De fato, com esta condição de coordenada, temos as seguintes ex-

3. Introdução à Teoria de Perturbações Cosmológicas

pressões para o símbolo de Christoffel perturbado:

$$\chi^0_{00} = \chi^0_{0i} = \chi^i_{00} = 0, \tag{3.145}$$

$$\chi^0_{ij} = -\frac{h_{ij}}{2}, \tag{3.146}$$

$$\chi^i_{0j} = -\frac{1}{2}\left(\frac{h_{ij}}{a^2}\right)^{\bullet}, \tag{3.147}$$

$$\chi^i_{jk} = -\frac{1}{2a^2}\left\{\partial_j h_{ik} + \partial_k h_{ij} - \partial_i h_{jk}\right\}. \tag{3.148}$$

O tensor de Ricci perturbado pode ser escrito como,

$$\delta R_{\mu\nu} = \partial_\rho \chi^\rho_{\mu\nu} - \partial_\nu \chi^\rho_{\mu\rho} + \Gamma^\rho_{\sigma\rho}\chi^\sigma_{\mu\nu} + \Gamma^\sigma_{\mu\nu}\chi^\rho_{\sigma\rho} - \Gamma^\sigma_{\mu\rho}\chi^\rho_{\sigma\nu} - \Gamma^\sigma_{\nu\rho}\chi^\rho_{\sigma\mu}. \tag{3.149}$$

Primeiro definimos,

$$h = \frac{h_{kk}}{a^2}. \tag{3.150}$$

Da expressão anterior, e usando esta definição, obtemos as seguintes componentes para o tensor de Ricci perturbado. Teremos,

$$
\begin{aligned}
\delta R_{00} &= -\partial_0 \chi_{0k}^k - 2H \chi_{0k}^k \\
&= \frac{\ddot{h}}{2} + H\dot{h}, & (3.151)
\end{aligned}
$$

$$
\delta R_{0i} = \frac{1}{2} \left\{ \partial_i \dot{h} - \frac{\partial_k \dot{h}_{ki}}{a^2} + 2H \frac{\partial_k h_{ki}}{a^2} \right\}, \tag{3.152}
$$

$$
\delta R_{ij} = -\frac{\ddot{h}_{ij}}{2} + \frac{H}{2}\left(\dot{h}_{ij} - \delta_{ij}\dot{h}_{kk}\right) - 2H^2 h_{ij} + \delta_{ij}H^2 h_{kk}
$$
$$
- \frac{1}{2a^2}\left\{ \partial_j \partial_k h_{ik} + \partial_i \partial_k h_{kj} - \nabla^2 h_{ij} - \partial_i \partial_j h_{kk} \right\}. \tag{3.153}
$$

Combinando essas expressões, temos que o escalar de Ricci R se escreve como,

$$
\begin{aligned}
\delta R &= -h^{ij}R_{ij} + g^{00}\delta R_{00} + g^{ij}\delta R_{ij} \\
&= \ddot{h} + 4H\dot{h} - \frac{\nabla^2 h}{a^2} + \frac{\partial_k \partial_l h_{kl}}{a^4}. & (3.154)
\end{aligned}
$$

Agora abordamos o setor de matéria. A perturbação do tensor momento-energia na versão contravariante é,

$$
\delta T^{\mu\nu} = (\delta\rho + \delta p)u^\mu u^\nu + (\rho + p)(\delta u^\mu u^\nu + u^\mu \delta u^\nu) - \delta p g^{\mu\nu} + h^{\mu\nu}p. \tag{3.155}
$$

Lembrando a condição de coordenada $h_{\mu 0} = 0$, que leva a $\delta u^0 = 0$, temos os seguintes componentes para o tensor momento-energia pertur-

3. Introdução à Teoria de Perturbações Cosmológicas

bado:

$$\delta T^{00} = \delta\rho, \tag{3.156}$$
$$\delta T^{i0} = (\rho + p)\delta u^i, \tag{3.157}$$
$$\delta T^{ij} = +h^{ij}p - g^{ij}\delta p. \tag{3.158}$$

Para calcular as componentes não nulas. na forma covariante, devemos lembrar que,

$$\begin{aligned} \delta T_{\mu\nu} &= \delta(g_{\mu\rho}g_{\nu\sigma}T^{\rho\sigma}) \\ &= h_{\mu\rho}T^\rho_\nu + h_{\nu\rho}T^\rho_\mu + g_{\mu\rho}g_{\nu\sigma}\delta T^{\rho\sigma}. \end{aligned} \tag{3.159}$$

As componentes covariantes são os seguintes:

$$\delta T_{00} = \delta\rho, \tag{3.160}$$
$$\delta T_{i0} = -a^2(\rho + p)\delta u^i, \tag{3.161}$$
$$\delta T_{ij} = -g_{ij}\delta p - h_{ij}p. \tag{3.162}$$

Além disso,

$$\delta T = \delta(g_{\mu\nu}T^{\mu\nu}) = h_{\mu\nu}T^{\mu\nu} + g_{\mu\nu}\delta T^{\mu\nu} = \delta\rho - 3\delta p.$$

Combinando as equações acima e definindo,

$$g_i = \frac{\partial_k h_{kj}}{a^2}, \tag{3.163}$$

temos as seguintes equações acopladas:

$$\ddot{h} + 2H\dot{h} = 8\pi G\rho(1 + 3c_s^2)\delta, \tag{3.164}$$
$$\dot{g}_i - \partial_i h = 16\pi Ga^2(\rho + p)\delta u^i, \tag{3.165}$$

$$\ddot{h}_{ij} + H(\delta_{ij}a^2h - \dot{h}_{ij}) + H^2(4h_{ij} - 2a^2h\delta_{ij}) + \partial_i g_j$$
$$+ \partial_j g_i - \partial_i\partial_j h - \frac{\nabla^2 h_{ij}}{a^2} =$$

$$-8\pi G\rho\left\{a^2\delta_{ij}(1 - c_s^2)\delta - (1 - \omega)h_{ij}\right\}, \tag{3.166}$$

$$\dot{\delta} + 3H(c_s^2 - \omega)\delta + (1 + \omega)\left(\theta - \frac{\dot{h}}{2}\right) = 0, \tag{3.167}$$

$$(1 + \omega)\delta\dot{u}^i + (2 - 3c_s^2)(1 + \omega)H\delta u^i + \frac{c_s^2}{a^2}\partial_i\delta = 0. \tag{3.168}$$

Relembrando que permanece a definição do contraste da densidade $\delta = \delta\rho/\rho$.

3.7.1 O caso do fluido barotrópico adiabático

Agora, vamos considerar que o parâmetro ω é constante e que as perturbações são adiabáticas, ou seja,

$$c_s^2 = \omega. \tag{3.169}$$

Esta condição significa que a equação de estado de base é preservada em nível perturbativo.

3. Introdução à Teoria de Perturbações Cosmológicas

As equações perturbadas assumem então a seguinte forma.

$$\ddot{h} + 2H\dot{h} = 8\pi G\rho(1+3\omega)\delta, \tag{3.170}$$

$$\dot{g}_i - \partial_i\dot{h} = 16\pi Ga^2(1+\omega)\rho\,\delta u^i, \tag{3.171}$$

$$\ddot{h}_{ij} + H(\delta_{ij}a^2\dot{h} - \dot{h}_{ij}) + H^2(4h_{ij} - 2a^2h\delta_{ij}) + \partial_i g_j + \partial_j g_i - \partial_i\partial_j h - \frac{\nabla^2 h_{ij}}{a^2} =$$

$$-8\pi G\rho\left\{a^2\delta_{ij}(1-\omega)\delta - \left(1-\omega\right)h_{ij}\right\}, \tag{3.172}$$

$$\dot{\delta} + (1+\omega)\left(\theta - \frac{\dot{h}}{2}\right) = 0, \tag{3.173}$$

$$(1+\omega)\delta\dot{u}^i + (2-3\omega)(1+\omega)H\delta u^i + \frac{\omega}{a^2}\partial_i\delta = 0. \tag{3.174}$$

Pressão zero

Se a pressão estiver ausente, $\omega = c_s^2 = 0$, as equações que se reduzem a,

$$\ddot{h} + 2H\dot{h} = 8\pi G\rho\,\delta, \tag{3.175}$$

$$\dot{g}_i - \partial_i\dot{h} = 16\pi Ga^2\rho\,\delta u^i, \tag{3.176}$$

$$\ddot{h}_{ij} + H(\delta_{ij}a^2\dot{h} - \dot{h}_{ij}) + H^2(4h_{ij} - 2a^2h\delta_{ij}) + \partial_i g_j + \partial_j g_i - \partial_i\partial_j h - \frac{\nabla^2 h_{ij}}{a^2} =$$

$$-8\pi G\rho(\delta_{ij}a^2\delta - h_{ij}), \tag{3.177}$$

$$\dot{\delta} + \left(\theta - \frac{\dot{h}}{2}\right) = 0, \tag{3.178}$$

$$\delta\dot{u}^i + 2H\delta u^i = 0. \tag{3.179}$$

Júlio Fabris e Hermano Velten

A equação (3.179) contém apenas a velocidade perturbada e pode ser integrada facilmente:

$$\delta u^i \propto a^{-2}. \tag{3.180}$$

Portanto, a perturbação na velocidade decresce à medida que o universo se expande.

Vamos analisar agora separadamente os modos escalares, vetoriais e tensoriais.

- Modos escalares.

A perturbação da velocidade entra nas demais equações como um termo não homogêneo, decrescente. Sua contribuição hoje é muito pequena e podemos negligenciá-la. Desta forma, vamos nos concentrar nas equações (3.175) e (3.178), que acoplam o modo escalar com a perturbação da densidade. Desprezando a contribuição da velocidade, temos,

$$\ddot{h} + 2H\dot{h} = 8\pi G\rho\delta, \tag{3.181}$$

$$\dot{\delta} - \frac{\dot{h}}{2} = 0. \tag{3.182}$$

Isso leva a uma equação única para o contraste de densidade δ:

$$\ddot{\delta} + 2H\dot{\delta} - 4\pi G\rho\delta = 0. \tag{3.183}$$

$$\tag{3.184}$$

Esta é a mesma equação que encontramos na cosmologia newtoniana. Como a evolução do plano de fundo é a mesma, a solução

3. Introdução à Teoria de Perturbações Cosmológicas

também é a mesma da cosmologia newtoniana. O modo crescente é dado por,

$$\delta \propto a \propto t^{\frac{2}{3}}. \tag{3.185}$$

Existe um segundo modo escalar, que pode ser determinado pela divergência de (3.176). Isso leva a,

$$\partial_k \dot{g}_k = \nabla^2 h. \tag{3.186}$$

Usando a decomposição de Fourier, obtemos:

$$\partial_k \dot{g}_k = -k^2 h. \tag{3.187}$$

Isso implica que o segundo modo escalar se comporta como,

$$\partial_k g_k \propto c_1 t^{\frac{2}{3}} + c_2. \tag{3.188}$$

O segundo modo escalar se comporta exatamente como o primeiro.

- Modos vetoriais.

O primeiro modo vetorial é dado por (3.180) e é decrescente. O segundo modo vetorial pode ser obtido novamente de (3.176), mas agora ignorando a componente h que é um modo escalar. O modo vetorial se reduz a:

$$\dot{g}_i^V = 0, \tag{3.189}$$

onde o sobrescrito V indica um modo vetorial. Portanto, o segundo modo vetorial é constante. Se for zero inicialmente, permanece zero posteriormente.

- Modos tensoriais.

Ficamos agora com o modo tensorial. É a parte sem traço e de divergência nula na equação (3.177). A equação para o modo tensorial é,

$$\ddot{h}_{ij} - H\dot{h}_{ij} + 4H^2 h_{ij} - \frac{\nabla^2 h_{ij}}{a^2} = 8\pi G\rho h_{ij}. \qquad (3.190)$$

Usando as equações da base e realizando a decomposição de Fourier, obtemos:

$$\ddot{h}_{ij} - H\dot{h}_{ij} + \left\{ \frac{k^2}{a^2} + H^2 \right\} h_{ij} = 0. \qquad (3.191)$$

Mudando para o tempo conforme, obtemos,

$$h_{ij}'' - 2\mathcal{H} h_{ij}' + \left\{ k^2 + \mathcal{H}^2 \right\} h_{ij} = 0. \qquad (3.192)$$

Durante a era dominada pela matéria, o fator de escala se comporta, em termos de tempo conforme, como,

$$a \propto \eta^2. \qquad (3.193)$$

Portanto, a equação das ondas gravitacionais assume a forma,

$$h_{ij}'' - 4\frac{h_{ij}'}{\eta} + \left\{ k^2 + \frac{4}{\eta^2} \right\} h_{ij} = 0, \qquad (3.194)$$

3. INTRODUÇÃO À TEORIA DE PERTURBAÇÕES COSMOLÓGICAS

Agora, realizamos a transformação,

$$h_{ij} = \eta^{\frac{5}{2}} \lambda \varepsilon_{ij}, \tag{3.195}$$

onde ε_{ij} é o tensor de polarização e $\lambda \equiv \lambda(\eta)$ fornece sua evolução temporal. Isto reduz a equação para,

$$\lambda'' + \frac{\lambda'}{\eta} + \left\{ k^2 - \frac{9}{4\eta^2} \right\} \lambda = 0. \tag{3.196}$$

A solução final é,

$$h_{ij} = \eta^{\frac{5}{2}} \left\{ A_1 J_{\frac{3}{2}}(k\eta) + A_2 J_{-\frac{3}{2}}(k\eta) \right\} \varepsilon_{ij}. \tag{3.197}$$

Para as ondas gravitacionais podemos identificar dois regimes de acordo com a escala.

– $k \to 0$ (regime de largas escalas):

$$h_{ij} \propto \bar{A}_1 \eta^4 + \bar{A}_2 \eta. \tag{3.198}$$

– $k \to \infty$ (regime de pequenas escalas):

$$h_{ij} \propto \tilde{A} \eta^2 \cos(k\eta + \theta), \tag{3.199}$$

onde θ é uma fase.

Júlio Fabris e Hermano Velten

O caso $\omega = c_s^2 \neq 0$

Agora vamos considerar o caso onde a relação entre pressão e densidade é linear, sendo a pressão diferente de zero. Além disso, vamos considerar perturbações adiabáticas. Na prática, isso significa que a relação entre a densidade e a pressão dada pela equação de estado é preservada no nível perturbativo, como já frisado:

$$\omega = \frac{p}{\rho} = \frac{\delta p}{\delta \rho}. \tag{3.200}$$

A condição adiabática implica que $c_s^2 = \omega$.

Devemos então resolver o conjunto de equações (3.175) a (3.179).

Analisaremos separadamente os modos escalares, vetoriais e tensoriais para essas perturbações adiabáticas.

- Modos escalares

O setor escalar constitui a parte mais complexa, tecnicamente, das equações (3.175-3.179). Os modos escalares estão diretamente relacionados com as perturbações da matéria e por isso este setor é fundamental para entender a formação das estruturas no universo em expansão.

De (3.178) obtemos,

$$\theta = \frac{\dot{h}}{2} - \frac{\dot{\delta}}{1 + \omega}. \tag{3.201}$$

3. Introdução à Teoria de Perturbações Cosmológicas

Tomando a divergência de (3.179) e com a relação anterior, tem-se,

$$\ddot{h} + (2-3\omega)H\dot{h} = \frac{2}{1+\omega}\left\{ \ddot{\delta} + (2-3\omega)H\dot{\delta} + \omega\frac{k^2}{a^2}\delta \right\}. \quad (3.202)$$

Combinando agora com (3.175) obtemos,

$$\dot{h} = -\frac{2}{3\omega(1+\omega)H}\left\{ \ddot{\delta} + (2-3\omega)H\dot{\delta} + \left[\omega\frac{k^2}{a^2} - \frac{3}{2}(1+\omega)(1+3\omega)H^2 \right]\delta \right\}$$

$$(3.203)$$

A segunda derivada de h se escreve,

$$\ddot{h} = -\frac{2}{3\omega(1+\omega)H}\left\{ \dddot{\delta} \right.$$
$$+ \left[(2-3\omega)H - \frac{\dot{H}}{H} \right]\ddot{\delta} + \left[\omega\frac{k^2}{a^2} - \frac{3}{2}H^2(1+3\omega)(1+\omega) \right]\dot{\delta}$$
$$\left. + \left[\omega\frac{k^2}{a^2}\left(-2H - \frac{\dot{H}}{H} \right) - \frac{3}{2}H\dot{H}(1+3\omega)(1+\omega) \right]\delta \right\}.$$

A equação final para o contraste de densidade é:

$$\dddot{\delta} + \left\{ (4-3\omega)H - \frac{\dot{H}}{H} \right\}\ddot{\delta} + \left\{ \omega\frac{k^2}{a^2} - \frac{H^2}{2}\left[-5 + 24\omega + 9\omega^2 \right] \right\}\dot{\delta}$$
$$+ \left\{ -\frac{\dot{H}}{H}\omega\frac{k^2}{a^2} - \frac{3}{2}(1+\omega)(1+3\omega)H^2\left[\frac{\dot{H}}{H} + (2-3\omega)H \right] \right\}\delta = 0.$$

Inserindo a solução da base, a equação se torna,

$$\dddot{\delta} + \left\{ \frac{11 - 3\omega}{3(1+\omega)} \right\} \frac{\ddot{\delta}}{t}$$
$$+ \left\{ \omega \frac{k^2}{a^2} - \frac{2}{9(1+\omega)^2} \left[-5 + 24\omega + 9\omega^2 \right] \frac{1}{t^2} \right\} \dot{\delta}$$
$$+ \left\{ \frac{\omega}{t} \frac{k^2}{a^2} - \frac{2(1+3\omega)}{9(1+\omega)^2} \frac{(1-9\omega)}{t^3} \right\} \delta = 0.$$

Um aspecto notável dessa equação é que ela contém derivadas de terceira ordem. Em geral, as equações da física são de segunda ordem, propriedade que está relacionada ao problema da condição inicial, ou seja, o problema de Cauchy. Neste momento, entra em cena uma particularidade da condição de coordenada síncrona: como acontece com a condição de Lorentz no eletromagnetismo, a condição de coordenada síncrona não fixa completamente o sistema de coordenadas; há uma liberdade residual na transformação de coordenadas. Para verificar isso, basta realizar uma nova transformação de coordenadas que preserve a condição de coordenada síncrona:

$$h_{\mu 0} = \bar{h}_{\mu 0} + \xi_{\mu;0} + \xi_{0;\mu} = 0. \tag{3.204}$$

Portanto, a nova transformação de coordenadas deve satisfazer,

$$\xi_{\mu;0} + \xi_{0;\mu} = \dot{\xi}_\mu + \partial_i \xi_0 - 2\Gamma^\nu_{\mu 0} \xi_\nu = 0. \tag{3.205}$$

3. Introdução à Teoria de Perturbações Cosmológicas

Essas relações levam a duas equações diferenciais, correspondentes a $\mu = 0, i$. Elas são:

$$\dot{\xi}_0 = 0, \tag{3.206}$$

$$\dot{\xi}_i + \partial_i \xi_0 - 2\frac{\dot{a}}{a}\xi_i = 0. \tag{3.207}$$

As soluções deste sistema de equações são,

$$\xi_0 = \xi_0(x^i), \tag{3.208}$$

$$\xi_i = c_i(x^i)a^2 - a^2 \int \frac{dt}{a^2}\partial_i\xi_0, \tag{3.209}$$

sendo $c_i(x^i)$ uma função arbitrária das coordenadas espaciais.

Uma transformação como descrita acima, preservando a condição de coordenada síncrona, induz uma transformação em h_{kk} tal que,

$$h_{kk} = 2\left(\partial_k\xi_k - \Gamma^0_{kk}\xi_0\right) = 2\left(\partial_k c_k a^2 - a^2 \int \frac{dt}{a^2}\nabla^2\xi_0 - 3H\xi_0\right). \tag{3.210}$$

Considerando a definição de h, obtemos,

$$h = \frac{h_{kk}}{a^2} = 2c_i - 2\int \frac{dt}{a^2}\nabla^2\xi_0 - 6H\xi_0. \tag{3.211}$$

Utilizando (3.175), é direto observar que esta transformação residual de coordenadas induz um contraste na densidade fictício (pois é um artefato devido a sistemas de coordenadas) dado por

$$\delta = -\frac{2}{1+3\omega}\left(\frac{\ddot{H}}{H^2} + 2\frac{\dot{H}}{H}\right)\xi_0. \tag{3.212}$$

Esta expressão é válida para um universo espacialmente plano, mas pode ser facilmente generalizada para um universo com seção espacial curva. Para um fator de escala que obedece a uma lei de potência, esta expressão resulta em,

$$\delta \propto \frac{1}{t}, \tag{3.213}$$

que deve ser uma solução da equação (3.204).

Tal conhecimento da liberdade de coordenada residual permite reduzir a equação de terceira ordem a uma equação diferencial de segunda ordem definindo,

$$\delta(t) \equiv \frac{\lambda(t)}{t}. \tag{3.214}$$

A partir dessas considerações, podemos resolver a equação diferencial de segunda ordem resultante para λ, realizando a transformação,

$$x = t^p, \tag{3.215}$$
$$\dot{\lambda}(t) = t^q \gamma(t). \tag{3.216}$$

Escolhendo convenientemente os parâmetros p e q encontramos uma função de Bessel para γ, e podemos voltar a δ.

A solução final é,

$$\delta = \frac{1}{t} \left\{ \int t^{\frac{1+15\omega}{6(1+\omega)}} \left[c_1 J_{\bar{v}} \left(\sqrt{\omega} k t^{\frac{1+3\omega}{3(1+\omega)}} \right) \right. \right.$$
$$\left. \left. + c_2 J_{-\bar{v}} \left(\sqrt{\omega} k t^{\frac{1+3\omega}{3(1+\omega)}} \right) \right] dt + c_3 \right\}, \tag{3.217}$$

3. Introdução à Teoria de Perturbações Cosmológicas

com

$$\bar{v} = \frac{3}{2}\left(\frac{1-\omega}{1+3\omega}\right). \tag{3.218}$$

• Modos vetoriais

Os modos vetoriais são dados pela parte transversal da equação (3.179), que se escreve:

$$\delta \dot{u}^i_V + (2-3\omega)H\delta u^i_V = 0. \tag{3.219}$$

A solução é,

$$\delta u^i_V \propto a^{-(2-3\omega)}. \tag{3.220}$$

Esta solução representa um modo decrescente para $-1 < \omega < 2/3$. Para $2/3 < \omega < 1$ os modos rotacionais são amplificados durante a evolução do universo. Para o caso $\omega = 2/3$ os modos vetoriais são constantes.

• Ondas gravitacionais

Consideremos a onda gravitacional, dada pela parte sem traço e sem divergência de h_{ij}. Com essas considerações, a equação que rege a propagação das ondas gravitacionais é dada por.

$$\ddot{h}_{ij} - H\dot{h}_{ij} + 4H^2 h_{ij} - \frac{\nabla^2 h_{ij}}{a^2} = 8\pi G\rho(1-\omega)h_{ij}. \tag{3.221}$$

Usando as equações de fundo, encontramos,

$$8\pi G\rho(1-\omega) = 2\dot{H} + 6H^2. \tag{3.222}$$

Assim, a equação da onda gravitacional torna-se, após realizar a decomposição de Fourier,

$$\ddot{h}_{ij} - H\dot{h}_{ij} + \left\{\frac{k^2}{a^2} - 2(\dot{H} + H^2)\right\}h_{ij} = 0. \tag{3.223}$$

Passando para o tempo conforme e definindo $h_{ij} = \varepsilon_{ij}\mu a$, onde ε_{ij} é o tensor tridimensional de polarização (constante), ficamos com a equação:

$$\mu'' + \left\{k^2 - \frac{a''}{a}\right\}\mu = 0. \tag{3.224}$$

Inserindo a solução da base dada por $a \propto \eta^{\frac{2}{1+3\omega}}$, obtemos a equação,

$$\mu'' + \left\{k^2 - \frac{2(1-3\omega)}{(1+3\omega)^2}\frac{1}{\eta^2}\right\}\mu = 0. \tag{3.225}$$

Definindo agora $\mu = \sqrt{\eta}\lambda$, obtemos,

$$\lambda'' + \frac{\lambda'}{\eta} + \left\{k^2 - \frac{\bar{v}^2}{\eta^2}\right\}\lambda = 0, \tag{3.226}$$

com $\bar{v}$ definido em (3.218).

3. Introdução à Teoria de Perturbações Cosmológicas

A solução é dada em função das funções de Bessel:

$$\mu = \sqrt{\eta}\left\{c_+ J_{\bar{v}}(k\eta) + c_- J_{-\bar{v}}(k\eta)\right\}. \tag{3.227}$$

Três casos merecem ser especialmente citados.

- $\omega = -1$ (Inflação):

$$\mu = \sqrt{\eta}\left\{c_+ J_{3/2}(k\eta) + c_- J_{-3/2}(k\eta)\right\}. \tag{3.228}$$

  Existe um modo que é amplificado assintoticamente já que os tempos tardios são dados por $\eta \to 0$.

- $\omega = 1/3$ (Radiação):

$$\mu = \sqrt{\eta}\left\{c_+ J_{1/2}(k\eta) + c_- J_{-1/2}(k\eta)\right\}. \tag{3.229}$$

  Há um modo crescente e um modo constante. Assintoticamente, os dois modos apresentam oscilações com amplitude constante.

- $\omega = 0$ (Pressão nula):

$$\mu = \sqrt{\eta}\left\{c_+ J_{3/2}(k\eta) + c_- J_{-3/2}(k\eta)\right\}. \tag{3.230}$$

  Há novamente modos crescentes e decrescentes. É o caso discutido na sub-seção anterior.

No regime de pequenas escalas ($k \to \infty$), todos os modos são oscilatórios com amplitude constante.

3.8 Formalismo invariante de calibre

A ideia por trás do formalismo invariante de calibre é identificar um conjunto de variáveis que não são afetadas por uma transformação de coordenadas e combinar as equações perturbadas expressando-as em termos dessas variáveis invariantes de calibre. Nos restringiremos aos modos escalares. Em particular, os modos tensoriais são idênticos ao do caso do calibre síncrono.

Mesmo que o formalismo possa ser apresentado usando qualquer variável de tempo, existem algumas vantagens em usar o tempo conforme. Assim, escrevemos a métrica, incluindo o fundo e as perturbações ao seu redor, sob a seguinte forma:

$$ds^2 = a^2(1+2\phi)d\eta^2 - 2a^2 B_{,i} dt dx^i - a^2[(1-2\psi)\delta_{ij} + 2E_{,i,j}]dx^i dx^j. \tag{3.231}$$

Essa métrica contém a métrica da base e as perturbações:

$$g_{\mu\nu} = g^B_{\mu\nu} + h_{\mu\nu}, \tag{3.232}$$

onde $g^B_{\mu\nu}$ é a métrica da base,

$$ds^2_B = a^2 d\eta^2 - a^2 \delta_{ij} dx^i dx^j, \tag{3.233}$$

e $h_{\mu\nu}$ é a parte perturbada da métrica com as componentes,

$$
\begin{aligned}
h_{00} &= 2a^2\phi, & (3.234) \\
h_{0i} &= -a^2 B_{,i}, & (3.235) \\
h_{ij} &= 2a^2[\psi\delta_{ij} - E_{,i,j}]. & (3.236)
\end{aligned}
$$

3. Introdução à Teoria de Perturbações Cosmológicas

A forma contravariante perturbada da métrica é dada por,

$$\delta g^{\mu\nu} = -h^{\mu\nu} = -g^{\mu\rho}g^{\nu\sigma}h_{\rho\sigma}. \tag{3.237}$$

Por isso,

$$\delta g^{00} = -h^{00} = -2\frac{\phi}{a^2}, \tag{3.238}$$

$$\delta g^{0i} = -h^{0i} = -\frac{B_i}{a^2}, \tag{3.239}$$

$$\delta g^{ij} = -h^{ij} = -\frac{2}{a^2}(\psi\delta_{ij} - E_{,i,j}). \tag{3.240}$$

Observe que, até agora, nenhuma hipótese foi feita sobre as componentes métricas perturbadas: os quatro termos possíveis para o setor perturbativo escalar, representados por ϕ, B, ψ e E, são mantidos nesta análise. Na condição de coordenadas síncronas, analisadas anteriormente, os componentes ϕ e B são iguais a zero usando a liberdade de transformação de coordenadas.

As componentes não nulas do símbolo Christoffel da base são as seguintes:

$$\Gamma^0_{00} = \frac{a'}{a}, \tag{3.241}$$

$$\Gamma^i_{0j} = \frac{a'}{a}\delta_{ij}, \tag{3.242}$$

$$\Gamma^0_{ij} = \frac{a'}{a}\delta_{ij}. \tag{3.243}$$

Relembrando que o símbolo de Christoffel perturbado é dado pela expressão

$$\delta\Gamma^{\rho}_{\mu\nu} \equiv \chi^{\rho}_{\mu\nu} = \frac{g^{\rho\sigma}}{2}\left(\partial_{\mu}h_{\sigma\nu} + \partial_{\nu}h_{\sigma\mu} - \partial_{\sigma}h_{\mu\nu} - 2\Gamma^{\lambda}_{\mu\nu}h_{\lambda\sigma}\right), \quad (3.244)$$

temos que as componentes diferentes de zero do símbolo de Christoffel perturbado são as seguintes:

$$\chi^{0}_{00} = \phi', \quad (3.245)$$
$$\chi^{0}_{0i} = \phi_{,i} + \mathcal{H}B_{,i}, \quad (3.246)$$
$$\chi^{0}_{ij} = E'_{,i,j} + 2\mathcal{H}E_{,i,j} - B_{,i,j} - [\psi' + 2\mathcal{H}(\psi + \phi)]\delta_{ij}, \quad (3.247)$$
$$\chi^{i}_{00} = B'_{,i} + \mathcal{H}B_{,i} + \phi_{,i}, \quad (3.248)$$
$$\chi^{i}_{0j} = E'_{,i,j} - \psi'\delta_{ij}, \quad (3.249)$$
$$\chi^{k}_{ij} = -(\psi_{,i}\delta_{jk} + \psi_{,j}\delta_{ki} - \psi_{,k}\delta_{ij}) + E_{,i,j,k} - \mathcal{H}B_{,k}\delta_{ij}. \quad (3.250)$$

As componentes perturbadas do tensor gravitacional na forma mista

3. Introdução à Teoria de Perturbações Cosmológicas

δG^μ_ν são dadas por,

$$\delta G^0_0 = \frac{2}{a^2}\left\{ -3\mathscr{H}(\psi' + \mathscr{H}\phi) + \nabla^2[\psi - \mathscr{H}(B - E')] \right\}, \quad (3.251)$$

$$\delta G^0_i = \frac{2}{a^2}\left\{ \psi' + \mathscr{H}\phi \right\}_{,i}, \quad (3.252)$$

$$\delta G^i_j = -\frac{2}{a^2}\left\{ \left[\psi'' + \mathscr{H}(2\psi' + \phi') + (2\mathscr{H}' + \mathscr{H}^2)\psi + \frac{1}{2}\nabla^2 D \right]\delta_{ij} \right.$$
$$\left. - \frac{1}{2}D_{,i,j} \right\}, \quad (3.253)$$

$$D = \phi - \psi + 2\mathscr{H}(B - E') + (B - E')' \quad (3.254)$$

Podemos construir as variáveis invariantes de calibre como,

$$\Phi = \phi + \frac{1}{a}[a(B - E')]', \quad (3.255)$$

$$\Psi = \psi - \mathscr{H}(B - E'). \quad (3.256)$$

Como sabemos que essas quantidades são invariantes de calibre não sendo afetadas por uma transformação de coordenadas? Quando uma transformação de coordenadas $x^\mu \to x^\mu + \xi^\mu$ é feita, o tensor $h_{\mu\nu}$ se transforma como,

$$h_{\mu\nu} \to h_{\mu\nu} + \xi_{\mu;\nu} + \xi_{\nu;\mu}$$
$$= h_{\mu\nu} + \partial_\nu\xi_\mu + \partial_\mu\xi_\nu - 2\Gamma^\lambda_{\mu\nu}\xi_\lambda. \quad (3.257)$$

Lembramos que $\xi_\mu = g_{\mu\nu}\xi^\nu$. Isto leva a,

$$\xi_0 = a^2\xi^0, \tag{3.258}$$
$$\xi_i = -a^2\xi^i. \tag{3.259}$$

Assim, temos as seguintes relações,

$$h_{00} = \bar{h}_{00} + 2\xi_0' - 2\frac{a'}{a}\xi_0, \tag{3.260}$$

$$h_{0i} = \bar{h}_{0i} + \partial_i\xi_0 + \xi_i' - 2\frac{a'}{a}\xi_i, \tag{3.261}$$

$$h_{ij} = \bar{h}_{ij} + \partial_j\xi_i + \partial_i\xi_j - 2\frac{a'}{a}\xi_0. \tag{3.262}$$

Como estamos interessados em perturbações escalares, podemos escrever $\xi_i = \partial_i\xi$.

Com essas relações, seguem-se as seguintes transformações.

$$\bar{\phi} = \phi - \mathcal{H}\xi^0 - \xi^{0'}, \tag{3.263}$$
$$\bar{\psi} = \psi + \mathcal{H}\xi^0, \tag{3.264}$$
$$\bar{B} = B + \xi^0 - \xi' \tag{3.265}$$
$$\bar{E} = E - \xi. \tag{3.266}$$

As quantidades Φ e Ψ são invariantes por essas transformações gerais de coordenadas, como pode ser verificado explicitamente.

Observe que podemos, a partir da transformação acima, obter os

3. Introdução à Teoria de Perturbações Cosmológicas

parâmetros ξ^0 e ξ;

$$\xi^0 = (\bar{B} - B) - (\bar{E}' - E'), \qquad (3.267)$$
$$\xi = (E - \bar{E}). \qquad (3.268)$$

Em termos das variáveis invariantes de calíbre, as componentes do tensor gravitacional perturbado na forma mista δG^μ_ν são dadas por,

$$\delta G^0_0 = \frac{2}{a^2}\left\{ -3\mathcal{H}(\Psi' + \mathcal{H}\Phi) + \nabla^2\Psi - 3\mathcal{H}(\mathcal{H}' - \mathcal{H}^2)(B - E') \right\},$$

$$(3.269)$$

$$\delta G^0_i = \frac{2}{a^2}\left\{ \Psi' + \mathcal{H}\Phi + (\mathcal{H}' - \mathcal{H}^2)(B - E') \right\}_{,i}, \qquad (3.270)$$

$$\delta G^i_j = -\frac{2}{a^2}\left\{ \left[\Psi'' + \mathcal{H}(2\Psi' + \Phi') + (2\mathcal{H}' + \mathcal{H}^2)\Psi + \frac{1}{2}D \right]\delta_{ij} \right.$$

$$\left. + (\mathcal{H}'' - \mathcal{H}\mathcal{H}' - \mathcal{H}^2)(B - E')\delta_{ij} - \frac{1}{2}D_{,i,j} \right\}, \qquad (3.271)$$

$$D = \Phi - \Psi. \qquad (3.272)$$

Para nos livrarmos dos termos indesejáveis nas expressões acima, obtendo as perturbações apenas em termos das quantidades invariantes de calibre, usamos o fato de que uma transformação de coordenadas para uma dada função perturbada $f(x^\mu)$ implica, em nível linear,

$$\delta f(x^\mu + \xi^\mu) = \delta f(x^\mu) + \xi^\mu \partial_\mu f(x^\mu), \qquad (3.273)$$

onde $f(x^\mu)$ é a função não perturbada correspondente. Se a função não perturbada depende apenas do tempo η, obtemos,

$$
\begin{aligned}
\delta f(x^\mu + \xi^\mu) &= \delta f(x^\mu) + \xi^0 \partial_\eta f(\eta), \\
&= \delta f(x^\mu) + (B - E') \partial_\mu f(\eta).
\end{aligned}
\tag{3.274}
$$

Com base no resultado anterior, as componentes invariantes de calibre das equações gravitacionais perturbadas são dadas por,

$$
\delta \bar{G}_0^0 = \delta G_0^0 + (G_0^0)'(B - E'),
\tag{3.275}
$$

$$
\delta \bar{G}_i^0 = \delta G_i^0 + \left(G_0^0 - \frac{1}{3} G_k^k \right)(B - E')_{,i},
\tag{3.276}
$$

$$
\delta \bar{G}_j^i = \delta G_j^i + (G_j^i)'(B - E'),
\tag{3.277}
$$

com os seguintes resultados finais:

$$
\delta \bar{G}_0^0 = \frac{2}{a^2} \left\{ -3\mathcal{H}(\Psi' + \mathcal{H}\Phi) + \nabla^2 \Psi \right\},
\tag{3.278}
$$

$$
\delta \bar{G}_i^0 = \frac{2}{a^2} \left\{ \Psi' + \mathcal{H}\Phi \right\}_{,i},
\tag{3.279}
$$

$$
\begin{aligned}
\delta \bar{G}_j^i = -\frac{2}{a^2} \Bigg\{ &\left[\Psi'' + \mathcal{H}(2\Psi' + \Phi') + (2\mathcal{H}' \right. \\
&\left. + \mathcal{H}^2)\Psi + \frac{1}{2}D \right]\delta_{ij} - \frac{1}{2}D_{,i,j} \Bigg\},
\end{aligned}
\tag{3.280}
$$

$$
D = \Phi - \Psi.
$$

3. Introdução à Teoria de Perturbações Cosmológicas

Das expressões acima, podemos obter o escalar de Ricci perturbado:

$$\delta \bar{R} = -(\delta \bar{G}_0^0 + \delta \bar{G}_k^k)$$

$$= \frac{2}{a^2} \left\{ 3\Psi'' + 3\mathscr{H}(3\Psi' + \Phi') + 6(\mathscr{H}' \right. \tag{3.281}$$

$$\left. + \mathscr{H}^2)\Phi - \nabla^2\Psi + \nabla^2 D \right\}. \tag{3.282}$$

Agora calculamos as perturbações do tensor momento-energia. Novamente, note que a condição de normalização, $u^\mu u_\mu = g_{\mu\nu} u^\mu u^\nu = 1$ implica,

$$\delta u^0 = -\frac{\phi}{a}. \tag{3.283}$$

Então, temos as seguintes expressões para as componentes perturbadas do tensor momento-energia de primeira ordem,

$$\delta T_0^0 = \delta\rho, \tag{3.284}$$

$$\delta T_i^0 = -(\rho + p)(B_{,i} + a\delta u^i), \tag{3.285}$$

$$\delta T_0^i = (\rho + p)a\delta u^i, \tag{3.286}$$

$$\delta T_j^i = -\delta p \delta_{ij}, \tag{3.287}$$

$$\delta T = \delta\rho - 3\delta p. \tag{3.288}$$

Seguindo o mesmo procedimento anterior, podemos definir as perturbações invariantes de calibre do tensor de momento-energia:

$$\delta \bar{T}_0^0 = \delta T_0^0 + (T_0^0)'(B - E'), \tag{3.289}$$

$$\delta \bar{T}_i^0 = \delta T_i^0 + \left(T_0^0 - \frac{1}{3} T_k^k \right)(B - E'), \tag{3.290}$$

$$\delta \bar{T}_j^i = \delta T_j^i + (T_j^i)'(B - E'). \tag{3.291}$$

É direto verificar que as equações perturbadas invariantes de gauge são dadas por,

$$\delta \bar{G}_\nu^\mu = 8\pi G \delta \bar{T}_\nu^\mu, \tag{3.292}$$

como poderíamos esperar.

3.8.1 Equações perturbadas invariantes de calibre para um fluido perfeito

Para um tensor momento-energia de um fluido perfeito,

$$T_\nu^\mu = (\rho + p)u^\mu u_\nu - p\delta_\nu^\mu, \tag{3.293}$$

as equações para as perturbações se escrevem

$$-3\mathscr{H}(\Psi' + \mathscr{H}\Phi) + \nabla^2\Psi = 4\pi Ga^2\delta\bar{\rho}, \tag{3.294}$$

$$\left\{ \Psi' + \mathscr{H}\Phi \right\}_{,i} = 4\pi G(\rho + p)a^3\delta\bar{u}^i, \tag{3.295}$$

$$\left[\Psi'' + \mathscr{H}(2\Psi' + \Phi') + (2\mathscr{H}' + \mathscr{H}^2)\Psi + \frac{1}{2}D \right]\delta_{ij} \tag{3.296}$$

$$-\frac{1}{2}D_{,i,j} = 4\pi Ga^2\delta\bar{p}\delta_{ij}. \tag{3.297}$$

3. Introdução à Teoria de Perturbações Cosmológicas

Considerando $i \neq j$ na equação (3.296), obtemos,

$$D = 0, \qquad (3.298)$$

implicando,

$$\Psi = \Phi. \qquad (3.299)$$

As equações tornam-se,

$$-3\mathcal{H}(\Phi' + \mathcal{H}\Phi) + \nabla^2\Phi = 4\pi Ga^2\delta\bar{\rho}, \qquad (3.300)$$

$$\left\{ \Phi' + \mathcal{H}\Phi \right\}_{,i} = 4\pi G(\rho + p)a^3\delta\bar{u}^i, \qquad (3.301)$$

$$\Phi'' + 3\mathcal{H}\Phi' + (2\mathcal{H}' + \mathcal{H}^2)\Phi = 4\pi Ga^2\delta\bar{p}. \qquad (3.302)$$

Essas equações podem ser combinadas em uma única equação:

$$\Phi'' + 3\mathcal{H}(1 + c_s^2)\Phi' + [2\mathcal{H}' + (1 + 3c_s^2)\mathcal{H}^2]\Phi - c_s^2\nabla^2\Phi = 0. \quad (3.303)$$

Ao contrário do que ocorre no caso do calibre síncrono, a equação final é de segunda ordem: apenas modos físicos estão presentes.

Para perturbações adiabáticas, $c_s^2 = \omega$, e após uma decomposição de Fourier, a equação acima se torna,

$$\Phi'' + 3\mathcal{H}(1 + \omega)\Phi' + [2\mathcal{H}' + (1 + 3\omega)\mathcal{H}^2]\Phi + \omega k^2\Phi = 0. \quad (3.304)$$

Usando a solução da base correspondente para o fator de escala,

$$a = a_0\eta^{\frac{2}{1+3\omega}}, \qquad (3.305)$$

a solução para a equação que descreve a evolução das perturbações no formalismo invariante de calibre é,

$$\Phi = \eta^{-v}\left\{A_1 J_v(\sqrt{\omega}k\eta) + A_2 J_{-v}(\sqrt{\omega}k\eta)\right\}. \qquad (3.306)$$

com

$$v = \left|\frac{5+3\omega}{2(1+3\omega)}\right|. \qquad (3.307)$$

Posteriormente compararemos esta solução com aquela encontrada quando se utiliza o calibre síncrono.

3.9 Calibre newtoniano

Voltamos à possibilidade de escolher uma condição de coordenada. Agora, as quantidades B e E serão fixadas iguais a zero. Isso dá origem ao formalismo de calibre newtoniano. Aqui, a discussão do formalismo de calibre newtoniano vem depois do formalismo invariante de calibre porque as expressões finais são muito semelhantes, e mesmo idênticas em muitas situações. Porém, os formalismos invariante de calibre e o do calibre newtoniano podem ser diferentes em algumas situações específicas, sobretudo em teorias de gravidade modificada. Isto tem sido tema de investigações correntes na literatura, mas não nos atentaremos a estes aspectos neste texto.

Com a condição $B = E = 0$, o elemento de linha incluindo as funções da base e as perturbações se escreve,

$$ds^2 = a^2(1+2\phi)d\eta^2 - a^2(1-2\psi)\delta_{ij}dx^i dx^j. \qquad (3.308)$$

3. Introdução à Teoria de Perturbações Cosmológicas

Agora $h_{\mu\nu}$ é dado por,

$$
\begin{aligned}
h_{00} &= 2a^2\phi, & (3.309) \\
h_{0i} &= 0, & (3.310) \\
h_{ij} &= 2a^2\psi\delta_{ij}. & (3.311)
\end{aligned}
$$

Além disso,

$$
\begin{aligned}
\delta g^{00} &= -h^{00} = -2\frac{\phi}{a^2}, & (3.312) \\
\delta g^{0i} &= -h^{0i} = 0, & (3.313) \\
\delta g^{ij} &= -h^{ij} = -\frac{2}{a^2}\psi\delta_{ij}. & (3.314)
\end{aligned}
$$

As componentes diferentes de zero do símbolo de Christoffel perturbado são agora as seguintes:

$$
\begin{aligned}
\chi^0_{00} &= \phi', & (3.315) \\
\chi^0_{0i} &= \phi_{,i}, & (3.316) \\
\chi^0_{ij} &= -[\psi' + 2\mathcal{H}(\psi+\phi)]\delta_{ij}, & (3.317) \\
\chi^i_{00} &= \phi_{,i}, & (3.318) \\
\chi^i_{0j} &= -\psi'\delta_{ij}, & (3.319) \\
\chi^k_{ij} &= -(\psi_{,i}\delta_{jk} + \psi_{,j}\delta_{ki} - \psi_{,k}\delta_{ij}). & (3.320)
\end{aligned}
$$

As componentes perturbadas do tensor gravitacional na forma mista

δG^μ_ν são dadas por,

$$\delta G^0_0 = \frac{2}{a^2}\left\{ -3\mathscr{H}(\psi' + \mathscr{H}\phi) + \nabla^2\psi \right\}, \tag{3.321}$$

$$\delta G^0_i = \frac{2}{a^2}\left\{ \psi' + \mathscr{H}\phi \right\}_{,i}, \tag{3.322}$$

$$\delta G^i_j = -\frac{2}{a^2}\left\{ \left[\psi'' + \mathscr{H}(2\psi' + \phi') + (2\mathscr{H}' + \mathscr{H}^2)\psi + \frac{1}{2}\nabla^2 D \right]\delta_{ij} \right.$$
$$\left. - \frac{1}{2}D_{,i,j} \right\}, \tag{3.323}$$

$$D = \phi - \psi. \tag{3.324}$$

As perturbações do tensor momento-energia se escrevem,

$$\delta T^0_0 = \delta\rho, \tag{3.325}$$
$$\delta T^0_i = -(\rho + p)a\delta u^i, \tag{3.326}$$
$$\delta T^i_0 = (\rho + p)a\delta u^i, \tag{3.327}$$
$$\delta T^i_j = -\delta p\delta_{ij}, \tag{3.328}$$
$$\delta T = \delta\rho - 3\delta p. \tag{3.329}$$

3. Introdução à Teoria de Perturbações Cosmológicas

As equações perturbadas finais no calibre newtoniano são,

$$-3\mathscr{H}(\psi' + \mathscr{H}\phi) + \nabla^2\psi = 4\pi Ga^2\delta\rho, \tag{3.330}$$

$$\left\{\psi' + \mathscr{H}\phi\right\}_{,i} = 4\pi G(\rho + p)a^3\delta u^i, \tag{3.331}$$

$$\left[\psi'' + \mathscr{H}(2\psi' + \phi') + (2\mathscr{H}' + \mathscr{H}^2)\psi + \frac{1}{2}D\right]\delta_{ij} - \frac{1}{2}D_{,i,j} = 4\pi Ga^2\delta p\delta_{ij}. \tag{3.332}$$

Considerando $i \neq j$ na equação (3.296), obtemos,

$$D = 0, \tag{3.333}$$

implicando,

$$\psi = \phi, \tag{3.334}$$

como para o caso invariante de calibre correspondente.

As equações tornam-se,

$$-3\mathscr{H}(\phi' + \mathscr{H}\phi) + \nabla^2\phi = 4\pi Ga^2\delta\rho, \tag{3.335}$$

$$\left\{\phi' + \mathscr{H}\phi\right\}_{,i} = 4\pi G(\rho + p)a^3\delta u^i, \tag{3.336}$$

$$\phi'' + 3\mathscr{H}\phi' + (2\mathscr{H}' + \mathscr{H}^2)\phi = 4\pi Ga^2\delta p. \tag{3.337}$$

Essas equações podem ser combinadas em uma única equação:

$$\phi'' + 3\mathscr{H}(1 + c_s^2)\phi' + [2\mathscr{H}' + (1 + 3c_s^2)\mathscr{H}^2]\phi - c_s^2\nabla^2\phi = 0. \tag{3.338}$$

Para perturbações adiabáticas, $c_s^2 = \omega$, e a equação torna-se, após uma decomposição de Fourier,

$$\phi'' + 3\mathscr{H}(1+\omega)\phi' + [2\mathscr{H}' + (1+3\omega)\mathscr{H}^2]\phi + \omega k^2\phi = 0, \quad (3.339)$$

que é formalmente equivalente à equação invariante de calibre correspondente. Usando novamente,

$$a = a_0 \eta^{\frac{2}{1+3\omega}}, \quad (3.340)$$

a solução é,

$$\phi = \eta^{-\nu}\left\{A_1 J_\nu(\sqrt{\omega}k\eta) + A_2 J_{-\nu}(\sqrt{\omega}k\eta)\right\}. \quad (3.341)$$

sendo, como antes, a ordem das funções de Bessel dadas por (3.307).

3.10 Calibre síncrono versus os formalismos invariante de calibre e calibre newtoniano

Usando a solução de calibre síncrono para um fluido perfeito temos para o modo crescente:

$$\delta_s = \frac{1}{t}\int t^{\frac{1+15\omega}{6(1+\omega)}} J_{\bar{\nu}}\left(\sqrt{\omega}kt^{\frac{1+3\omega}{3(1+\omega)}}\right)dt. \quad (3.342)$$

A relação entre o tempo cósmico e o tempo conforme é,

$$t = \eta^{\frac{3(1+\omega)}{1+3\omega}}. \quad (3.343)$$

3. Introdução à Teoria de Perturbações Cosmológicas

Em termos de tempo conforme, a solução é,

$$\delta_s = \eta^{\frac{-3(1+\omega)}{1+3\omega}} \int \eta^{5/2} J_{\bar{v}}(\sqrt{\omega}k\eta)d\eta. \qquad (3.344)$$

No formalismo invariante de calibre, a solução representando o modo crescente para o potencial gravitacional é,

$$\Phi = \eta^{-v} J_v(\sqrt{\omega}k\eta). \qquad (3.345)$$

O potencial gravitacional está relacionado com o contraste de densidade por,

$$-\mathcal{H}(\Phi' + \mathcal{H}\Phi) - k^2\Phi = \frac{3}{2}\mathcal{H}^2 \delta_{gi}. \qquad (3.346)$$

3.10.1 Limite de comprimento de onda longo

No limite de comprimento de onda longo $k \to 0$. O número de onda k aparece no argumento da função de Bessel, que se torna pequeno. No limite do pequeno argumento, a função de Bessel se comporta como,

$$J_\mu(x) \to x^\mu, \quad \text{para} \quad x \to 0. \qquad (3.347)$$

Para a solução no calibre síncrono, usando o tempo conforme, a expressão torna-se,

$$\delta_s \propto \eta^{\frac{-3(1+\omega)}{1+3\omega}} \int \eta^{\frac{5}{2}+\bar{v}} d\eta,$$

$$\propto \eta^{\frac{1+15\omega}{2(1+3\omega)}+\bar{v}}. \qquad (3.348)$$

Júlio Fabris e Hermano Velten

Inserindo a expressão para $\bar{v}$ (3.218), obtemos,

$$\delta_s \propto \eta^2. \tag{3.349}$$

Agora, vamos nos voltar para o formalismo invariante de calibre. No limite de comprimento de onda longo, k pode ser definido igual a zero. Assim, essencialmente, o contraste de densidade se comporta como o potencial gravitacional. Usando novamente as propriedades para a função de Bessel para pequenos argumentos, nós obtemos [2],

$$\delta_{gi} \propto \text{cte.} \tag{3.350}$$

Portanto, enquanto o formalismo síncrono prevê, no limite de comprimento de onda longo, um modo crescente que se comporta como o fator de escala de um modelo sem pressão, o formalismo invariante de calibre prevê um modo constante. Deve-se observar, no entanto, que esta discrepância é obtida para modos super-horizonte.

3.10.2 Limite de comprimento de onda curto

Vamos inspecionar agora o limite oposto, quando as escalas são pequenas e os números de onda são grandes, ou seja, $k \to \infty$. O ponto principal na análise é o comportamento das funções de Bessel para grandes argumentos:

$$J_\mu(x) \sim \sqrt{\frac{2}{\pi x}} \cos\left(x - \mu\frac{\pi}{2} - \frac{\pi}{4}\right). \tag{3.351}$$

---

[2] A notação gi refere-se ao termo *gauge invariant* (invariante de calíbre).

3. Introdução à Teoria de Perturbações Cosmológicas

Na abordagem invariante de calibre, o potencial gravitacional torna-se, usando esta aproximação,

$$\Phi = x^{-\nu - 1/2} \cos\left(x - \nu\frac{\pi}{2} - \frac{\pi}{4} \right). \tag{3.352}$$

Mas, queremos o comportamento do contraste de densidade. Neste limite, a equação da equação perturbada pode ser aproximada por,

$$-k^2\Phi = \frac{3}{2}\mathscr{H}^2\delta_{gi}. \tag{3.353}$$

Para se obter a equação acima válida para pequenas escalas, $k \to \infty$, tivemos que fazer o limite apropriado em (3.353) ignorando os termos relacionados à expansão do universo. Isto, de carta forma, corresponde à chamada aproximação quase-estática.

Isso pode ser reformulado afirmando que escalas curtas dizem respeito a processos locais que não sentem a expansão do universo. Lembrando que $\mathscr{H} \propto 1/\eta$, o contraste de densidade no formalismo invariante de calibre se comporta como,

$$\delta_{gi} = x^{-\nu + 3/2} \cos\left(x - \nu\frac{\pi}{2} - \frac{\pi}{4} \right). \tag{3.354}$$

Para analisar o contraste de densidade no formalismo síncrono, usamos a expressão (3.344) e a relação,

$$\int_0^x t^\mu J_\tau(x)dx = x^\mu \frac{\Gamma\left(\frac{\tau+\mu+1}{2}\right)}{\Gamma\left(\frac{\tau-\mu+1}{2}\right)}$$

$$\times \sum_{k=0}^\infty \frac{(\tau+2k+1)\Gamma\left(\frac{\tau-\mu+1}{2}+k\right)}{\Gamma\left(\frac{\tau+\mu+3}{2}+k\right)} J_{\tau+2k+1}(x). \quad (3.355)$$

Para grandes valores do argumento, esta expressão assume a forma,

$$\int_0^x x^\mu J_\tau(x)dx = \sqrt{\frac{2}{\pi}} x^{\mu-1/2} \frac{\Gamma\left(\frac{\tau+\mu+1}{2}\right)}{\Gamma\left(\frac{\tau-\mu+1}{2}\right)}$$

$$\times \sum_{k=0}^\infty \frac{(\tau+2k+1)\Gamma\left(\frac{\tau-\mu+1}{2}+k\right)}{\Gamma\left(\frac{\tau+\mu+3}{2}+k\right)} \cos\left[x-(\tau+2k+1)\frac{\pi}{2}-\frac{\pi}{4}\right].$$

$$(3.356)$$

Podemos escrever,

$$\cos\left[x-(\tau+2k+1)\frac{\pi}{2}-\frac{\pi}{4}\right] = (-1)^k \cos\left[x-\tau\frac{\pi}{2}-\frac{3\pi}{4}\right]. \quad (3.357)$$

3. Introdução à Teoria de Perturbações Cosmológicas

A integral pode ser escrita como,

$$\int_0^x t^\mu J_\tau(x) dx = \sqrt{\frac{2}{\pi}} x^{\mu-1/2} \frac{\Gamma\left(\frac{\tau+\mu+1}{2}\right)}{\Gamma\left(\frac{\tau-\mu+1}{2}\right)} \cos\left[x - \tau\frac{\pi}{2} - \frac{3\pi}{4}\right]$$

$$\times \sum_{k=0}^{\infty} (-1)^k \frac{(\tau+2k+1)\Gamma\left(\frac{\tau-\mu+1}{2}+k\right)}{\Gamma\left(\frac{\tau+\mu+3}{2}+k\right)}. \tag{3.358}$$

Procurando a solução para o contraste de densidade, e considerando que $\mu = 5/2$ e $\tau = v - 1$, encontramos,

$$\delta_s \propto \eta^{-v+3/2} \cos\left(\eta - v\frac{\pi}{2} - \frac{\pi}{4}\right). \tag{3.359}$$

Portanto, no limite de pequeno comprimento de onda, tanto o formalismo síncrono quanto o formalismo invariante de calibre levam ao mesmo resultado.

3.11 Campo escalar: perturbações

O tensor momento-energia de um campo escalar de auto-interação é dado por,

$$T_{\mu v} = \phi_{;\mu} \phi_{;v} - \frac{1}{2} g_{\mu v} \phi_{;\rho} \phi^{;\rho} + g_{\mu v} V(\phi). \tag{3.360}$$

A densidade de energia e a pressão associada ao campo escalar é dada por,

$$\rho_\phi \;=\; \frac{\dot{\phi}^2}{2} + V(\phi), \tag{3.361}$$

$$p_\phi \;=\; \frac{\dot{\phi}^2}{2} - V(\phi). \tag{3.362}$$

Para um campo escalar as perturbações, no formalismo invariante de calibre, se escrevem,

$$\Phi'' + 2\left(\mathcal{H} - \frac{\phi''}{\phi'}\right)\Phi' + \left(k^2 + 2\mathcal{H}' - 2\mathcal{H}\frac{\phi''}{\phi}\right)\Phi = 0. \tag{3.363}$$

No calibre newtoniano a equação final seria formalmente a mesma.

Um campo escalar que imita o fluido perfeito com equação de estado $p = \omega\rho$, ω constante, obedece às relações [9],

$$\phi \;=\; \pm\frac{2}{3\sqrt{1+\omega}}\ln t, \tag{3.364}$$

$$V(\phi) \;=\; \frac{2}{3}\frac{1-\omega}{(1+\omega)^2}e^{\mp\sqrt{3(1+\omega)}\phi}. \tag{3.365}$$

A solução para o potencial Φ é dada por,

$$\Phi = \eta^{-\nu}\left[c_1 J_\nu(k\eta) + c_2 J_{-\nu}(k\eta)\right], \tag{3.366}$$

com ν assim como definido acima.

3. Introdução à Teoria de Perturbações Cosmológicas

Um aspecto essencial deste resultado é que, ao contrário do caso de uma representação de fluidos, a velocidade do som é sempre igual a 1, independente do sinal de ω [10]: Instabilidades em pequenas escalas não aparecem na representação do campo escalar com auto-interação.

Os coeficientes $c_{1,2}$ na solução para Φ podem depender de k. No entanto, se supusermos que as perturbações bem dentro do horizonte ($k \to \infty$) têm um espectro típico de estado fundamental de um oscilador quântico,

$$\Phi \sim \frac{e^{ikx}}{\sqrt{2kx}}, \tag{3.367}$$

$c_{1,2}$ são independentes de k. Considerando perturbações de origem quânticas podemos fixar constantes que, classicamente, são arbitrárias.

Com o resultado anterior, podemos considerar o limite de grande escala ($k \to 0$). Restringindo ao modo constante, temos

$$\Phi = \text{constante}. \tag{3.368}$$

Esta constante é independente de k.

Este resultado, o fato de o potencial se manter constante de maneira independente da escala, é muito utilizado para concetar o espectro de potência primordial parametrizado por,

$$\mathscr{P}_k = Ak^{n_s-1}, \tag{3.369}$$

onde n_s é o índice espectral, com os observáveis cosmológicos. Com os resultados anteriores, obtemos, e impondo $\omega = -1$.

$$n_s = 1. \tag{3.370}$$

Porém, o resultado anterior é válido para uma fase de Sitter pura, $\omega = -1$. Para uma fase de Sitter pura não há perturbação de matéria. Para $\omega \lesssim -1$, implica $n_s \lesssim 1$ Os dados observacionais de hoje indicam $n_s \lesssim 0,96$. Os modelos inflacionários são consistentes com esses resultados. Tratando Φ como um campo quântico, a condição de normalização fixa a amplitude das perturbações. Este é um dos resultados notáveis obtidos pelo modelo inflacionário. Resultado semelhante pode ser obtido em modelos não singulares, exibindo por exemplo uma fase inicial de contração (ricochete) mas sob condições mais específicas. Por exemplo, pode-se requerer que na fase de contração um fluido sem pressão domine a dinâmica cósmica [11].

3.12 Considerações finais

Apresentamos neste texto uma descrição sobre o que consideramos como os aspectos fundamentais da teoria de perturbações cosmológicas. O objetivo foi introduzir o leitor nos conceitos e aspectos técnicos essenciais deste vasto assunto. Alguns detalhes que nos parecem ser particularmente relevantes para o estudo do problema da evolução das perturbações cosmológicas em um universo em expansão, como o uso de uma condição de coordenada ou de quantidades invariantes de calibre, com suas vantagens e desvantagens, foram discutidos. Vários tópicos de grande importância foram ou omitidos ou apenas rapidamente comentados. Podemos citar, entre estes, o mecanismo quântico da origem das flutuações primordiais, assim como a comparação detalhada entre os resultados teóricos e os dados observacionais.

3. Introdução à Teoria de Perturbações Cosmológicas

Esperamos, no entanto, que o texto tenha fornecido os elementos necessários para que o leitor interessado possa ter tido um primeiro contato com esse importante tema, que é o estudo da formação de estruturas no universo através do processo de instabilidade gravitacional.

Agradecimentos: J.C.F. agradece Mário Novello pela oportunidade em apresentar o mini-curso *Teoria das perturbações cosmológicas* na **Escola de Cosmologia e Gravitação**, ocorrida no CBPF em julho de 2023. J.C.F. e H.V. agradecem a Winfried Zimdahl pelas intensas discussões sobre o problema de formação de estruturas no universo e a Tiago Alves pela leitura detalhada do texto. Agradecemos também ao CNPq, FAPES e FAPEMIG por auxílio financeiro.

Bibliografia

[1] S. Weinberg, **Gravitation and cosmology**, Wiley, Nova Iorque (1972).

[2] P.J.E. Peebles, **The large scale structure of the universe**, Princeton university press, Princeton (1980).

[3] V. F. Mukhanov, H.A. Feldmann e. R.H. Brandenberger, Phys. Rep. **215**, 203(1992).

[4] T. Padmanabhan, **Structure formation in the universe**, Cambridge university press, Cambridge (1993).

[5] L.D.Landau & E.M.Lifshitz **Fluid Mechanics**, Pergamon Press, 2nd ed., 1987.

[6] S. Chandrasekhar, **An introduction to the study of stellar structure**, University of Chicago Press, Chicago (1939).

[7] L. Landau e E. Lifchitz, **Mécanique**, edições Mir, Moscou (1966).

[8] E.M. Lifshitz, JETP **16**, 587(1946).

[9] J.C. Fabris, S.V.B. Gonçalves e N. Tomimura, Class. Quant. Grav. **17**, 2983 (2000).

[10] N. Bilič, J.C. Fabris e O. Piattella, Class. Quantum Grav. **31**, 055006(2014).

[11] N. Pinto-Neto, Int. J. Mod. Phys. **D13**, 1419(2004).

Capítulo 4

Representação Geométrica das Interações

EDUARDO BITTENCOURT

4.1 Introdução

As primeiras tentativas de interpretar geometricamente o movimento dos corpos na mecânica clássica, em termos de geodésicas, referem-se aos trabalhos de M. de Maupertuis [1], nos quais o princípio da mínima ação foi formulado pela primeira vez. O surgimento de uma geometria efetiva descrevendo a trajetória dos corpos torna-se ainda mais evidente

Eduardo Bittencourt

com a formulação de Jacobi do Princípio de Maupertuis [2]. Todavia, é importante ressaltar que a presença da geometria na representação do movimento dos corpos remonta à época dos gregos e dentre suas manifestações mais marcantes podemos citar, por exemplo, a formulação newtoniana da Lei da Inércia [3].

Para o eletromagnetismo, uma descrição geométrica semelhante apareceu somente em 1923, quando W. Gordon [4] tratou a propagação de ondas eletromagnéticas em um dielétrico em movimento por meio de uma modificação da estrutura métrica subjacente. Com isto, ele demonstrou que a "aceleração" dos fótons dentro de um meio dielétrico poderia ser eliminada por um procedimento análogo ao feito na Relatividade Geral (RG), desde que a propagação de raios de luz dentro do meio fosse interpretada como um movimento geodésico numa métrica distinta daquela de fundo. Mais tarde, esta abordagem foi generalizada, incluindo estruturas não-lineares dependentes do próprio campo eletromagnético [5], como veremos mais adiante.

Dito isso, poderíamos nos perguntar se haveria uma descrição similar para casos mais gerais, onde trajetórias aceleradas de corpos arbitrários submetidos a outros tipos de forças seriam descritas como geodésicas em um métrica distinta daquela euclidiana ou minkowskiana. De fato, isto é possível e tal mapa cinemático depende apenas da aceleração do corpo. Com este método, veremos que é possível geometrizar qualquer força no sentido descrito acima, a partir de uma transformação entre métricas do espaço-tempo.

Baseado majoritariamente na Ref. [6], o objetivo destas notas é

4. Representação Geométrica das Interações

apresentar resultados que estendam a ideia de lidar com qualquer tipo de força através das diretrizes seguidas pela RG, em particular, representar todo tipo de aceleração ou interação como uma modificação da geometria, inclusive a Mecânica Quântica (MQ). Vale ressaltar que há distinções óbvias entre a RG e todos os outros casos devido à universalidade dos processos gravitacionais e, de fato, este é um dos postulados da teoria de Einstein. Obviamente, esta não seria a única possibilidade e poder-se-ia fazer outras convenções para atribuir métricas específicas a diferentes manifestações físicas. Sendo assim, cada interação provavelmente está associada a uma modificação particular do contexto métrico no qual um corpo se move, de tal forma que qualquer tipo de força poderia ser eliminada por essa interpretação.

Ao longo do texto, usaremos as seguintes convenções: índices gregos $\alpha, \beta, \gamma, \ldots$ vão de 0 a 3, enquanto que índices latinos $a, b, c, \ldots$ vão de 1 a 3. A métrica de Minkowski é representada por $\eta_{\mu\nu}$ e tem assinatura $(+, -, -, -)$. Usaremos unidades geométricas tais que $c = G = 1$, a menos que especificado o contrário.

4.2 Descrição geométrica da cinemática dos corpos

Para melhor entender o que acabamos de descrever, nada melhor que iniciar nossa análise com o caso mais ilustrativo: a propagação de fótons no interior de dielétricos em movimento. Em geral, sabemos que o caminho da luz adquire uma "aceleração" dentro de um meio, porém esse caminho pode ser visto como uma geodésica em uma métrica

Eduardo Bittencourt

modificada [4]. Em seguida, veremos que esta abordagem vai além de sua proposta original, permitindo uma generalização para todos os tipos de trajetórias aceleradas, independentemente da força que a produziu ou da natureza do corpo.

No caso do campo eletromagnético, a descrição se torna mais simples usando-se o chamado *método de Hadamard* [7]. Isso nos permitirá ter uma ideia profunda da abordagem de Gordon e elucidar casos mais complexos que surgem quando lidamos com dielétricos não-lineares. Uma aplicação notável da análise da modificação da geometria para lidar com a propagação de fótons num meio tem sido chamada de *modelos análogos da gravitação* [8, 9]. Isso significa encontrar configurações eletromagnéticas específicas nas quais a propagação do fóton é descrita por geodésicas em geometrias semelhantes a soluções da RG.

4.2.1 Visão geral sobre o método de Hadamard

Na teoria das Equações Diferenciais Parciais (EDP) hiperbólicas, a análise de fenômenos de propagação é feita usando um método desenvolvido pelo matemático francês J. Hadamard, que trata do estudo de saltos[1] de funções quando estas cruzam uma determinada superfície [7]. De acordo com o método, a propagação de ondas pode ser estudada seguindo a evolução das frentes de onda, para as quais o campo é contínuo, podendo apresentar saltos em algumas de suas derivadas. O método é suficientemente geral para ser aplicado em campos tensoriais quaisquer

---

[1]Iremos evitar o termo *descontinuidade*, pois o método não exige que as funções estejam definidas sobre a superfície de separação e, portanto, não seria possível comparar os limites tomados com o valor da função propriamente.

4. Representação Geométrica das Interações

em dimensões arbitrárias. No entanto, aqui nos concentraremos apenas em espaços-tempos quadridimensionais.

Especificamente, dado um sistema de coordenadas x^μ, seja Σ uma hipersuperfície definida pela equação

$$\Sigma(x^\mu) = 0, \tag{4.1}$$

delimitando localmente duas regiões no espaço-tempo, identificadas por 1 e 2. O salto $[f]\big|_\Sigma$ de uma determinada função do espaço-tempo $f(x^\alpha)$ através de Σ é definido como o limite

$$[f(x)]\big|_\Sigma = \lim_{\varepsilon \to 0^+} \left(f^{(1)}(x+\varepsilon) - f^{(2)}(x-\varepsilon) \right), \tag{4.2}$$

onde $f^{(1)}$ e $f^{(2)}$ devem ser entendidos como os valores da função f nos domínios 1 e 2, respectivamente. A ideia básica do método é investigar a compatibilidade entre possíveis saltos do campo e a estrutura de uma determinada equação diferencial. Assim, por exemplo, começamos assumindo que o próprio campo é contínuo, mas que sua primeira derivada não seja. Neste caso, teríamos

$$[\partial_\alpha f]\big|_\Sigma \neq 0. \tag{4.3}$$

Hadamard mostrou que as diferenciais da função f em ambos os domínios $df^{(1)} = \partial_\alpha f^{(1)} dx^\alpha$ e $df^{(2)} = \partial_\alpha f^{(2)} dx^\alpha$ devem ser contínuas, obtendo o seguinte resultado:

$$[df]\big|_\Sigma = [\partial_\alpha f]\big|_\Sigma dx^\alpha = 0, \tag{4.4}$$

o que significa que $[\partial_\alpha f]\big|_\Sigma$ é ortogonal à hipersuperfície. Em outras palavras, existe um escalar não nulo $\chi(x)$ tal que

$$[\partial_\alpha f]\big|_\Sigma = \chi(x)k_\alpha \tag{4.5}$$

onde $k_\alpha \equiv \partial_\alpha\Sigma$ é o vetor gradiente da superfície Σ.

Neste sentido, o salto permitido a um dado campo está relacionado à ordem da equação diferencial em investigação. No contexto de equações de segunda ordem, as derivadas de ordem ≥ 2 poderão, em geral, admitir saltos. Quando isto ocorre, dizemos que existe uma *onda de choque*, sendo a superfície Σ exatamente a frente de onda. Na verdade, esses choques estão sempre presentes quando os campos são descritos por EDP's hiperbólicas.

Neste momento, é instrutivo mostrar como o método funciona no contexto da eletrodinâmica linear de Maxwell. Assim, supomos que o tensor de Faraday $F_{\mu\nu}$, que descreve o campo eletromagnético, é tal que

$$[F_{\mu\nu}]\big|_\Sigma = 0, \quad \text{e} \quad [F_{\mu\nu,\lambda}]\big|_\Sigma = f_{\mu\nu}(x)k_\lambda, \tag{4.6}$$

onde , indica derivada parcial com respeito às coordenadas e $f_{\mu\nu}$ é um tensor antissimétrico não nulo. Sendo as equações de Maxwell no vácuo dadas por

$$\frac{1}{\sqrt{-g}}(\sqrt{-g}F^{\mu\nu})_{,\nu} = 0, \quad \text{e} \quad F_{\mu\nu,\lambda} + F_{\nu\lambda,\mu} + F_{\lambda\mu,\nu} = 0, \tag{4.7}$$

4. Representação Geométrica das Interações

onde g é o determinante da métrica de fundo $g_{\mu\nu}$, a aplicação das condições (4.6) nestas equações nos levam a

$$f^{\mu\nu}k_\nu = 0. \tag{4.8}$$

e

$$f_{\mu\nu}k_\lambda + f_{\nu\lambda}k_\mu + f_{\lambda\mu}k_\nu = 0. \tag{4.9}$$

Contraindo a Eq. (4.9) com $k^\lambda \equiv g^{\mu\nu}k_\nu$ e usando a Eq. (4.8), resulta que

$$g^{\mu\nu}k_\mu k_\nu = 0, \tag{4.10}$$

ou seja,

$$g^{\mu\nu}\frac{\partial\Sigma}{\partial x^\mu}\frac{\partial\Sigma}{\partial x^\nu} = 0 \tag{4.11}$$

Logo, as soluções possíveis decorrentes de (4.8) e (4.9) jazem sobre o cone de luz caracterizado pela Eq. (4.10). Diferenciando esta expressão com respeito ás coordenadas e observando que k_μ é um gradiente, segue que

$$k_{\mu,\lambda}k^\lambda = 0, \tag{4.12}$$

o que mostra que os raios de luz se propagam através de geodésicas nulas na métrica de fundo.

4.2.2 Fótons em dielétricos em movimento: método generalizado de Gordon

Além do tensor de Faraday $F_{\mu\nu}$, vamos definir um outro tensor antissimétrico $P_{\mu\nu}$ que representará o campo eletromagnético dentro de

Eduardo Bittencourt

um meio material no espaço de Minkowski. Estes tensores são expressos em termos dos campos E^μ e B^ν e de suas excitações no interior do meio D^μ e H^μ da seguinte forma

$$F_{\mu\nu} \equiv E_\mu v_\nu - E_\nu v_\mu + \eta_{\mu\nu}{}^{\alpha\beta} v_\alpha B_\beta,$$

$$P_{\mu\nu} \equiv D_\mu v_\nu - D_\nu v_\mu + \eta_{\mu\nu}{}^{\alpha\beta} v_\alpha H_\beta,$$

onde v^μ é um dado vetor quadridimensional comóvel com o meio e $\eta_{\mu\nu\alpha\beta}$ é o tensor completamente antissimétrico de Levi-Civita, sendo $\eta_{0123} = +1$. Supomos que as propriedades eletromagnéticas do meio dielétrico são caracterizadas por relações constitutivas do tipo

$$D_\alpha = \varepsilon_\alpha{}^\nu E_\nu, \quad H_\alpha = (\mu^{-1})_\alpha{}^\nu B_\nu,$$

sendo $\varepsilon_\alpha{}^\nu$ é a permissividade elétrica e $(\mu^{-1})_\alpha{}^\nu$ é o inverso da permeabilidade magnética, parâmetros arbitrários que dependem de (E, B), as equações de Maxwell no interior do meio são dadas por [10]

$$P^{\mu\nu}{}_{;\nu} = 0, \quad e \quad {}^*F^{\mu\nu}{}_{;\nu} = 0, \tag{4.13}$$

onde ; indica derivada covariante. Em termos do observador v^μ e assumindo a condição cinemática $v_{\mu;\nu} = 0$, as Eqs. (4.13) podem ser escritas explicitamente em termos dos campos, resultando em

$$
\begin{aligned}
D^\mu{}_{;\nu} v^\nu - D^\nu{}_{;\nu} v^\mu + \eta^{\mu\nu\alpha\beta} v_\alpha H_{\beta;\nu} = 0, \\
B^\mu{}_{;\nu} v^\nu - B^\nu{}_{;\nu} v^\mu - \eta^{\mu\nu\alpha\beta} v_\alpha E_{\beta;\nu} = 0.
\end{aligned}
\tag{4.14}
$$

Assumindo um meio dielétrico, cuja permeabilidade seja constante e proporcional a identidade ($\mu \equiv \mu_0$), enquanto que a permissividade

4. Representação Geométrica das Interações

seja isotrópica mas podendo depender do módulo $E \equiv \sqrt{-E_\alpha E^\alpha}$ do campo elétrico E^α, isto é, $\varepsilon^i_j = \varepsilon(E)\delta^i_j$, pode-se mostrar que projeções em relação a v^μ produzem quatro equações de movimento não-lineares acopladas que descrevem o campo eletromagnético dentro do meio dielétrico:

$$\varepsilon E^\alpha{}_{;\alpha} - \frac{\varepsilon' E^\alpha E^\beta}{E} E_{\alpha;\beta} = 0,$$

$$B^\alpha{}_{;\alpha} = 0,$$

$$\varepsilon \dot{E}^\lambda - \frac{\varepsilon' E^\lambda v^\alpha E^\mu}{E} E_{\mu;\alpha} + \mu_0^{-1} \eta^{\lambda\beta\rho\sigma} v_\rho B_{\sigma;\beta} = 0,$$

$$\dot{B}^\lambda - \eta^{\lambda\beta\rho\sigma} v_\rho E_{\sigma;\beta} = 0. \tag{4.15}$$

Denotando $E^\mu \equiv E\, l^\mu$, com l^μ sendo um vetor unitário tipo-espaço e usando as condições de Hadamard para obter as equações para os raios de luz, os saltos para os campos serão

$$[E_{\mu,\lambda}]_\Sigma = e_\mu k_\lambda, \qquad \text{e} \qquad [B_{\mu,\lambda}]_\Sigma = b_\mu k_\lambda, \tag{4.16}$$

onde $e_\mu(x)$ e $b_\mu(x)$ são as amplitudes dos saltos e k_μ é o vetor de onda. Assim, segue que as Eqs. (4.15) se reduzem a equações algébricas

$$\varepsilon k^\alpha e_\alpha - \frac{\varepsilon'}{E} E^\alpha e_\alpha E^\beta k_\beta = 0,$$

$$b^\alpha k_\alpha = 0,$$

$$\varepsilon k^\alpha v_\alpha e^\mu - \frac{\varepsilon'}{E} E^\lambda e_\lambda v^\alpha k_\alpha E^\mu + \mu_0^{-1} \eta^{\mu\nu\alpha\beta} k_\nu v_\alpha b_\beta = 0,$$

$$k_\alpha v^\alpha h^\lambda - \eta^{\lambda\beta\rho\sigma} k_\beta v_\rho e_\sigma = 0, \tag{4.17}$$

onde ε' é a derivada de ε em relação a E. Combinando estas equações e usando o fato de E_μ ser um vetor tipo-espaço, podemos facilmente obter a relação de dispersão

$$\left(\eta^{\mu\nu} + (\mu_0\varepsilon - 1 + \mu_0\varepsilon'E)\, v^\mu\, v^\nu - \frac{\varepsilon'}{\varepsilon E} E^\mu E^\nu \right) k_\mu\, k_\nu = 0. \quad (4.18)$$

Daí vemos que a frente de onda se propaga diferentemente do cone de luz de Minkowski da teoria linear de Maxwell. Neste caso, a estrutura causal é dada por uma geometria riemanniana efetiva $\widehat{g}^{\mu\nu}$, para a qual

$$\widehat{g}^{\mu\nu} k_\mu\, k_\nu = 0. \quad (4.19)$$

Neste caso, sua expressão é dada por

$$\widehat{g}^{\mu\nu} = \eta^{\mu\nu} + (\mu_0\varepsilon - 1 + \mu_0\varepsilon'E)\, v^\mu\, v^\nu - \frac{\varepsilon'E}{\varepsilon}\, l^\mu\, l^\nu, \quad (4.20)$$

cuja inversa é dada por

$$\widehat{g}_{\mu\nu} = \eta_{\mu\nu} - \left(1 - \frac{1}{\mu_0\varepsilon(1+\xi)} \right) v_\mu\, v_\nu + \frac{\xi}{1+\xi}\, l_\mu\, l_\nu, \quad (4.21)$$

onde $\xi \equiv \frac{\varepsilon'E}{\varepsilon}$.

Em particular, quando ε é constante, esta fórmula se reduz à métrica de Gordon

$$\widehat{g}^{\mu\nu} = \eta^{\mu\nu} + (\varepsilon\mu_0 - 1)\, v^\mu\, v^\nu, \quad (4.22)$$

que depende apenas das características dielétricas constantes ε e μ_0, além do campo de velocidades v^μ. A demonstração de que este vetor segue geodésicas em $\widehat{g}^{\mu\nu}$ é análoga ao que foi feito na seção anterior.

4. Representação Geométrica das Interações

4.2.3 Geometrizando os caminhos da Mecânica Clássica

Seguindo o que foi feito no caso dos fótons, iremos propor um "Princípio da Equivalência" puramente cinemático, afirmando que o movimento de um corpo arbitrariamente acelerado em um espaço-tempo plano de Minkowski pode ser equivalentemente descrito como livre de qualquer força e seguindo uma geodésica em uma geometria associada, chamada *métrica arrastada* [11]. Embora a análise que segue possa ser feita com qualquer métrica subjacente, limitamos aqui a situações ocorrentes no espaço de Minkowski, sendo imediata a generalização para espaços curvos.

Comecemos com o caso em que o vetor aceleração a_μ é o gradiente de uma função, ou seja, a força que atua sobre o corpo em consideração admite um potencial

$$a_\mu = \partial_\mu \Psi. \tag{4.23}$$

Podemos sempre escolher o quadrivetor v^μ do corpo como sendo unitário, de modo que a aceleração seja ortogonal à velocidade, i.e., $a_\mu v^\mu = 0$.

Motivados pela abordagem de Gordon, onde a métrica efetiva depende do campo vetorial externo associado ao movimento do dielétrico, aqui consideramos que a métrica arrastada associada, para qualquer congruência de curvas $\Gamma(v)$, é da forma

$$\widehat{g}^{\mu\nu} = \eta^{\mu\nu} + \beta \, v^\mu v^\nu, \tag{4.24}$$

Eduardo Bittencourt

cuja expressão covariante é

$$\widehat{g}_{\mu\nu} = \eta_{\mu\nu} - \frac{\beta}{(1+\beta)} \, v_\mu \, v_\nu, \qquad (4.25)$$

de modo que $\widehat{g}^{\mu\alpha}\widehat{g}_{\alpha\nu} = \delta_\nu^\mu$.

A derivada covariante de um vetor arbitrário S^μ nesta métrica é definida da maneira padrão

$$S^\alpha{}_{;\mu} = S^\alpha{}_{,\mu} + \widehat{\Gamma}^\alpha_{\mu\nu} S^\nu,$$

onde o símbolo de Christoffel é construído com a métrica (4.24). Agora definimos $\widehat{v}^\mu \equiv \widehat{g}^{\mu\nu} v_\nu = \sqrt{1+\beta}\, v^\mu$. Para identificar essa congruência gerada por $\widehat{v}_\mu$ com aquela associada a v_μ, exigimos que $\sqrt{1+\beta}$ seja constante ao longo do movimento, ou seja, $v^\mu \, \partial_\mu \beta = 0$. Logo, a congruência $\Gamma(\widehat{v})$ será geodésica se

$$\widehat{v}_{\mu,\nu} \, \widehat{v}^\nu - \widehat{\Gamma}^\varepsilon_{\mu\nu} \, \widehat{v}_\varepsilon \, \widehat{v}^\nu = 0,$$

onde o símbolo $\widehat{X}$ indica que o objeto arbitrário X está definido na métrica $\widehat{g}^{\mu\nu}$.

Portanto, a descrição de uma curva acelerada em um espaço-tempo plano como uma congruência geodésica numa métrica arrastada pode ser reescrita como

$$\left(v_{\mu,\nu} - \widehat{\Gamma}^\varepsilon_{\mu\nu} v_\varepsilon \right) v^\nu = 0. \qquad (4.26)$$

Uma vez que a aceleração é definida por $a_\mu = v_{\mu,\nu} v^\nu$ e usando a Eq. (4.23), a condição para que v^μ siga uma geodésica em $\widehat{g}_{\mu\nu}$ assume a

4. Representação Geométrica das Interações

forma

$$\partial_\mu \Psi = \widehat{\Gamma}^\varepsilon_{\mu\nu} v_\varepsilon v^\nu.$$

Usando as Eqs. (4.24) e (4.25), o lado direito desta equação pode ser escrito como

$$\widehat{\Gamma}^\varepsilon_{\mu\nu} v_\varepsilon v^\nu = \frac{1+\beta}{2} v^\alpha v^\nu \widehat{g}_{\alpha\nu,\mu} = \frac{1}{2} \partial_\mu \ln(1+\beta).$$

Assim, provamos o seguinte

Lema 1 *Dada uma congruência de curvas aceleradas $\Gamma(v)$ no espaço-tempo de Minkowski sujeitas a um potencial Ψ, cuja aceleração é $a_\mu = \partial_\mu \Psi$, é sempre possível construir uma métrica arrastada do tipo*

$$\widehat{g}^{\mu\nu} = \eta^{\mu\nu} + \beta v^\mu v^\nu, \tag{4.27}$$

de modo que as trajetórias aceleradas inicialmente se tornem geodésicas nesta métrica, desde que

$$1 + \beta = e^{-2\Psi}.$$

Comparando este método com a proposta original da RG para a descrição do movimento de corpos em torno de um campo gravitacional fraco, concluímos que ambos fornecem a mesma métrica, afinal o que fazem é mapear caminhos acelerados em geodésicas. Claramente a analogia é limitada ao contexto cinemático, pois o método acima não se propõe a dar uma dinâmica para $\widehat{g}_{\mu\nu}$. Por fim, ressaltamos que, com o auxílio do Teorema de Helmholtz, o Lema 1 pode ser estendido para acelerações quaisquer em 4D, mesmo que não admitam um potencial e exemplos bastante ilustrativos podem ser encontrados nas Refs. [11, 12].

Eduardo Bittencourt

4.3 Descrição geométrica da dinâmica dos corpos

No que diz respeito ao eletromagnetismo, as formulações de Maxwell e de Born-Infeld são deliberadamente distintas, descrevendo não apenas configurações diferentes, como fornecendo respostas divergentes para um mesmo problema. Embora esta afirmação seja óbvia e trivial, é possível construir todo cenário no qual haja uma equivalência dinâmica entre estas duas teorias. Como isso é possível? O ponto chave está na estrutura espaço-temporal de fundo. Sendo assim, veremos que é possível mapear as propriedades dinâmicas da teoria de Maxwell escrita em um espaço-tempo de Minkowski na eletrodinâmica de Born-Infeld descrita em um espaço-tempo curvo.

Claramente, quando consideradas numa mesma estrutura métrica, estas duas teorias não são as mesmas e nem descrevem os mesmos fenômenos. No entanto veremos que por uma modificação conveniente da métrica apenas, surge uma equivalência inesperada entre estas duas teorias fazendo com que representem a mesma situação. Em seguida, veremos também que isto não é válido somente para o campo eletromagnético, mas para outros campos da Física, como os campos escalares e espinorais.

4.3.1 O caso eletromagnético

Na Ref. [13], foi mostrado que as teorias de Maxwell e de Born-Infeld podem ser vistas como sendo dinamicamente equivalentes, desde

4. Representação Geométrica das Interações

que a geometria subjacente de cada teoria seja distinta, mas que permitam uma relação entre si que dependa do próprio campo eletromagnético de uma maneira específica, como veremos a seguir. Devido à estrutura algébrica de $F_{\mu\nu}$ e seu dual $^*F_{\mu\nu}$, existem algumas relações de fechamento que permitem a existência deste mapa geométrico, gerando uma conexão entre as duas formulações eletromagnéticas. A aparente desvantagem é deixar de lado a geometria de fundo simples como Minkowski $\eta_{\mu\nu}$ e ir para um espaço-tempo curvo específico, que denotaremos por $\widehat{e}_{\mu\nu}$, construído exclusivamente para que o mapa exista. Em princípio, poder-se-ia suspeitar que este mapa não tenha interesse físico, pois conecta uma teoria eletromagnética muito simples em um espaço plano a uma teoria não-linear em um espaço-tempo curvo. Todavia, quando outros campos são introduzidos interagindo com o campo eletromagnético, certos princípios físicos podem guiar na escolha de uma representação mais adequada, distinta daquela inicialmente mais simples, para descrever o novo sistema em questão [14].

Uma vez que o formalismo a seguir está baseado num princípio variacional, comecemos com a teoria de Maxwell na métrica de Minkowski e determinada pela Lagrangiana

$$L = -\frac{F}{4}, \tag{4.28}$$

onde $F \equiv F_{\mu\nu}F^{\mu\nu} = F_{\mu\nu}F_{\alpha\beta}\eta^{\mu\alpha}\eta^{\nu\beta}$. As equações de movimento correspondentes são dadas pelas Eqs. (4.7). Já a teoria de Born-Infeld, descrita na métrica $\widehat{e}_{\mu\nu}$, é determinada pela lagrangiana

$$\widehat{L} = \beta^2 \left(1 - \sqrt{\widehat{U}}\right), \qquad \text{com} \quad \widehat{U} = 1 + \frac{\widehat{F}}{2\beta^2} - \frac{\widehat{G}}{16\beta^4}, \qquad (4.29)$$

sendo β um parâmetro livre da teoria, e as definições

$$\widehat{F}^{\mu\nu} = F_{\alpha\beta}\,\widehat{e}^{\mu\alpha}\,\widehat{e}^{\nu\beta}, \quad \widehat{F} = F_{\mu\nu}\,F_{\alpha\beta}\,\widehat{e}^{\mu\alpha}\,\widehat{e}^{\nu\beta},$$

$$\text{e} \quad \widehat{G} = \frac{\sqrt{-\gamma}}{\sqrt{-\widehat{e}}}\,\eta^{\mu\nu\alpha\beta}\,F_{\mu\nu}\,F_{\alpha\beta} = \widehat{F}^{*\mu\nu}\,F_{\mu\nu}.$$

A dinâmica do campo eletromagnético na teoria de Born-Infeld, na ausência de fontes, é dada por

$$\partial_\nu \left[\frac{\sqrt{-\widehat{e}}}{\widehat{U}} \left(\widehat{F}^{\mu\nu} - \frac{1}{4\beta^2}\,\widehat{G}^*\widehat{F}^{\mu\nu} \right) \right] = 0, \qquad (4.30)$$

onde $\widehat{e}$ é o determinante da métrica $\widehat{e}_{\mu\nu}$.

Devido a relações algébricas do tensor de Faraday (ver Ref. [15]), existe uma forma única de definir a *métrica eletromagnética*

$$\widehat{e}^{\mu\nu} \equiv a\,\eta^{\mu\nu} + b\,\Phi^{\mu\nu}, \qquad (4.31)$$

onde a e b são funções dos invariantes F e G, e $\Phi^{\mu\nu} \equiv F^{\mu\alpha}F_{\alpha}{}^{\nu}$. Assim como no caso cinemático, as propriedades desta forma algébrica da métrica é muito conveniente, pois a inversa possui uma estrutura semelhante dada por

$$\widehat{e}_{\mu\nu} = A\,\eta_{\mu\nu} + B\,\phi_{\mu\nu}, \qquad (4.32)$$

4. Representação Geométrica das Interações

onde $A = (2 - nF)/2aQ$, $B = -n/aQ$, sendo $n \equiv b/a$
e $Q \equiv 1 - (1/2)nF - (1/16)n^2 G^2$.

Da definição de $\widehat{F}^{\mu\nu}$ e da escolha de $\widehat{e}_{\mu\nu}$, há uma relação entre os campos definidos em cada estrutura métrica através da expressão

$$
\begin{pmatrix} \dfrac{\widehat{F}^{\mu\nu}}{a^2} \\[2mm] \dfrac{{}^*\widehat{F}^{\mu\nu}}{a^2} \end{pmatrix} = \begin{pmatrix} p - nFq & -\dfrac{nGq}{2} \\[2mm] -\dfrac{nGq}{2} & p \end{pmatrix} \begin{pmatrix} F^{\mu\nu} \\[2mm] {}^*F^{\mu\nu} \end{pmatrix}, \qquad (4.33)
$$

onde $p = 1 + \dfrac{n^2 G^2}{16}$ e $q = 1 - \dfrac{nF}{4}$. Podemos interpretar a Eq. (4.33) como um mapa de $(F_{\mu\nu}, F^*_{\mu\nu})$ para $(\widehat{F}_{\mu\nu}, \widehat{F}^*_{\mu\nu})$.

Substituindo esta equação na Eq. (4.30) e fazendo a exigência de que a dinâmica de Born-Infeld em $\widehat{e}_{\mu\nu}$ corresponda à dinâmica de Maxwell no espaço de Minkowski, obtemos as seguintes equações para o coeficiente da métrica eletromagnética [13]

$$
\frac{a^2 Q^2}{2\beta^2} = -nq, \qquad (4.34)
$$

$$
p - nqF = \frac{\sqrt{\widehat{U}}}{Q}, \qquad (4.35)
$$

onde foi usado implicitamente um mapa também entre os invariantes. Nestas equações, a e n são funções desconhecidas e Q e $\widehat{U}$ são tomadas como funções das primeiras. Tendo duas equações e duas incógnitas, pode-se resolver o sistema e, portanto, determinar a métrica (4.31). No entanto, substituindo a Eq. (4.34) na Eq. (4.35), esta é identicamente satisfeita. Assim, a prova de equivalência entre as dinâmicas se reduz a afirmar que a e n devem satisfazer o vínculo (4.34). Além do mapa acima restringir somente a razão entre os coeficientes da métrica $\widehat{e}_{\mu\nu}$ (o que parece abarcar a invariância conforme da teoria de Maxwell), existe ainda outra condição a ser satisfeita pelas funções. Um cálculo direto dos determinantes das métricas mostra que $\sqrt{-\widehat{e}} = a^{-2}Q^{-1}\sqrt{-\gamma}$. Logo, $Q(n)$ deve ser positiva definida. Além disso, exigindo que o mapa seja válido para qualquer solução das equações de Maxwell, é importante verificar como ficam as equações quando pelo menos um dos invariantes se anula. A análise geral pode ser encontrada na Ref. [13], mas, para fins práticos, estamos interessados somente no caso $G = 0$.

Quando o invariante G se anula, existe uma classe especial de soluções das equações de Maxwell, que inclui campos eletrostáticos e magnetostáticos puros. Desta forma, fazendo $G = 0$, temos do mapa que

$$Q = e^{F/4\beta^2}, \qquad e \qquad a = \frac{\beta}{Q}\sqrt{\frac{2}{F}(Q^2 - 1)}. \qquad (4.36)$$

Para esta situação, existem três regimes: campos magnéticos fortes quando $F \gg 1$, campos elétricos fortes quando $F \ll -1$ e campos fracos quando $|F| \ll 1$. Para $F \gg 1$, a métrica se reduz a uma transformação conforme de Minkowski

$$\widehat{e}_{\mu\nu} \approx \sqrt{\frac{F}{2\beta^2}}\,\eta_{\mu\nu}, \qquad (4.37)$$

4. Representação Geométrica das Interações

enquanto que $F \ll -1$ nos dá somente o segundo termo

$$\widehat{e}_{\mu\nu} \approx \frac{1}{\beta}\sqrt{\frac{2}{|F|}}\,F_{\mu}{}^{\alpha}F_{\alpha\nu}. \tag{4.38}$$

Por fim, o caso $|F| \ll 1$, que será o mais interessante para análises futuras, nos leva a uma pequena correção à métrica de Minkowski, dada em primeira ordem por

$$\widehat{e}_{\mu\nu} = \eta_{\mu\nu} + \frac{1}{2\beta^2}F_{\mu}{}^{\alpha}F_{\alpha\nu}; \tag{4.39}$$

Veja que o curioso deste caso está em admitir correções ao espaço-tempo de Minkowski mesmo quando o campo é fraco em comparação com o campo crítico, ou seja, $F \ll \beta^2$, e ainda garantir o mapa entre as dinâmicas de Maxwell e Born-Infeld neste regime.

A métrica eletromagnética e o acoplamento com a matéria.

A presença de um espaço-tempo curvo não gravitacional no domínio dos campos eletromagnéticos só pode ser um importante instrumento teórico de análise se introduzirmos uma prescrição de como a matéria percebe esta geometria. Então, a questão é: como a matéria interage com a métrica eletromagnética? Esta questão aparece imediatamente desde que se queira explorar esta formulação métrica no âmbito da interação com a matéria.

Neste sentido, na Ref. [14] foi proposta a ideia de interpretar a ação da métrica eletromagnética de forma semelhante aos processos

Eduardo Bittencourt

gravitacionais, assumindo que através deste canal geométrico todas as partículas apresentam o mesmo comportamento, ou seja, haveria uma interação eletromagnética universal através de $\widehat{e}_{\mu\nu}$. Sabemos que a maneira mais simples de realizar essa hipótese é usando o princípio de acoplamento mínimo, tomado emprestado da RG.

Salientemos que a existência da geometria eletromagnética só faz sentido e pode ter consequências físicas se esta geometria for percebida por todo tipo de matéria. Isso significa que uma partícula-teste pode se acoplar ao campo eletromagnético sem ter carga elétrica ou, mais precisamente, se uma partícula carregada se acopla ao campo eletromagnético através do potencial A_μ, ela também deverá apresentar uma contribuição, possivelmente menor, devido a $\widehat{e}_{\mu\nu}$. Tudo isso deve se dar de acordo com o princípio de acoplamento mínimo. Quais são as principais consequências desta hipótese? Para prosseguir com esta ideia, examinaremos o acoplamento com campos de espinoriais.

Momento magnético geométrico

Iremos rever agora algumas etapas de como a prescrição indicada acima pode ser implementada no contexto de partículas elementares, levando a uma contribuição geométrica não-trivial para o momento magnético destas partículas. Por questões didáticas, alguns detalhes operacionais serão omitidos, mas todo o desenvolvimento pode ser encontrado na Ref. [14]. Dito isso, começamos por definir as matrizes de Dirac $\widehat{\gamma}^\alpha$ associadas à métrica $\widehat{e}^{\mu\nu}$ pela relação de fechamento

$$\{\widehat{\gamma}^\mu, \widehat{\gamma}^\nu\} = 2\,\widehat{e}^{\mu\nu}\,\mathbf{1}, \tag{4.40}$$

4. Representação Geométrica das Interações

onde $\mathbf{1}$ é a matriz identidade da álgebra de Clifford e as chaves significam anti-comutação. Analogamente, para o espaço de Minkowski, temos também uma relação de fechamento

$$\{\gamma^\mu, \gamma^\nu\} = 2\,\eta^{\mu\nu}\,\mathbf{1}. \tag{4.41}$$

Segue-se, então, que podemos definir um mapa entre as matrizes

$$\widehat{\gamma}^\mu = \gamma^\mu - \frac{1}{4\,\beta^2}\Phi^\mu{}_\alpha\gamma^\alpha, \tag{4.42}$$

tal que as relações de fechamento acima são automaticamente satisfeitas.

Assumindo o princípio de acoplamento mínimo entre um campo espinorial Ψ e o campo eletromagnético, representado agora pelo quadri-potencial vetor A^μ, num espaço-tempo dotado de uma métrica eletro-magnética, a equação responsável pela dinâmica do espinor pode ser escrita como

$$i\hbar c\,\widehat{\gamma}^\mu\widehat{\nabla}_\mu\Psi - mc^2\Psi = 0, \tag{4.43}$$

onde $\hbar$ é a constante de Planck reduzida, c é a velocidade da luz no vácuo e m é a massa da partícula descrita por Ψ. Esta é simplesmente a equação de Dirac em $\widehat{e}_{\mu\nu}$. O operador de derivada covariante $\widehat{\nabla}_\mu \equiv \partial_\mu - \widehat{\Gamma}_\mu^{FI} - \widehat{V}_\mu$ é dado pelos coeficientes de Fock-Ivanenko $\widehat{\Gamma}_\mu^{FI}$ e um elemento arbitrário da álgebra de Clifford que ainda mantém a condição de metricidade. A presença de V_μ sugere que a interação entre A^μ e Ψ ocorra através do espaço interno. Consequentemente, na ausência de qualquer tipo de matéria, $\widehat{V}_\mu$ deve ser nulo. Por outro lado, quando existe matéria, $\widehat{V}_\mu$

Eduardo Bittencourt

depende simultaneamente do campo eletromagnético e das propriedades do campo da matéria que, no caso de espinores, estabelecemos ser

$$\widehat{V}_\mu = i\frac{mc}{\hbar\beta}\, F_{\mu\nu}\, \widehat{\gamma}^\nu \gamma_5.$$ (4.44)

Dentre todas as possíveis expressões para $\widehat{V}_\mu$, esta é a única que satisfaz as condições impostas acima e ainda verifica as leis de conservação [17].

Num primeiro momento, para garantir que estamos lidando apenas com partículas sem carga, assumimos que a conexão de Fock-Ivanenko não possui nenhum termo proporcional à identidade **1** da álgebra. Usando as Eqs. (4.39) e (4.44) na equação de movimento (4.43), de modo a reescrevermos toda a expressão no espaço de Minkowski, obtemos

$$i\hbar c\, \gamma^\mu \partial_\mu\, \Psi + \frac{mc^2}{\beta} F_{\mu\nu}\, \sigma^{\mu\nu} \gamma_5\, \Psi - mc^2\, \Psi = 0,$$ (4.45)

correspondente à aproximação em primeira ordem $F/2\beta^2$, sendo $\sigma^{\mu\nu} = (\gamma^\mu \gamma^\nu - \gamma^\nu \gamma^\mu)/2$. Portanto, o efeito do acoplamento mínimo universal entre matéria e o campo eletromagnético através de $\widehat{e}_{\mu\nu}$ fornece um momento magnético efetivo que depende da massa do espinor e do parâmetro crítico β, ou seja,

$$\mu_G \doteq \frac{mc^2}{\beta}.$$ (4.46)

No caso de partículas carregadas, há uma fonte extra para o momento magnético ligada diretamente à carga, por exemplo, o magneton de Bohr

4. Representação Geométrica das Interações

$\mu_B = e\hbar/2m_e$ para o elétron. Assim, o valor total do momento magnético de uma partícula como o elétron (μ_e) deve ser visto como

$$\mu_e = \mu_B + \frac{m_e\, c^2}{\beta} + \text{correções quânticas},$$

onde a primeira parte corresponde ao momento magnético clássico, a segunda corresponde à contribuição geométrica apresentada acima e a última vem das correções quânticas *a la* Feynman. Uma comparação numérica entre teoria e experimento pode ser encontrada também na Ref. [14].

4.4   Caso espinorial

No contexto de campos espinoriais, devemos proceder de forma semelhante ao caso anterior: construir uma dinâmica conhecida para o campo espinorial num dado espaço-tempo curvo e, através de um mapa entre métricas, reescrever esta equação de movimento no espaço de Minkowski ganhando termos não-lineares ou, no caso espinorial, quebrando uma simetria original das equações.

Para isso, usaremos novamente a seguinte forma funcional para o tensor métrico sobre o qual a equação de Dirac será definida

$$\hat{g}^{\mu\nu} = \eta^{\mu\nu} + 2\alpha\Sigma^{\mu\nu}, \tag{4.47}$$

onde α é uma função arbitrária e o segundo termo $\Sigma^{\mu\nu}$ está relacionado com vetores e escalares que iremos construir a partir dos espinores. Com

Eduardo Bittencourt

esta hipótese sobre $\Sigma^{\mu\nu}$, sempre podemos decompor o tensor métrico nesta forma binomial. Para escrever a inversa da métrica também nesta forma, temos que impor a condição

$$\Sigma^{\mu\nu}\Sigma_{\nu\lambda} = p\,\delta^{\mu}_{\lambda} + q\Sigma^{\mu}{}_{\lambda},$$

onde p e q são funções arbitrárias. Logo,

$$\hat{g}_{\mu\nu} = \eta_{\mu\nu} - \frac{2\alpha}{1+2\alpha\Sigma^2}\Sigma_{\mu\nu}, \tag{4.48}$$

sendo $\Sigma^2 = \Sigma^{\mu\nu}\Sigma_{\mu\nu}$.

Consideramos agora o campo espinorial Ψ e construímos dois escalares hermitianos:

$$A = \bar{\Psi}\Psi, \qquad A^{\dagger} = A, \tag{4.49}$$

$$B = i\bar{\Psi}\gamma_5\Psi, \qquad B^{\dagger} = B, \tag{4.50}$$

onde $\bar{\Psi} = \Psi^{\dagger}\gamma^0$ e $\gamma_5 = i\gamma^0\gamma^1\gamma^2\gamma^3$. Também definimos as correntes vetorial e axial associadas ao espinor como sendo, respectivamente,

$$J^{\mu} = \bar{\Psi}\gamma^{\mu}\Psi \qquad e \qquad I^{\mu} = \bar{\Psi}\gamma^{\mu}\gamma_5\Psi. \tag{4.51}$$

onde γ^{μ} são as matrizes de Dirac como definimos nas Eqs. (4.40) ou (4.41), dependendo da métrica. Usando a identidade de Pauli-Kofink (PK)

$$(\bar{\Psi}Q\gamma_{\lambda}\Psi)\gamma^{\lambda}\Psi = (\bar{\Psi}Q\Psi)\Psi - (\bar{\Psi}Q\gamma_5\Psi)\gamma_5\Psi,$$

4. REPRESENTAÇÃO GEOMÉTRICA DAS INTERAÇÕES

onde Q é considerado um elemento arbitrário da álgebra de Clifford, a relação abaixo conecta os escalares A e B com as correntes J_μ e I_μ através de

$$J^2 = -I^2 = A^2 + B^2, \qquad J_\mu I^\mu = 0. \tag{4.52}$$

onde denotamos $X^2 \equiv X_\mu X^\mu$.

Assim como no caso anterior, a justificativa para introdução de uma métrica curva não-gravitacional se dá através da hipótese de que a presença do campo espinorial gera uma nova estrutura métrica, a partir da qual acoplamentos não-lineares, termos de auto-interação ou certas simetrias fundamentais podem ser explicados geometricamente. Aqui, de maneira explícita, isto está codificado no termo $\Sigma^{\mu\nu}$, representando a influência do espinor Ψ sobre o espaço-tempo de Minkowski.

Considere que este termo seja controlado por uma relação entre as correntes espinoriais da forma $\Sigma^{\mu\nu} = H^\mu H^\nu$, onde $H^\mu = J^\mu + \varepsilon I^\mu$, sendo ε uma constante arbitrária a ser determinada. A expressão estendida para $\Sigma^{\mu\nu}$ é

$$\Sigma^{\mu\nu} = J^\mu J^\nu + \varepsilon^2 I^\mu I^\nu + \varepsilon(J^\mu I^\nu + I^\mu J^\nu), \tag{4.53}$$

donde vemos que H^μ satisfaz $H^2 \equiv H^\mu H_\mu = (1 - \varepsilon^2)J^2$. Por fim, usando as definições acima, o tensor métrico e seu inverso podem ser lido como

$$\hat{g}^{\mu\nu} = \eta^{\mu\nu} + 2\,\alpha\, H^\mu H^\nu,$$

$$\hat{g}_{\mu\nu} = \eta_{\mu\nu} - \frac{2\alpha}{1 + 2\alpha H^2}\, H_\mu H_\nu, \tag{4.54}$$

com $\alpha = \alpha(A, B)$.

Eduardo Bittencourt

O próximo passo será reescrever os objetos definidos anteriormente em termos de bases locais de vetores, uma para cada métrica, chamadas *tétradas* (ou *vierbeins*) [16], pois este formalismo simplifica consideravelmente os cálculos e as propriedades geométricas do espaço-tempo quando lida-se com espinores. Para isso devemos primeiro dizer como a base de tétradas $\hat{e}^{\mu}{}_{A}$ no espaço $\hat{g}^{\mu\nu}$ se relaciona com a base $e^{\mu}{}_{A}$ no espaço de Minkowski $\eta_{\mu\nu}$, de modo que o mapa entre as dinâmicas seja compatível também no âmbito da álgebra de Clifford de cada espaço. Sendo assim, adotamos bases relacionadas da seguinte forma

$$\hat{e}^{\mu}{}_{A} = e^{\mu}{}_{A} + \beta\, H_{A} H^{\mu}, \tag{4.55}$$

satisfazendo as relações

$$\hat{g}^{\mu\nu} = \eta^{AB}\, \hat{e}^{\mu}{}_{A}\, \hat{e}^{\nu}{}_{B}, \quad \text{e} \quad \eta^{\mu\nu} = \eta^{AB}\, e^{\mu}{}_{A}\, e^{\nu}{}_{B}, \tag{4.56}$$

e levando às seguintes definições

$$H_{A} = e^{\mu}{}_{A} H_{\mu}, \quad \text{e} \quad \hat{H}_{A} = \hat{e}^{\mu}{}_{A} H_{\mu} = (1 + \beta H^{2}) H_{A}. \tag{4.57}$$

Note que índice de espaço-tempo são subidos e descidos com as devidas métricas $\hat{g}_{\mu\nu}$ ou $\eta_{\mu\nu}$, enquanto que índices do espaço interno são manipulados com a métrica η_{AB}.

Para que o mapa atue corretamente sobre os elementos da álgebra, as matrizes de Dirac devem estar relacionadas através das tétradas como segue

$$\begin{aligned} \hat{\gamma}^{\mu} &= \hat{e}^{\mu}{}_{A}\, \gamma^{A} = \gamma^{\mu} + \beta\, \gamma^{A} H_{A} H^{\mu}, \\ \gamma^{A} &= \hat{e}_{\mu}{}^{A}\, \hat{\gamma}^{\mu} = e_{\mu}{}^{A}\, \gamma^{\mu}, \end{aligned} \tag{4.58}$$

4. Representação Geométrica das Interações

onde as componentes inversas da base $\hat{e}_\mu{}^A$ são dadas por

$$\hat{e}_\mu{}^A = e_\mu{}^A - \frac{\beta}{1+\beta H^2} H^A H_\mu,$$

devido às relações de fechamento da base.

Por fim, para que estes conjuntos de matrizes satisfaçam a álgebra de Clifford associada a cada espaço, devemos ter as seguintes relações sendo verificadas

$$\hat{\gamma}^{\{\mu}\hat{\gamma}^{\nu\}} = 2\hat{g}^{\mu\nu}\mathbf{1}, \qquad \gamma^{\{\mu}\gamma^{\nu\}} = 2\eta^{\mu\nu}\mathbf{1},$$
$$\gamma^{\{A}\gamma^{B\}} = 2\eta^{AB}\mathbf{1}, \tag{4.59}$$

sendo $\mathbf{1}$ a identidade da álgebra. Isto implicam que

$$\alpha = \beta\left[1 + \frac{\beta}{2}H^2\right]. \tag{4.60}$$

4.4.1 Mapeando a equação de Dirac numa dinâmica não-linear

Dizemos que um campo espinorial sem massa está na representação de Dirac quando este obedece a equação de Dirac. No nosso caso, esta equação definida na métrica $\hat{g}_{\mu\nu}$, Eq. (4.54), é dada por

$$i\hat{\gamma}^\mu\hat{\nabla}_\mu\Psi = 0, \tag{4.61}$$

onde $\hat{\nabla}_\mu \equiv \partial_\mu - \hat{\Gamma}_\mu$, sendo $\hat{\Gamma}_\mu$ a conexão de Fock-Ivanenko. Em termos das tétradas, esta conexão é escrita como

$$\hat{\Gamma}_A = -\frac{1}{4}\hat{\gamma}_{BCA}\sigma^{BC}$$

onde $\sigma^{BC} = (\gamma^B\gamma^C - \gamma^C\gamma^B)/2$, com $\hat{\gamma}_{BCA}$ sendo os chamados *coeficientes de rotação de Ricci*, definidos por

$$\hat{\gamma}_{ABC} \equiv \frac{1}{2}(\hat{C}_{ABC} + \hat{C}_{BCA} - \hat{C}_{CAB}),$$

que, por sua vez, são dados por

$$\hat{C}_{ABC} \equiv -\hat{e}_{\nu A}\hat{e}^\mu{}_{[B}\hat{e}^\nu{}_{C],\mu}, \tag{4.62}$$

donde vemos que $\hat{C}_{ABC} = -\hat{C}_{ACB}$. Assim, a partir das definições acima e usando a Eq. (4.55), podemos reescrever a equação de Dirac como

$$i\gamma^A(\partial_A + \beta H_A H^B \partial_B + \frac{1}{4}\hat{\gamma}_{BCA}\sigma^{BC})\Psi = 0. \tag{4.63}$$

Para encontrar a equação diferencial para o espinor no espaço de Minkowski, é preciso calcular o termo $\hat{\gamma}_{ABC}S^{BC}$ da equação (4.63). Para isso, primeiro deve-se encontrar $\hat{C}_{ABC}$, usando a definição (4.62) e a relação entre as bases (4.55). De posse dessa quantidade, calcula-se

$$\gamma^A\hat{\Gamma}_A = -\frac{1}{4}\hat{\gamma}_{BCA}\gamma^A\gamma^B\gamma^C.$$

4. Representação Geométrica das Interações

Por envolver uma tediosa manipulação algébrica, desnecessária neste momento, encurtamos a discussão dizendo que o resultado deste processo não conduz a nenhuma forma reconhecível de equação para o espinor (ver detalhes em [18]).

Para conseguirmos alcançar uma equação razoável de ser tratada no espaço de Minkowski, procedemos com simplificações na equação dinâmica obtida para Ψ no espaço plano. Sendo assim, iremos assumir um valor específico para ε. Por conveniência, que ficará clara mais adiante, supomos $\varepsilon = -1$ na Eq. (4.53). Isso implica em

$$H^A H_A = 0.$$

O que não quer dizer que $J^2 = 0$. No entanto, esta condição reduz significativamente os termos de auto-interação da dinâmica, tomando então a forma

$$i\left(\gamma^A \partial_A + \beta \gamma^A H_A H^B \partial_B + \frac{\beta}{4} \dot{H}_A \gamma^A + \frac{\dot{\beta}}{2} H_A \gamma^A \right) \Psi = 0, \qquad (4.64)$$

onde $\dot{H}_A \equiv H_{A,B} H^B$ e $\dot{\beta} \equiv \beta_{,A} H^A$. Note que esta é ainda uma equação bastante não-linear para o espinor. Dentre todos os termos, os três primeiros incluem derivadas de Ψ e só o último seria algébrico. Entretanto, alguns resultados interessantes podem ser obtidos quando examinarmos certos regimes para o parâmetro de acoplamento β.

4.4.2 Quebra da simetria quiral

Na lagrangiana do modelo padrão da física de partículas, os neutrinos com quiralidade de mão direita não estão presentes, uma vez que

Eduardo Bittencourt

as interações fracas levam em consideração apenas os neutrinos de mão esquerda. Consequentemente, não é possível construir termos de massa para esta partícula de acordo com as simetrias do modelo padrão. No entanto, uma experiência de 1998, o Super-Kamiokande, dentre vários outros independentes e diferentes, detectaram uma oscilação dos neutrinos entre as famílias leptônicas [19]. Para explicar este fato dentro do modelo padrão, assumindo o princípio de acoplamento mínimo, essas oscilações só são possíveis se os neutrinos são levemente massivos, quebrando a simetria quiral. Entretanto, uma outra questão fundamental aparece: onde estão os neutrinos de mão direita?

Hoje em dia, há duas maneiras possíveis para responder a esta pergunta: em primeiro lugar, eles simplesmente não existem, o que não é muito satisfatório. Em segundo lugar, eles existem, mas não interagem fracamente. No entanto, por causa do termo de massa, o qual mistura as duas quiralidades, foi necessário assumir que neutrinos de mão direita são massivos. Em seguida, a simetria quiral é quebrada *ad hoc*, sem explicar por que esses neutrinos são tão massivos. Além disso, uma vez que o neutrino de mão direita precisa de energias muito altas para serem observados, eles permanece despercebidos em experimentos de baixa energia, apesar da interação fraca com outras partículas. No entanto, veremos que no regime $\dot{\beta} \gg \beta$, o resultado é completamente diferente do modelo padrão e nossa explicação é compatível com a fenomenologia.

Consideremos um regime em que β varia muito ao longo das linhas de campo de H^A, ou seja, $\dot{\beta} \gg \beta$ na Eq. (4.64). Neste caso, dois dos três termos de auto-interação se anulam e apenas um permanece, resultando

4. Representação Geométrica das Interações

em

$$i \left(\gamma^A \partial_A + \frac{\dot{\beta}}{2} H_A \gamma^A \right) \Psi = 0. \tag{4.65}$$

Substituindo a expressão para $H_A \gamma^A \Psi$, obtida a partir da identidade de Pauli-Kofink, temos

$$i\gamma^A \partial_A \Psi + 2s(\mathbf{1} - \gamma_5)(A + iB\gamma_5) \Psi = 0, \tag{4.66}$$

onde denotamos $s \equiv i\dot{\beta}/4$. Esta equação é muito semelhante à equação de Heisenberg para um campo espinorial definida no espaço-tempo de Minkowski

$$i\gamma^A \partial_A \Psi + 2s(A\mathbf{1} + iB\gamma_5) \Psi = 0. \tag{4.67}$$

Surpreendentemente, concluímos que o termo de auto-interação pode ser visto como uma modificação da estrutura do espaço-tempo.

Até este ponto, o método parece apresentar equações dinâmicas equivalentes, de um ponto de vista puramente matemático, sendo ambas as representações igualmente satisfatórias. Para introduzir uma representação preferencial, seguindo indicações experimentais ou fenomenológicas, devemos reescrever Ψ em termos de suas componentes quirais

$$\Psi = \frac{1}{2}(\mathbf{1} - \gamma_5)\Psi + \frac{1}{2}(\mathbf{1} + \gamma_5)\Psi = \Psi_L + \Psi_R, \tag{4.68}$$

onde Ψ_L e Ψ_R são as componentes do espinor representando a quiralidade de mão esquerda e de mão direita, respectivamente.

Sabendo que a equação de Dirac é invariante sob a ação de γ_5, uma vez que ambas componentes quirais satisfazem a mesma dinâmica (4.61)

Eduardo Bittencourt

no espaço curvo, após a aplicação do método, percebemos que cada componente de Ψ satisfaz uma equação distinta no espaço de Minkowski:

$$i\gamma^A \partial_A \Psi_R + 4s(A\mathbf{1} + iB\gamma_5)\Psi_L = 0, \qquad (4.69)$$

e

$$i\gamma^A \partial_A \Psi_L = 0. \qquad (4.70)$$

Este resultado é uma possível explicação do porquê mede-se apenas um tipo de neutrino. A partir deste método, este fenômeno deveria ser compreendido como sendo devido ao fato de que o termo de auto-interação, que aparece apenas para uma componente quiral, envolve uma escala de energia muito alta, fazendo com que os aparatos de medida atuais sejam incapazes de detectar a outra componente quiral. Sumariamente, ambas as quiralidades existem mas é possível fazer medidas com apenas uma delas.

4.5 Caso escalar

Começamos esta seção mostrando como uma métrica $q_{\mu\nu}$ aparece naturalmente em teorias de campos escalares não-lineares. Para isso, definimos a seguinte lagrangiana não-linear no espaço-tempo de Minkowski:

$$L = V(\Phi)w, \qquad (4.71)$$

onde $w \equiv \eta^{\mu\nu}\partial_\mu\Phi\partial_\nu\Phi$. Para $V = 1/2$, se reduz ao campo escalar de Klein-Gordon sem massa. No caso geral, o termo cinético usual é redimensionado por uma amplitude dependente do potencial $V(\Phi)$.

4. Representação Geométrica das Interações

Assim, a equação de campo é

$$\frac{1}{\sqrt{-\eta}}\partial_\mu\left(\sqrt{-\eta}\,\eta^{\mu\nu}\,\partial_\nu\Phi\right) + \frac{1}{2}\frac{V'}{V}\,w = 0, \tag{4.72}$$

onde $V' \equiv dV/d\Phi$ e η é o determinante de $\eta_{\mu\nu}$.

Conforme demonstrado na Ref. [21], a equação de campo acima pode ser vista como um campo de Klein-Gordon sem massa se propagando em um espaço-tempo curvo cuja geometria é governada pelo próprio Φ. Para isso, introduzimos o tensor métrico contravariante $q^{\mu\nu}$, inspirados pela fórmula binomial das seções anteriores

$$q^{\mu\nu} = \alpha\,\eta^{\mu\nu} + \frac{\beta}{w}\partial^\mu\Phi\partial^\nu\Phi, \tag{4.73}$$

onde $\partial^\mu\Phi \equiv \eta^{\mu\nu}\partial_\nu\Phi$ e α e β são funções adimensionais de Φ. A expressão covariante correspondente, definida como o inverso $q_{\mu\nu}q^{\nu\lambda} = \delta^\lambda_\mu$, também é uma expressão binomial:

$$q_{\mu\nu} = \frac{1}{\alpha}\,\eta_{\mu\nu} - \frac{\beta}{\alpha\,(\alpha+\beta)\,w}\,\partial_\mu\Phi\,\partial_\nu\Phi. \tag{4.74}$$

Agora podemos determinar α e β, de modo que a dinâmica do campo (4.72) tome a forma

$$\Box\Phi = 0, \tag{4.75}$$

onde $\Box$ é o operador de Laplace-Beltrami relativo à métrica $q_{\mu\nu}$, ou seja,

$$\Box\Phi \equiv \frac{1}{\sqrt{-q}}\partial_\mu(\sqrt{-q}\,q^{\mu\nu}\,\partial_\nu\Phi).$$

Mas antes, avaliamos o determinante q da métrica $q_{\mu\nu}$, para o qual um cálculo direto produz

$$\sqrt{-q} = \frac{\sqrt{-\eta}}{\alpha\sqrt{\alpha(\alpha+\beta)}}. \tag{4.76}$$

Usando o fato de que $q^{\mu\nu}\partial_\nu\Phi = (\alpha+\beta)\eta^{\mu\nu}\partial_\nu\Phi$, o resultado final está resumido no seguinte:

Lema 2 *Dada a lagrangiana $L = V(\Phi)w$ com um potencial arbitrário $V(\Phi)$, a teoria de campo que satisfaz a Eq. (4.72) no espaço-tempo de Minkowski é equivalente a uma equação de Klein-Gordon sem massa $\Box\Phi = 0$ na métrica $q^{\mu\nu}$, desde que as funções $\alpha(\Phi)$ e $\beta(\Phi)$ satisfaçam a condição*

$$\alpha + \beta = \alpha^3 V. \tag{4.77}$$

Observe que esta equivalência é válida para qualquer dinâmica descrita no espaço-tempo de Minkowski pela lagrangiana L. Este fato pode ser estendido para outros tipos de lagrangianas não-lineares [22].

A teoria da Gravidade Escalar Geométrica

Embora a possibilidade de eliminar acelerações de corpos arbitrários possa ser descrita de forma equivalente por mudanças particulares na métrica do espaço-tempo, há um interesse em seguir as ideias principais da RG e unificar todas essas geometrias em uma única. Este foi exatamente o caminho seguido por Einstein para descrever o fenômeno gravitacional em termos de uma única métrica universal. O preço a pagar é impor uma dinâmica própria à geometria.

4. Representação Geométrica das Interações

Há alguns anos [23] foi proposta uma teoria gravitacional alternativa, geométrica e descrita em termos de um campo escalar, que recebeu o nome de *Geometric Scalar Gravity* (GSG) que não segue completamente o procedimento da RG. Faremos aqui uma breve apresentação dos principais resultados, destacando como inconvenientes anteriores são superados [Gibbons and Hawking(1977), 25], como os testes locais de gravidade são satisfeitos [26], além de admitir uma formulação via teoria de campos [27].

Basicamente, iremos dar uma interpretação gravitacional para a equivalência entre dinâmicas de um campo escalar apresentada no Lema 2. Neste sentido, ressaltamos que α e β são funcionais de Φ que serão especificadas fixando-se a dinâmica adequada do campo escalar. A métrica auxiliar $\eta^{\mu\nu}$ não é observável, uma vez que o campo gravitacional se acopla à matéria exclusivamente através de $q^{\mu\nu}$ (hipótese emprestada de RG).

Tomando o limite de campo fraco, é possível encontrar uma relação entre α e Ψ, a qual é dada por

$$\alpha = e^{-2\Phi}.$$ (4.78)

Em seguida, buscamos determinar a dependência funcional de $\beta(\Phi)$ ou a forma do potencial $V(\Phi)$ de acordo com o Lema 2, ou seja,

$$\beta = \alpha\left(\alpha^2 V - 1\right).$$ (4.79)

Em particular, os teste de sistema solar nos dão uma possível forma para o potencial como sendo

$$V = (\alpha - 3)^2/4\,\alpha^3.$$ (4.80)

Eduardo Bittencourt

Apesar de não ser única, esta expressão para $V(\Phi)$ é suficiente para garantir que haja uma geometria do tipo Schwarzschild nesta teoria.

Com respeito à dinâmica, a GSG é controlada pelo princípio variacional

$$\delta S_\Phi = \delta \int \sqrt{-\eta}\, d^4x\, V(\Phi) w = - \int \sqrt{-\eta}\, d^4x \left(V'w + 2V\,\Box_M\Phi \right) \delta\Phi, \tag{4.81}$$

onde $\Box_M$ é o operador d'Alembert no espaço plano. Novamente, usando o Lema 2, reescrevemos a equação acima como

$$\delta S_\Phi = -2 \int \sqrt{-q}\, d^4x\, \sqrt{V}\,\Box\Phi\,\delta\Phi. \tag{4.82}$$

Na presença de fontes, adicionamos o termo L_m à ação total, correspondente à lagrangiana da matéria:

$$S_m = \int \sqrt{-q}\, d^4x\, L_m. \tag{4.83}$$

A primeira variação deste termo nos leva à definição do tensor momento-energia, isto é

$$\delta S_m = -\frac{1}{2} \int \sqrt{-q}\, d^4x\, T^{\mu\nu}\, \delta q_{\mu\nu}, \tag{4.84}$$

onde $T_{\mu\nu}$ é dado por sua forma padrão

$$T_{\mu\nu} \equiv \frac{2}{\sqrt{-q}}\, \frac{\delta(\sqrt{-q}\,L_m)}{\delta q^{\mu\nu}}.$$

4. Representação Geométrica das Interações

A lei da covariância geral leva à conservação do tensor energia-momento $T^{\mu\nu}{}_{;\nu} = 0$. A equação de movimento é obtida pelo princípio de ação $\delta S_\Phi + \delta S_m = 0$. Entanto, a métrica $q_{\mu\nu}$ não é fundamental e, por isso, devemos escrever a variação $\delta q_{\mu\nu}$ em função de $\delta\Phi$. Por fim, temos

$$\sqrt{V}\,\Box\Phi = \kappa\chi, \qquad (4.85)$$

sendo

$$\chi = \frac{1}{2}\left(\frac{3\,e^{2\Phi}+1}{3\,e^{2\Phi}-1}\,E - T - \nabla_\lambda\,C^\lambda\right), \qquad (4.86)$$

com $T \equiv T^{\mu\nu}q_{\mu\nu}$, $E \equiv \frac{T^{\mu\nu}\partial_\mu\Phi\,\partial_\nu\Phi}{(\alpha+\beta)\,w}$ e $C^\lambda \equiv \frac{\beta}{\alpha(\alpha+\beta)w}(T^{\lambda\mu} - E\,q^{\lambda\mu})\partial_\mu\Phi$. De fato, esta equação descreve a dinâmica da GSG na presença de matéria com a quantidade χ envolvendo um acoplamento não trivial entre $\nabla_\mu\Phi$ e o tensor energia-momento completo do campo de matéria $T_{\mu\nu}$. Em particular, esta propriedade permite que o campo eletromagnético interaja com o campo gravitacional. No limite newtoniano, identificamos

$$\kappa \equiv \frac{8\pi G}{c^4}.$$

4.6 Descrição geométrica da mecânica quântica

Existem várias propostas na literaturas sobre a teoria quântica do espaço-tempo, algumas das quais bem-sucedidas, porém nenhuma delas é considerada completa. Por outro lado, as abordagens geométricas da teoria quântica também apresentam resultados notáveis. Dois enfoques

Eduardo Bittencourt

comuns são baseados em uma estrutura de Kähler de um espaço complexo projetivo. Em um deles, uma métrica "natural" é derivada da chamada *mecânica quântica geométrica*, enquanto no outro, a mecânica quântica surge como uma teoria emergente (ver citações na Ref. [28]).

Nesse sentido, iremos apresentar uma formulação em que a MQ é deduzida a partir de uma modificação do espaço euclidiano tridimensional para um espaço afim, do tipo Weyl integrável, porém utilizando a formulação causal da MQ, também conhecida como interpretação de De Broglie-Bohm [28]. Na geometria de Weyl integrável, o comprimento de objetos estendidos muda de ponto a ponto, fazendo com que a deformação das réguas padrão permita uma formulação geométrica do princípio da incerteza.

Neste cenário não relativístico, a equação de Schrödinger estabelece a dinâmica para a função de onda do sistema, em termos de um tempo newtoniano, num espaço 3D euclidiano. Fazendo a decomposição polar da função de onda, $\Psi = A\,e^{iS/\hbar}$, a equação de Schrödinger é decomposta em duas equações para as funções reais $A(x)$ e $S(x)$

$$\frac{\partial S}{\partial t} + \frac{1}{2m}\nabla S \cdot \nabla S + V - \frac{\hbar^2}{2m}\frac{\nabla^2 A}{A} = 0, \tag{4.87}$$

$$\frac{\partial A^2}{\partial t} + \nabla\left(A^2\frac{\nabla S}{m}\right) = 0 \qquad . \tag{4.88}$$

Resolver estas equações é completamente análogo a resolver a equação de Schrödinger. A interpretação probabilística de MQ associa $\|\Psi\|^2 = A^2$ com a função de distribuição de probabilidade no espaço de configuração.

4. REPRESENTAÇÃO GEOMÉTRICA DAS INTERAÇÕES

Portanto, a Eq. (4.88) tem exatamente a forma de uma equação de continuidade com $A^2 \nabla S/m$ fazendo o papel da densidade de corrente.

4.6.1 A interpretação de De Broglie-Bohm

A interpretação causal de MQ propõe que a função de onda não contém todas as informações sobre o sistema. Um sistema isolado descrevendo uma partícula livre (ou uma partícula sujeita a um potencial) é definido simultaneamente por uma função de onda e uma partícula pontual. Neste caso, a função de onda ainda satisfaz a equação de Schrödinger, mas também deve funcionar como uma onda guia modificando a trajetória da partícula.

Note que a Eq. (4.87) é uma equação do tipo Hamilton-Jacobi com um termo extra que costumamos chamar de *potencial quântico*

$$Q \equiv -\frac{\hbar^2}{2m}\frac{\nabla^2 A}{A}. \tag{4.89}$$

A interpretação de De Broglie-Bohm leva essas analogias a sério e postula uma equação extra associando a velocidade da partícula pontual com o gradiente da fase da função de onda, ou seja,

$$\dot{x} = \frac{1}{m}\nabla S. \tag{4.90}$$

A integração desta equação dá as trajetórias quânticas bohmianas. As variáveis desconhecidas ou ocultas são as posições iniciais necessárias para fixar a constante de integração da equação acima. Vale ressaltar que

Eduardo Bittencourt

o potencial quântico é o único responsável por todas as novidades quânticas do sistema (não-localidade, tunelamento, etc.). Outra vantagem da desta interpretação é ter um limite clássico bem formulado.

A seguir, mostraremos que é possível reinterpretar a MQ como uma manifestação da estrutura não-euclidiana do espaço tridimensional, levando a uma interpretação geométrica dos efeitos quânticos.

4.6.2 Geometrizando as trajetórias bohmianas

Considere uma partícula pontual com velocidade $v = \nabla S/m$ e sujeita a um potencial V. Seguindo a ideia de Einstein de derivar a estrutura geométrica do espaço a partir de um princípio variacional, começamos com

$$I = \int \mathrm{d}t\,\mathrm{d}^3x\sqrt{g}\,\Omega^2\left(\lambda^2\mathscr{R} - \frac{\partial S}{\partial t} - \mathscr{H}_m\right) \tag{4.91}$$

onde consideraremos a conexão afim Γ^i_{jk} do espaço 3D, a função principal de Hamilton S e a função escalar Ω como variáveis independentes.

Tomando o elemento de linha em coordenadas cartesianas

$$\mathrm{d}s^2 = g_{ij}\mathrm{d}x^i\mathrm{d}x^j = \mathrm{d}x^2 + \mathrm{d}y^2 + \mathrm{d}z^2,$$

o tensor de curvatura de Ricci é definido em termos da conexão através de

$$\mathscr{R}_{ij} = \Gamma^m_{mi,j} - \Gamma^m_{ij,m} + \Gamma^l_{mi}\Gamma^m_{jl} - \Gamma^l_{ij}\Gamma^m_{lm}$$

e seu traço define o escalar de curvatura $\mathscr{R} \equiv g^{ij}\mathscr{R}_{ij}$ que tem dimensões de comprimento inverso ao quadrado, $[\mathscr{R}] = L^{-2}$. A constante λ^2 tem

4. Representação Geométrica das Interações

dimensão $[\lambda^2] = E L^2$, e o $\frac{\partial S}{\partial t}$ está relacionada com a energia da partícula. No caso de partículas pontuais, a hamiltoniana é

$$\mathcal{H}_m = \frac{1}{2m} \nabla S \cdot \nabla S + V.$$

A variação da ação I em relação à conexão Γ^i_{jk} nos leva a

$$g_{ij;k} = -4 (\ln \Omega)_{,k} \, g_{ij}, \tag{4.92}$$

a qual caracteriza as propriedades afins do espaço físico. Assim, o princípio variacional naturalmente define um espaço de Weyl integrável; a variação em relação a Ω dá

$$\lambda^2 \mathcal{R} = \frac{\partial S}{\partial t} + \frac{1}{2m} \nabla S \cdot \nabla S + V, \tag{4.93}$$

para qual o lado direito tem dimensão de energia enquanto a curvatura escalar tem dimensão de $[\mathcal{R}] = L^{-2}$. Por uma análise dimensinal elementar tiramos que $[\lambda^2] = [\hbar^2 \cdot m^{-1}]$.

Em termos da função escalar Ω, a curvatura escalar é dada por

$$\mathcal{R} = 8 \frac{\nabla^2 \Omega}{\Omega}. \tag{4.94}$$

Portanto, fixando $\lambda^2 = \hbar^2/16m$, a equação (4.93) torna-se

$$\frac{\partial S}{\partial t} + \frac{1}{2m} \nabla S \cdot \nabla S + V - \frac{\hbar^2}{2m} \frac{\nabla^2 \Omega}{\Omega} = 0. \tag{4.95}$$

Eduardo Bittencourt

Finalmente, variando a função principal de Hamilton S encontramos

$$\frac{\partial \Omega^2}{\partial t} + \nabla \left(\Omega^2 \frac{\nabla S}{m} \right) = 0. \tag{4.96}$$

Veja que as equações (4.95) e (4.96) coincidem com (4.87) e (4.88) se identificarmos $\Omega = A$. Assim, a ação de uma partícula pontual não-minimamente acoplada à geometria dada por

$$I = \int \mathrm{d}t \mathrm{d}^3 x \sqrt{g} \, \Omega^2 \left[\frac{\hbar^2}{16m} \mathscr{R} - \left(\frac{\partial S}{\partial t} + \mathscr{H}_m \right) \right], \tag{4.97}$$

reproduz exatamente os mesmos resultados que a equação de Schrödinger e, portanto, o comportamento quântico da partícula. Note que esta formulação tem a vantagem de dar uma explicação física para o aparecimento do potencial quântico (4.89), sendo simplesmente a curvatura escalar do espaço afim. Para saber como implementar o princípio de incerteza nesse formalismo, consultar a Ref. [28].

4.7 Comentários e conclusões

Do ponto de vista cinemático, mostramos que é possível exibir uma descrição geométrica de qualquer tipo de força assumindo que a métrica do espaço-tempo não é única e não é dada *a priori*. Motivados pela análise de Gordon e generalizações no que diz respeito à propagação de raios de luz no interior de meios materiais não-lineares, mostramos que é sempre possível encontrar um tensor métrico $\widehat{g}_{\mu\nu}$ para o qual um dado campo vetorial acelerado v^μ em uma métrica de fundo $g_{\mu\nu}$ siga

4. Representação Geométrica das Interações

um movimento geodésico em $\widehat{g}_{\mu\nu}$. Este procedimento descrito na Seção [4.2.3] pode ser aplicado a qualquer campo vetorial, em qualquer métrica espaço-temporal.

Nas Seçs. [4.3], [4.4] e [4.5], introduzimos mapas entre dinâmicas a partir da modificação da estrutura geometria subjacente e aplicamos aos casos mais relevantes envolvendo campos escalares, vetoriais ou espinorais, tentando explicar com alguns detalhes como tais mapas podem fornecer explicações alternativas para problemas atuais em aberto na física. Ainda neste domínio, apresentamos na Sec. [4.5], em particular, uma tentativa recente de descrever a interação gravitacional apenas em termos de um campo escalar.

Finalmente, resumimos a formulação geométrica da mecânica quântica de acordo com a interpretação de Broglie-Bohm, enfatizando que o potencial quântico pode ser visto como consequência de uma possível não metricidade do espaço euclidiano. Essa não metricidade é representada por uma escolha particular do espaço afim de Weyl integrável. O principal resultado é que a deformação das réguas padrão usadas para medir distâncias físicas permite uma formulação geométrica do princípio da incerteza.

Concluímos esta revisão afirmando que a formulação matemática mais adequada para descrever a geometria do mundo físico não deve ser estabelecida a priori [29]; os experimentos físicos indicam qual geometria espaço-temporal (ou classe de) é realmente realizada na Natureza e em qual escala (macrofísica ou microfísica) é relevante desenvolver uma teoria **mensurável/testável** e útil.

Eduardo Bittencourt

Agradecimentos

EB agradece o *Conselho Nacional de Desenvolvimento Científico e Tecnológico* (CNPq) pelo suporte financeiro (bolsa n° 305217/2022-4).

Bibliografia

[1] M. de Maupertuis, Histoire de l'Académie Royale des Sciences de Paris, **1744** 417 (1748).

[2] C. Lanczos, *The Variational Principles of Mechanics*, Ed. 4, (Dover, New York, 1970).

[3] I. Newton, *The Principia - Mathematical Principles of Natural Philosophy* (Snowball Publishing, USA, 2010).

[4] W. Gordon *Ann. Phys. (Leipzig)* **72** 421 (1923).

[5] M. Novello and J. M. Salim, *Phys. Rev. D* **63** 083511 (2001).

[6] M. Novello and E. Bittencourt, *Braz. J. of Phys.* **45** 756 (2015).

[7] J. Hadamard, *Leçons sur la propagation des ondes et les équations de hydrodynamique* (Hermann, Paris, 1903).

[8] M. Novello, M. Visser and G. Volovik (Eds.), *"Artificial Black*

Eduardo Bittencourt

Holes", Proceedings of the workshop: Analog Models of General Relativity, World Scientific (2002).

[9] C. Barceló, S. Liberati and M. Visser, *Liv. Rev. Rel.* **8** 12 (2005). ibidem **14**, 3 (2011).

[10] L.D. Landau and E.M. Lifshitz, *The classical theory of fields*, Pergamon Press Ltd., Oxford, (1971).

[11] M. Novello and E. Bittencourt, *Gen. Rel. Grav.* **45** 1005 (2013).

[12] M. Novello and E. Bittencourt, *Phys. Rev. D* **86** 124024 (2012).

[13] M. Novello, F.T. Falciano, E. Goulart, arXiv:1111.2631 [gr-qc].

[14] M. Novello and E. Bittencourt, *Int. J. Mod. Phys. A* **29** 1450075 (2014).

[15] M. Novello e É. Goulart, *Eletrodinâmica não-linear- causalidade e efeitos cosmológicos* (Editora Livraria da Física, São Paulo, 2010).

[16] E. Cartan *Ann. Sci. Ec. Norm. Sup.* **40** 325 (1923); generalized by H. Weyl, *Zeit. Phys.* **56** 330 (1929).

[17] J.B. Formiga, *Conservation of the Dirac Current in Models with a General Spin Connection*, arXiv:1210.0759 [hep-th].

[18] E. Bittencourt, S. Faci and M. Novello, *Int. J. of Mod. Phys. A* **29** 1450145 (2014).

BIBLIOGRAFIA

[19] J. Beringer et al., *Particle Data Group, Phys. Rev. D* **86** 010001 (2012).

[20] M. Drewes, *Int. J. of Mod. Phys. E* **22** 1330019 (2013). ArXiv:1303.6912 [hep-ph].

[21] M. Novello and E. Goulart *Class. Quantum Grav.* **28** 145022 (2011).

[22] E. Goulart, M. Novello, F. T. Falciano and J. D. Toniato, *Class. Quantum Grav.* **28** 245008 (2011).

[23] M. Novello, E. Bittencourt, U. Moschella, E. Goulart, J.M. Salim and J.D. Toniato, *JCAP* **06** 014 (2013).

[24] G. Gibbons and C. Will, *Studies in History and Philosophy of Modern Physics* **39** 41 (2008).

[25] D. Giulini, *Studies in History and Philosophy of Modern Physics* **39** 154 (2008).

[26] C. Will, *Liv. Rev. Rel.* **9** 3 (2006).

[27] R.P. Feynman, F.B. Morinigo and W.G. Wagner, *Feynman lectures on gravitation*, (Addison Wesley Pub. Company, Massachusetts, 1995).

[28] M. Novello, J.M. Salim and F.T. Falciano, *Int. J. Geom. Meth. Mod. Phys.* **8** 87 (2011).

Eduardo Bittencourt

[29] H. Poincaré, *Science and Hypothesis*, (Ed. Scott, Michigan University 1905).

Capítulo 5

Thermodynamics of $f(R)$ Theories

SERGIO E. JORÁS

This a very short review on $f(R)$ theory in the metric approach along with a recently developed Thermodynamics interpretation. The main goal here is to detail such new approach, making an analogy to Thermodynamics — which is written in terms of Catastrophe Theory. The latter deals with the coalescence and birth of extrema in an ordinary (polynomial) function as a given set of free parameters are varied. We will see that is precisely what happens at a first-order phase transition

Sergio E. Jorás

and, therefore, it describes exactly the exit from the inflationary regime in the early universe.

Long reviews on $f(R)$ can be found in Refs. [1, 2] as well as Chap. 9 of Ref. [4]. A modern approach to phase transitions can be found in Ref. [5]. Reviews on Catastrophes are available in Refs. [6, 7, 8]

5.1 $f(R)$ Theories

5.1.1 Motivation

The motivations for modifying such a successful theory as General Relativity (GR, from now on) can be divided in two (non-exclusive) categories: theoretical and experimental evidences. The former usually relies on arguments from either the absence of renormalizability, or the first corrections from a possible theory of quantum gravity (whatever that might be), or just because that is the way to better appreciate the power and beauty of GR[1]. The latter case — experimental evidence — is also compelling. We believe the universe experienced, in its early stages, a short but tremendously strong phase of almost-exponential expansion — inflation — and/or a bounce (a contraction phase followed by expansion), besides the current mild accelerated expansion. The latter may be "explained"by an *ad-hoc* Cosmological Constant Λ, which must be seen either as a new constant of nature (such as Newton's Gravitational Constant G_N itself, for instance) or as a consequence from a more fundamental principle (such as a suitably renormalized "vacuum

---

[1]The latter is my personal choice, I admit.

5. THERMODYNAMICS OF $f(R)$ THEORIES

energy"). Even so, that is not the case for the primordial accelerated phase, since a simple Cosmological Constant Λ wouldn't have allowed an exit (graceful or not) from inflation. The universe would not have been through decelerated expansion (radiation- and matter-dominated) phases. In either case, the standard replacement for Λ is a scalar field, with, truth to be told, not-so-standard potential end/or kinetic terms (k-essence) and couplings.

I should say that some authors do investigate if modifications of GR can explain the rotation curves of galaxies (see, for instance, works on MOND [9, 10]), but we will not pursue this goal here.

Either way, we are currently at a crossroads in GR, just like Newton's Gravitation (NG) was in the XIX century, at two similar situations, with opposite results. In one of them, we relied on NG to explain small disturbances on the orbit of Uranus, which ultimately led to the discovery of Neptune. On the other hand, the explanation of Mercury's orbit could *not* be explained by an inner planet called Vulcan (simply because it was never found at the "right"position) and, ultimately, GR extended NG. Now, like then, we have to decide if we should change the theory or add an unknown component of the universe (a new "planet", particle or scalar field, perhaps?) but keep the theory (GR).

5.1.2 Modified Einstein Equations

Here, we will focus on the so-called $f(R)$ theory in the metric frame, where the metric $g_{\mu\nu}$ is the one independent variable. We just briefly mention the Palatini [11] and Metric-Affine [12, 13] approaches, accor-

Sergio E. Jorás

ding to which the Affine Connection $\Gamma^{\alpha}_{\mu\nu}$ is an independent object as well.

Of course, if $f(R) = R - 2\Lambda$, then we have GR with a standard Cosmological Constant. Therefore, we shall look for non-linear functions only. To be more accurate, we replace the standard Einstein-Hilbert Lagrangian (plus an extra term that describes the matter/radiation/field content of the universe)

$$\mathscr{L}_{GR} = \sqrt{-g}\frac{1}{2\kappa^2}(R - 2\Lambda) + \mathscr{L}_m \tag{5.1}$$

by

$$\mathscr{L}_{GR} = \sqrt{-g}\frac{1}{2\kappa^2}[f(R) - 2\Lambda] + \mathscr{L}_m, \tag{5.2}$$

where $\kappa^2 \equiv 1/M_{pl}^2 \equiv 8\pi G$. The former yields the Einstein Equations

$$R_{\mu\nu} - \frac{1}{2}g_{\mu\nu}R + \Lambda g_{\mu\nu} = \kappa^2 T_{\mu\nu}, \tag{5.3}$$

while the latter yields

$$R_{\mu\nu}f' - \frac{1}{2}g_{\mu\nu}f + g_{\mu\nu}\Box f' - \nabla_\mu\nabla_\nu f' = \kappa^2 T_{\mu\nu}, \tag{5.4}$$

which looks (and actually is) much more complicated! For starters, one notices that it is a fourth-order differential equation in the metric (we recall the reader that the Ricci scalar R itself depends on second-order derivatives on $g_{\mu\nu}$). As such, it bears an extra degree of freedom, that will become even more explicit shortly.

5. Thermodynamics of $f(R)$ Theories

For now, we can make Eq. (5.4) more palatable if it is rewritten as

$$R_{\mu\nu} - \frac{1}{2}g_{\mu\nu}R = \kappa^2 T_{\mu\nu}$$
$$+ \left[R_{\mu\nu} - \frac{1}{2}g_{\mu\nu}R - \left(R_{\mu\nu}f' - \frac{1}{2}g_{\mu\nu}f + g_{\mu\nu}\Box f' - \nabla_\mu\nabla_\nu f' \right) \right].$$
$$(5.5)$$

The term inside the square brackets on the right-hand side can be read as an effective energy-momentum tensor for the so-called "curvature fluid" $\kappa^2 T_{\mu\nu}^{(c)}$ — since it is pure geometry. Such form is more than adequate (as opposed to an alternate form that divides the previous equation by f', that will not be adopted here) because the energy-momentum tensor of the standard components and its conservation does not need to change. Consequently, the curvature fluid is conserved by itself as well.

One can further define the energy density ρ_c and pressure p_c for such fluid, as

$$\kappa^2 \rho_c \equiv \frac{1}{2}\left(f'R - f \right) - 3H\dot{f}' + 3H^2(1 - f') \qquad (5.6)$$

$$\kappa^2 p_c \equiv \ddot{f}' + 2H\dot{f}' - (2\dot{H} + 3H^2)(1 - f') + \frac{1}{2}(f - f'R). \qquad (5.7)$$

One can then proceed to investigate the system as if it were described by GR in the presence of two fluids: the curvature fluid defined above and the standard matter/radiation fluid. We point out that the curvature fluid does not need to satisfy the standard (strong, weak, null) energy conditions, since it is not an actual physical fluid.

Sergio E. Jorás

5.1.3 The Frames

In this section, we will make it explicit the extra degree of freedom inherent to $f(R)$ theories. We start over from the Lagrangian (5.2) and write it as

$$\mathcal{L}_g = \sqrt{-g}\frac{1}{2\kappa^2}\left[\phi R(\phi) - W(\phi)\right] + \mathcal{L}_m \qquad (5.8)$$

where

$$\phi \equiv f'(R) \qquad (5.9)$$
$$W(\phi) \equiv \phi R(\phi) - f[R(\phi)] \qquad (5.10)$$

which is simply a Legendre Transform, that replaces R by ϕ as the independent variable. For that, we require a definite sign for $f'' \equiv d^2 f/dR^2$ (usually taken positive), except, perhaps, at particular values of R.

We now perform a conformal transformation where the conformal factor is ϕ itself:

$$g_{\mu\nu} \to \tilde{g}_{\mu\nu} \equiv \phi \cdot g_{\mu\nu}, \qquad (5.11)$$

and define a new field

$$\tilde{\phi} \equiv +\sqrt{\frac{3}{2\kappa^2}} \ln \phi, \qquad (5.12)$$

which requires that $f' \equiv \phi > 0$, already assumed when we performed the conformal transformation (5.11). Note that, since the field ϕ is dimensionless and $\kappa \equiv 1/M_{pl}$, then $\tilde{\phi}$ has the dimensions of M_{pl}.

5. THERMODYNAMICS OF $f(R)$ THEORIES

Upon the definitions above, Eq. (5.2) is written as

$$\mathcal{L}_g = \sqrt{-\tilde{g}}\left[\frac{1}{2\kappa^2}\tilde{R} - \frac{1}{2}\tilde{g}^{\alpha\beta}\partial_\alpha\tilde{\phi}\partial_\beta\tilde{\phi} - V(\tilde{\phi})\right] + \mathcal{L}_m\left[\psi, \frac{1}{\phi}\tilde{g}_{\mu\nu}\right] \quad (5.13)$$

where

$$V(\tilde{\phi}) \equiv \frac{R(\phi)\phi - f[R(\phi)]}{2\kappa^2\phi^2} \quad (5.14)$$

and the determinant $\tilde{g}$ and the Ricci scalar $\tilde{R}$ are calculated from the new metric $\tilde{g}_{\mu\nu}$.

The Lagrangian (5.13) is the one of GR with an extra scalar field $\tilde{\phi}$, which carries the extra degree of freedom, as previously announced. One should notice that the field ψ (that represents matter/radiation) does not follow geodesics in the new frame, although its equation of motion should be expressed in terms of the new metric. Accordingly, it is not conserved if the covariant derivative is calculated in terms of $\tilde{g}_{\mu\nu}$, since this is supposed to hold in the previous metric only. One can also notice that ψ is not minimally coupled to the metric $\tilde{g}_{\mu\nu}$ since ϕ shows up

This is the so-called Einstein frame. Its "equivalence"to the Jordan frame (before the conformal transformation) is a topic of debate in the current literature, along with the question about which one is the "physical"one (whatever that means). Here, we will rely on the conservation of the energy-momentum tensor of matter/radiation in the Jordan frame in order to define that all the observations are supposed to be done in that frame. One can, obviously, use the Einstein frame to make calculations, but, at the end of the day, one should go to the Jordan frame in order to make predictions on observable quantities. With that in mind, we point out that eventual divergences in the EF are not always bad, if they are mapped into finite quantities in the Jordan frame.

One final piece of information: the aforementioned "equivalence"between the frames is robust when it comes to inflation. Indeed, it is possible to show [14] that if the slow-roll parameters hold in one of the frames, then they also hold in the other one.

5.1.4 Constraints

One can always write Eq. (5.2) as

$$\mathscr{L}_f = \sqrt{-g}\frac{1}{2\kappa^2}f(R) = \sqrt{-g}\frac{1}{2\kappa^2}\left(R + \varepsilon\Delta(R)\right) = \sqrt{-g}\frac{1}{2\kappa^2}R\left(1 + \varepsilon\frac{\Delta(R)}{R}\right)$$
(5.15)

which defines $\Delta(R)$ and ε, where the latter indicates the amplitude of the deviation $\Delta(R)$ from the Einstein-Hilbert Lagrangian $\mathscr{L}_{EH} \equiv R$. The standard constraints on $f(R)$ theories are almost always listed then as [?]

$$\lim_{R\to\infty}\frac{\Delta}{R} = 0 \tag{5.16}$$

$$\phi \equiv f' \equiv 1 + \Delta' > 0 \tag{5.17}$$

$$f'' \equiv \Delta'' > 0. \tag{5.18}$$

Nevertheless, they should be taken with a grain of salt. Let us look at them, one by one, and see why.

The first one states that the deviations from GR should be small when the Ricci scalar is large, i.e, in the primordial universe. That relies

5. THERMODYNAMICS OF $f(R)$ THEORIES

on the fact that we indeed understand the evolution of the universe from nucleosynthesis on as one of the many success of GR. Nevertheless, this claim is poorly stated. The reason is threefold. First, one aims exactly at non-negligible deviations from GR when modified theories are applied to explain the primordial inflationary era. Secondly, even when the extra terms $\Delta(R)$ are negligible, the equations of motion (EoM) are still higher-order differential equations. As such, there is no guarantee that their solutions are going to be closer to the ones from GR. Actually, it can be easily seen that this is not the case if one adds higher-order terms at the EoM of *linear* harmonic oscillator. (except with strong fine tuning of the initial conditions). An even simpler case (a homework) is to compare solutions of the equation $\varepsilon \ddot{x} + \dot{x} = 0$ in the limit $\varepsilon \to 0$ to the ones from the "original"equation $\dot{x} = 0$. Obviously, in modified theories of gravity, the nonlinearities only make it worse. Finally, the Ricci scalar is not necessarily large in the early universe — we recall the reader that the trace of Eq. (5.4) is now

$$3\Box f_R(R) + R f_R(R) - 2f(R) = \kappa^2 T \tag{5.19}$$

(where T is the trace of $T_{\mu\nu}$) which is not an algebraic relation anymore (as in GR). Therefore, one could still have a large T (as it is expected in the early universe), but a small R.

The second constraint usually implies that it is required for an attractive gravity. It relies on dividing Eq. (5.4) by f' and noticing that it would change the sign of the Gravitational coupling G. Nevertheless, that mapping would disrupt the very conservation of $T_{\mu\nu}$ and we will not follow it here. However, it is indeed necessary to perform the conformal

Sergio E. Jorás

transformation to the Einstein frame (which is desired, but it is far from being an actual constraint).

Finally, the third constraint is well-posed. It can be shown that perturbations of the flat space (Minkowski) are stable if and only if $f'' > 0$. Here, we follow Ref. [1]. Let us expand Eq. (5.19) around Minkwoski metric $\eta_{\mu\nu}$, i.e,

$$g_{\mu\nu} = \eta_{\mu\nu} + h_{\mu\nu} \tag{5.20}$$
$$R = T + \delta R, \tag{5.21}$$

and assume Eq. (5.15), which yields

$$\ddot{\delta R} + \frac{1}{2\Delta''}\left(\frac{1}{\varepsilon} - \Delta'\right)\delta R \approx 0. \tag{5.22}$$

Since ε can be as small as needed, the term inside the parenthesis is always positive. The sign of the effective mass squared for δR is the same of Δ'', which should be positive for stable perturbations. We will see further below that the same constraint can be obtained from different and independent calculations.

5.1.5 Practical Applications

Cosmology

When it comes to the background evolution of the universe, one should require that we should "start"in a Radiation-Dominated (RD) universe, pass through a Matter-Dominated (MD) phase — that should

5. THERMODYNAMICS OF $f(R)$ THEORIES

last long enough so that matter perturbations can grow — followed by the current accelerated Dark-Energy Dominated (DED) phase. One could also add the inflationary era at the very beginning, but let us postpone that discussion for now, because it involves the (p)reheating process.

Using the language of dynamical systems, we should then require that the RD phase is *not* an attractor (otherwise, the universe would never have left it). Analogously, the MD phase has to be a saddle point (i.e, with at least one stable direction and another unstable one), so that the universe will be drawn towards it (after RD, along the stable direction) but move on to the DED phase (along the unstable direction). Usually, one requires that the last phase is an attractor (i.e, only negative eigenvalues) so that the initial conditions do not have to be fine tuned.

Using that approach, Ref. [16] has determined the necessary conditions for any $f(R)$ so that the picture described above is fulfilled. The authors define the quantities

$$m \equiv \frac{Rf''}{f'} \tag{5.23}$$

$$r \equiv -\frac{Rf'}{f}, \tag{5.24}$$

which measure the deviation from GR — for which $m = 0$ and $r = -1$.

The existence of a MD phase with the required constraints is translated to

$$\begin{cases} m(r \approx -1) \approx 0^+ \quad \text{and} \\ \frac{dm}{dr}\big|_{r \approx -1} > -1, \end{cases} \tag{5.25}$$

Sergio E. Jorás

while a de Sitter attractor requires either

$$\begin{cases} m = -r - 1, \\ \frac{\sqrt{3}-1}{2} < m < 1, \\ \frac{dm}{dr}\big|_{r \approx -2} < -1 \end{cases} \tag{5.26}$$

or $\tag{5.27}$

$$0 < m(r = -1) \leq 1. \tag{5.28}$$

That paper has shown that simple expressions for $f(R)$, such as simple power laws just will not work.

The growth rate of perturbations can be affected, of course, by modifications on gravity. There is a couple of mainstream approached for this problem. One may, for instance, realize that there are two opposite regimes, known as weak- and strong-field limits. They correspond to situations where the chameleon effect (see next section) is in action or not, which can be modeled by an effective Newton's constant equal to G_N (its standard value) or to $\frac{4}{3}G_N$ [?].

A second approach is to model the value of G_N as a function of wavenumber k [18]. Being dependent on scale, gravity will produce different effects at different distances from a central mass and, then, the so-called shell crossing [19] — a top-hat overdensity will then not retain its shape.

The final goal in both approaches is to obtain the number of observed objects in a given mass range, as a function of its redshift. That number can then be used to constraint the free parameters of your chosen model.

5. THERMODYNAMICS OF $f(R)$ THEORIES

A short review can be found in Ref. [20].

Relativistic Stars

I briefly mention that, as a serious candidate for a full theory of gravity, a given $f(R)$ must be tested in different scenarios, such as, relativistic stars.

Spherically-symmetric stars are the perfect equivalence to homogeneous cosmology, since they both have only one independent variable: in the former, the radial coordinate r; in the latter, the time t. Both cover a large range of values of densities (from the core to the radial infinity, in stars) and have plenty of data available.

The catch is the uncertainty with respect to the equation of state of the standard (sometimes not much so) matter that makes up the star. Using the aforementioned "curvature fluid"analogy, there is clearly some degeneracy between the contribution from such a term and from a different matter composition. Nevertheless, one may still provide constraints on particular models, testing both the maximum mass (and minimal radius) and the stability of such configurations (usually against radial perturbations). Indeed, the latter are able to yield the strongest constraints on the free parameters of your theory [21].

One caveat is the many non-equivalent definitions of mass [22]: the astrophysical — the one measured by an observer at radial infinity, that can be calculated from an asymptotic expansion of the metric compo-

Sergio E. Jorás

nents, given by

$$M_{\text{astro}} \equiv \lim_{r \to \infty} \frac{r}{2G_N} \left(1 - \frac{1}{g_{rr}} \right), \tag{5.29}$$

or the plain integration of the energy density (with or without the proper-volume factor $\sqrt{-g}$) bounded by the star's surface at $r = r_*$

$$M_\rho \equiv 4\pi \int_0^{r_*} \rho(r) r^2 \, dr \tag{5.30}$$

$$M_{\text{prop}} \equiv 4\pi \int_0^{r_*} \rho(r) r^2 \sqrt{-g_{rr}} \, dr \tag{5.31}$$

and the "surface-redshift mass", estimated from the light redshift z_* (emitted from the surface to infinity) as

$$M_{\text{sr}} \equiv \frac{r_*}{2G_N} \frac{z_*(2+z_*)}{(1+z_*)^2}. \tag{5.32}$$

Although all of them coincide in GR (except, obviously for the proper mass, whose difference to the others yields the binding energy), they are not the same in $f(R)$, due to the simple fact that the scalar degree of freedom does leaks out from the star. One should then be careful to properly define the star surface: does it happen when the baryonic pressure vanishes or when the total fluid pressure (including then the "curvature fluid") does?

Local gravity constraints

No review (however short) on $f(R)$ would be complete without mentioning (however briefly) the chameleon effect [23]. This mechanism

5. THERMODYNAMICS OF $f(R)$ THEORIES

explains how the extra degree of freedom does not propagate too far — which would have shown up as an extra force in current experiments.

In a nut shell, the authors show that the effective mass of the scalar field depend on the energy density of the standard matter, due to the aforementioned coupling between them in the Einstein Frame. The larger the average local density, the heavier the field is and the shorter is its range. Since we are surrounded by a dark-matter halo, all the classical solar-system tests will still hold.

5.1.6 Summary

We finish this section by stating how long we have gone so far: one must come up with an ingenious function $f(R)$ — that could either be completely *ad hoc* (aiming then to pick important characteristics and their outcome to observable quantities) or from first principles (e.g, some low-energy limit of a "quantum gravity"theory). Such function must follow theoretical (self-consistency, non-divergences) and observational constraints (background and perturbed cosmology, local gravity and solar system). A very useful tool is the conformal transformation to the Einstein frame, where the Lagrangian is similar to GR and, therefore, more palatable.

In the next Section we will open a large parenthesis to review some basic Thermodynamics, but in a not-so-ordinary approach, given by Catastrophe Theory. The final Section will then make the link between the first two.

Sergio E. Jorás

5.2 Thermodynamics

In the following subsections we will use the van der Waals gas as a typical description of a system that goes through a first-order phase transition. Iin spite of its analytical simplicity, it bears the fundamental characteristics of such transformation and, at the same time, allows for full analytical calculations.

5.2.1 Phase transitions

The equation of state for a non-ideal gas was introduced by van der Waals in 1873 [24]:

$$\left(P + \frac{a}{V^2}\right)(V - b) = RT \tag{5.33}$$

where the constants a and b are introduced to take into account, respectively, a residual interaction between the gas molecules (therefore, decreasing the effective pressure measured) and the volume taken by them. Three of such curves, for different temperatures, are plotted in Fig. 5.1. One can see that it resembles the ideal gas behavior for large temperatures T, as expected. For low temperatures, though, there are two distinguishable regimes: for larger volumes, the pressure is low, while the opposite happens for small volumes. The former region describes a gas-like behavior, while the latter, where the pressure increases fast with a slight decrease in volume, resembles a liquid state, where the interactions between the particles can no longer be neglected.

We recall the reader that, as any equation of state in Thermodynamics,

5. Thermodynamics of $f(R)$ Theories

it describes equilibrium configurations, but not necessarily stable ones. For instance, for temperatures below a critical value T_c, there is a volume range where

$$\frac{dP}{dV} > 0. \tag{5.34}$$

That indicates an unstable equilibrium, since, is the gas was compressed, i.e, its volume would be decreased by an external force, then its pressure would also decrease. In other words, the gas would not try to restore the previous configuration and ultimately it would collapse[2].

A very important piece of information is obtained when one writes the Gibbs Energy $G(P,T)$, whose variation is given by

$$dG(P,T) = V \cdot dP - S \cdot dT. \tag{5.35}$$

Therefore,

$$\frac{dG}{dP} = V \qquad \text{and} \tag{5.36}$$

$$\frac{d^2G}{dP^2} = \frac{dV}{dP}. \tag{5.37}$$

This means that $d^2G/dP^2 > 0$ in the unstable region.

One can always write Eq. (5.33) as

$$V^3 - \left(b + \frac{RT}{P}\right)V^2 - \left(\frac{a}{P}\right)V - \frac{ab}{P} = 0. \tag{5.38}$$

---

[2]Of course, the opposite argument applies for an expanding gas in this volume range.

Sergio E. Jorás

As a cubic equation with real coefficients, there is always (i.e, for any T) at least one real root, i.e, one pressure P and one temperature T for a given volume V. On the other hand, for $T < T_c \equiv 8a/(27bR)$, Eq. (5.38) yields three real roots: three values for V (one of them in the aforementioned unstable region and, therefore, non physical) for a a given pressure P and temperature $T < T_c$. At the critical temperature Tc, the system has critical pressure $P_c \equiv a/(27b^2)$ and critical Volume $V_c \equiv 3b$. Above T_c, there is no difference between the states A and B, i.e, one can go from the former to the latter *without* going through first-order phase transition.

A simple variable change is usually made so that we can deal only with dimensionless quantities:

$$p \equiv P/P_c - 1 \tag{5.39}$$
$$t \equiv T/T_c - 1 \tag{5.40}$$
$$x \equiv V_c/V - 1, \tag{5.41}$$

upon which Eq. (5.38) is written as

$$x^3 + \alpha x + \beta = 0 \qquad \text{where} \tag{5.42}$$
$$\alpha \equiv \frac{8t + p}{3} \tag{5.43}$$
$$\beta \equiv \frac{8t - 2p}{3}. \tag{5.44}$$

The plot of x, i.e, the equilibrium configurations as a function of the parameters $\{\alpha, \beta\}$ can be seen in Fig. 5.48. The region with multiple

5. Thermodynamics of $f(R)$ Theories

(to be more precise, three) solutions can be easily seen and its boundary will be determined later on. For now, it suffices to remember that one of the solutions is the unstable one. Outside that region, there is one and only one equilibrium solution.

5.2.2 Catastrophe theory

The equilibrium solutions can be seen as the ones that extremize a suitable potential energy[3] $V(x)$. A simple and general expression[4] that does the job is

$$V(x; \alpha, \beta) \equiv \frac{1}{4}x^4 + \frac{\alpha}{2}x^2 + \beta x, \qquad (5.45)$$

where we have made explicit the dependence on the control parameters $\{\alpha, \beta\}$. In the region with three extrema, there are three Real solutions to Eq. (5.38). It is easy to see that one of them is necessarily a local maximum, another one is a local minimum and the last one is the global minimum — of course, the two minima could be degenerated, but we will come back to this point in a second. Outside that region, there is only one minimum. The boundary is defined, then, as the location in the parameter space where the local maximum coalesces to the local minimum. Mathematically, it is defined by the so-called *Singularity Set*:

$$\left. \frac{d^2V}{dx^2} \right|_{x_*} = 0 \qquad (5.46)$$

---

[3]Not to be confused with the volume V of the vdW gas.

[4]One can get rid of a possible cubic term by a suitable shift on x.

Sergio E. Jorás

where x_* is one of the extrema, given, of course, by

$$\left.\frac{dV}{dx}\right|_{x_*} = 0, \tag{5.47}$$

which is the so-called *Equilibrium Set*. The solution of Eqs. (5.46) and (5.47) is the so-called *Bifurcation Set*

$$4\alpha^3 + 27\beta^2 = 0. \tag{5.48}$$

In the parameter space $\{\alpha, \beta\}$, the function (5.45) has only one extremum (a minimum) outside the curve (5.48). Inside, there are 3 extrema, 2 of which are minima and 1, a maximum. On the curve itself, two of them coalesce — which ones is set by the sign of β.

In Fig. 5.4, one can see the equilibrium surface (i.e, the values of the equilibrium points) as a function of the control parameters $\{\alpha, \beta\}$. The fold is projected onto this surface. One can see that, inside the fold, vertical lines (fixed values of the control parameters) cross the surface three times, each for a given equilibrium solution. If we shift the red (green) line towards larger (smaller) values of β, i.e., toward the closest fold branch, then the largest (smallest) values of x_{eq} coalesce.

Accordingly, we can plot the so-called swallowtail curve also as a function of $\{\alpha, \beta\}$ — see Fig. 5.4. one can see that the highest $V(x_{eq})$ is always unstable, as expected from a general principle of minimizing the energy. Here, as in the previous plot, when we shift the red (green) vertical line towards the closet fold branch, it is always the equilibrium point corresponding to the highest $V(x_{eq})$ that coalesces with the one

5. THERMODYNAMICS OF $f(R)$ THEORIES

corresponding to the intermediate value $V(x_{eq})$, i.e, the local maximum. Outside the fold, only the global minimum survives.

5.3 $f(R)$ **Theories and Thermodynamics**

Here we follow Ref. [25]. We have described the traditional discussion: one comes up with an ingenious non-linear function $f(R)$ (in the Jordan frame) and, via a conformal transformation given by $\phi \equiv f'(R)$, arrives at the Einstein frame, where the physics is described by GR and an extra scalar field $\tilde{\phi}$ subject to a potential $V(\tilde{\phi})$, completely defined by the function $f(R)$ chosen at the beginning.

Here, we take the opposite direction: we start at the Einstein frame with the simplest potential and look for the corresponding $f(R)$ in the Jordan frame. We assume

$$V(\tilde{\phi}) = \frac{1}{2}\tilde{m}_{\phi}^2(\tilde{\phi} - a)^2 + \Lambda. \tag{5.49}$$

For now, the extra (constant) parameters a and Λ are simply a matter of generalizing the potential V, while keeping it as simple as possible. One might argue against the introduction of a cosmological constant Λ, since it seems to be incompatible with one of the core motivations for modifying GR. It will be, however, essential to what follows.

Following a previously established procedure [26], one arrives at the

Sergio E. Jorás

following parametric expressions, where $\beta \equiv \sqrt{2/3}$:

$$f(\tilde{\phi}) = e^{2\beta\tilde{\phi}} \left[2V(\tilde{\phi}) + 2\beta^{-1} \frac{dV(\tilde{\phi})}{d\tilde{\phi}} \right] \quad \text{and} \quad (5.50)$$

$$R(\tilde{\phi}) = e^{\beta\tilde{\phi}} \left[4V(\tilde{\phi}) + 2\beta^{-1} \frac{dV(\tilde{\phi})}{d\tilde{\phi}} \right]. \quad (5.51)$$

We have plotted the above expression for the potential (5.49) in Fig. 5.5, for different values of $\{\Lambda, a\}$.

We first notice a few important characteristics: First and more obvious: the function $f(R)$ is multi valued. Its actual value depends on $\tilde{\phi}$ while it evolves towards the bottom of its potential. Secondly, $f(R) > 0$ for all R and $f'' < 0$ only in the middle, lower branch, indicating instability of the theory. Thirdly, that very branch is absent for $\Lambda \geqslant \Lambda_c = 15/16$, which indicates it is a control parameter, such as temperature.

Besides, if we look at Eq. (5.2) as the Lagrangian of a relativistic fluid, described by its pressure P, the final step is almost automatic: to make the correspondence between R itself and the Gibbs Energy G. This is clearly seen if we plot the 3D behavior of $f(R, \Lambda)$ and the Gibbs Energy $G(P, T)$) in Fig. 5.6.

The effective volume V is the variable "canonically conjugated"to the effective pressure P, i.e, since

$$dG(P, T) = V \cdot dP - S \cdot dT. \quad (5.52)$$

We have, therefore, the full expressions for the Gibbs Energy G, the

5. THERMODYNAMICS OF $f(R)$ THEORIES

pressure P and the Volume V, in terms of the field $\tilde{\phi}$:

$$G = e^{\beta\tilde{\phi}} \left(\frac{2(\tilde{\phi}-a)[\beta(\tilde{\phi}-a)+1]}{\beta} + 4T \right) \tag{5.53}$$

$$P = e^{2\beta\tilde{\phi}} \left(\frac{2(\tilde{\phi}-a)}{\beta} + (\tilde{\phi}-a)^2 + 2T \right) \tag{5.54}$$

$$V = \exp(-\beta\tilde{\phi}) \quad \Leftrightarrow \quad \tilde{\phi} = -\frac{1}{\beta}\log(V), \tag{5.55}$$

which allows us to plot the 3D behavior of $G(P,T)$ in Fig. 5.6. The unstable region, where $d^2G/dP^2 > 0$ (notice that the G axis points down) corresponds to higher values of the Gibbs Energy for a fixed T.

One can also calculate the Helmholtz energy

$$F(T,V) \equiv G - P \cdot V \tag{5.56}$$

$$= \frac{1}{V} \left[\left(a + \frac{1}{\beta}\log V \right)^2 + 2T \right] \tag{5.57}$$

and the Entropy

$$S(T,V) \equiv -\left. \frac{\partial F}{\partial T} \right|_V \tag{5.58}$$

$$= -\frac{2}{V}. \tag{5.59}$$

There are two important notes from the result above. First, we recall the reader that, as the field $\tilde{\phi}$ sets itself at the bottom of its potential

Sergio E. Jorás

$(\tilde{\phi} = a)$, the volume assumes its minimum value $V \to \exp(-\beta a))$, which corresponds to a decrease in Entropy. That indicates that the system is not complete, i.e, we are not looking only at the full system. Indeed, we have not included matter nor radiation, which should then absorb the latent heat released in the phase transition from inflation to a radiation-dominated universe (see discussion further down). Secondly, we must correct its negative value, since it prevents a physical interpretation in terms of the number of accessible states. For that, it suffices to add an extra term in Eq. (5.53) and redefine the Gibbs Energy it as

$$G = e^{\beta \tilde{\phi}} \left(\frac{2(\tilde{\phi} - a)[\beta(\tilde{\phi} - a) + 1]}{\beta} + 4T \right) - 2Te^{\beta a}, \qquad (5.60)$$

which does not spoil the previous results.

From Eqs. (5.54) and (5.55), we can write the equation of state, i.e, the relation between the pressure, volume and temperature:

$$P(V, T) = \frac{\beta \left(a^2 \beta - 2a + 2\beta T \right) + (2a\beta - 2 + \log V) \log V}{\beta^2 V^2}. \qquad (5.61)$$

The behavior of $P(V, T)$ for five different values of T is shown in Fig. 5.7, which bears strong resemblance to a vdW gas[5]. Even though the equations of state are not exactly the same, they do describe the same phenomena, as we will now see.

The interesting Physics happens around the region where $dP/dV > 0$, i.e, the unstable one. Fig. 5.7 shows also the binodal and spinodal lines.

---

[5]Nevertheless, here one obtains $P \propto TV^{-2}$ in the high-temperature limit, instead of the standard ideal-gas behavior $P \propto TV^{-1}$.

5. THERMODYNAMICS OF $f(R)$ THEORIES

The former indicates the limit of existence of unstable configurations (which are exactly the Maxwell Construction, also known as the equal-area principle), while below the latter there are unstable states.

One can map the initial conditions that satisfy the slow-roll conditions (large negative $\tilde{\phi}$) into the right-most region in Fig. 5.7. If we follow the $(T = 0)$-curve, the system starts below the binodal line, which is exactly what is needed: the inflationary era should be metastable — i.e, it should last a few (~ 60) e-folds, not too short (as it would be for an unstable state) and not too long (as in a stable state). The final state, when $\tilde{\phi}$ is oscillating around the bottom of its potential, corresponds to the opposite end of the plot (small volume), in a different phase — for the case at hand, with a quadratic potential (5.49), the average value of the equation-of-state parameter for the field $\tilde{\phi}$ is $\langle \tilde{\omega}_\phi \rangle \equiv \langle \tilde{p}_\phi / \tilde{\rho}_\phi \rangle \approx 0$, i.e, a matter-dominated universe. We refer the reader to Ref. [**?**] to a numerical description and the full Thermodynamic correspondence.

5.4 Final summary

We have seen a strong correspondence between $f(R)$ theories (in the metric approach) and a first-order phase transition, as described by Catastrophe Theory. That analogy has only been investigated in the inflationary scenario, so far.

Current work in under way for the (p)reheating mechanism that leads to an homogeneous hot dense universe compatible to a radiation-dominated phase followed by a matter-dominated one, that GR describes

Sergio E. Jorás

so nicely. Of course, relativistic stars and perturbation growth are also part of the next steps, as well as more complex potentials in the Einstein frame.

I would like to thank Mario Novello for keeping such a successful School (along with its international counterpart, the Brazilian School of Cosmology and Gravitation) alive and thriving for so many years. I acknowledge financial support from FAPERJ.

5. Thermodynamics of $f(R)$ Theories

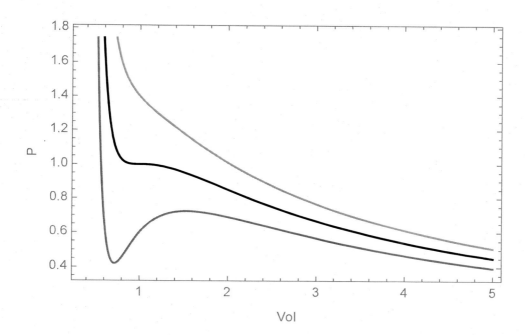

Figura 5.1: *Plot of the pressure × volume for 3 temperatures; the lower (upper) curve corresponds to temperatures below (above) the critical temperature T_c. In the middle curve ($T = T_c$), the two extrema (where $dP/dV = 0$) coalesce at the inflection point (where $d^2P/dV^2 = 0$).*

Sergio E. Jorás

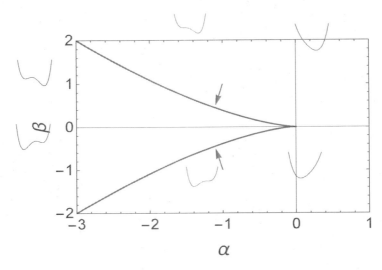

Figura 5.2: *Plot of the fold given by Eq. (5.48) and the corresponding form of the potential energy (5.45) in each region. The middle column of insets indicates the form of the potential on the bifurcation set, as indicated by the arrows. Inside the set, the potential has 3 extrema; outside, only one.*

5. THERMODYNAMICS OF $f(R)$ THEORIES

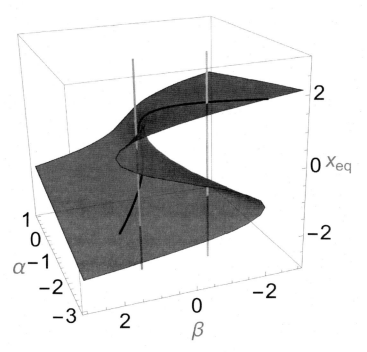

Figura 5.3: *Plot of the equilibrium positions, given by Eq. (5.47) as a function of the control parameters $\{\alpha, \beta\}$. The black solid curve is the projection of the fold (5.48) onto that surface. The vertical red and green straight lines are arbitrary, except for both being inside the fold. Each one indicate the number (3) of equilibrium solutions for each pair $\{\alpha, \beta\}$ and which ones coalesce and which one survives when the fold is crossed.*

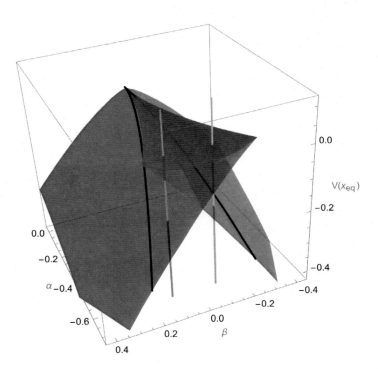

Figura 5.4: *Plot of the potential (5.45), calculated at the equilibrium positions x_{eq} given by Eq. (5.47), as a function of the control parameters $\{\alpha, \beta\}$. The black solid curve is the projection of the fold (5.48) onto that surface. Vertical red and green lines as in the previous figure.*

5. Thermodynamics of $f(R)$ Theories

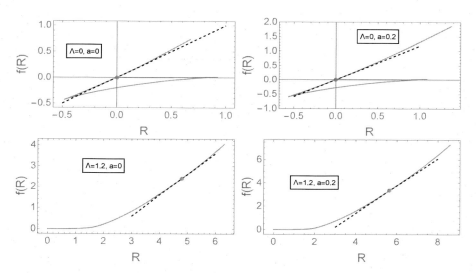

Figura 5.5: *Plots of $f(R) \times R$ for different values of the free parameters Λ and a, as indicated in each panel. Note the absence of the unstable region (where $f'' < 0$) for large Λ. Different values of a simply change the axis scales.*

Sergio E. Jorás

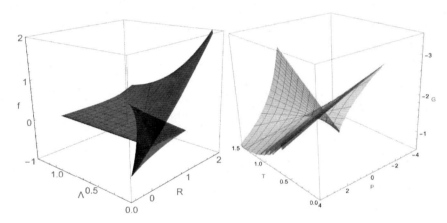

Figura 5.6: *Plots of* **(left panel)** $f(R,\Lambda)$, *given by Eqs. (5.50) and (5.51) with* $a = \Lambda = 0$, *and* **(right panel)** $G(P,T)$ *for de vdW gas. Two of the axes in the latter are inverted to allow a clear comparison to the former.*

5. Thermodynamics of $f(R)$ Theories

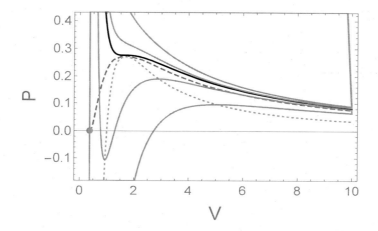

Figura 5.7: *Plot of the effective pressure P as a function of the effective volume V, for $a = a_* \equiv 1/\beta$ and different values of temperature: $T = T_c \equiv 15/16$ (solid thick black); lower (higher) curves, in solid thin gray, correspond to lower (higher) temperatures. The lowest one (bottom not shown) corresponds to $\Lambda \equiv T = 0$. The **spinodal curve** is plotted in dotted red. The **binodal curve** is plotted in dashed blue. The gray circle indicates the final configuration ($\phi = a$) for the $T = 0$ case (higher temperatures correspond to higher final pressures).*

Bibliografia

[1] T. P. Sotiriou and V. Faraoni, Reviews of Modern Physics 82, 451 (2010), arXiv:0805.1726 [gr-qc].

[2] T. P. Sotiriou, "Modified actions for gravity: Theory and phenomenology," (2007), arXiv:0710.4438 [gr-qc].

[3] A. De Felice and S. Tsujikawa, Living Reviews in Relativity 13, 3 (2010), arXiv:1002.4928 [gr-qc].

[4] L. Amendola and S. Tsujikawa, Dark Energy (2015).

[5] H. B. Callen, Thermodynamics and an Introduction to Thermostatistics, 2nd Edition (1985).

[6] R. Gilmore, Catastrophe Theory for Scientists and Engineers (Dover, New York, 1981).

[7] T. Poston and I. Stewart, Catastrophe Theory and Its Applications, Dover books on mathe- matics (Dover Publications, 1996).

Sergio E. Jorás

[8] P. T. Saunders, An Introduction to Catastrophe Theory (Cambridge University Press, 1980).

[9] M. Milgrom, Astrophys. J. 270, 371 (1983).

[10] V. Marra, D. C. Rodrigues, and A. O. F. de Almeida, Monthly Notices of the Royal Astro- nomical Society 494, 2875–2885 (2020).

[11] G. J. Olmo, International Journal of Modern Physics D 20, 413 (2011), arXiv:1101.3864 [gr- qc].

[12] T. P. Sotiriou and S. Liberati, Annals of Physics 322, 935 (2007), arXiv:gr-qc/0604006 [gr-qc].

[13] A. Hernandez-Arboleda, D. C. Rodrigues, J. D. Toniato, and A. Wojnar, "Palatini f (r) gravity tests in the weak field limit: Solar system, seismology and galaxies," (2023), arXiv:2306.04475 [gr-qc].

[14] D. I. Kaiser, Phys. Rev. D 52, 4295 (1995), arXiv:astro-ph/9408044 [astro-ph].

[15] L. Pogosian and A. Silvestri, Phys. Rev. D 77, 023503 (2008).

[16] L. Amendola, R. Gannouji, D. Polarski, and S. Tsujikawa, Physical Review D 75 (2007), 10.1103/physrevd.75.083504.

[17] D. Herrera, I. Waga, and S. Jor´as, Physical Review D 95 (2017), 10.1103/physrevd.95.064029.

BIBLIOGRAFIA

[18] E. Bertschinger and P. Zukin, Phys. Rev. D 78, 024015 (2008), arXiv:0801.2431 [astro-ph].

[19] A. Borisov, B. Jain, and P. Zhang, Phys. Rev. D 85, 063518 (2012), arXiv:1102.4839 [astro- ph.CO].

[20] R. C. Batista, Universe 8, 22 (2021).

[21] J. M. Z. Pretel, S. E. Jor´as, R. R. R. Reis, S. B. Duarte, and J. D. V. Arban~il, arXiv e-prints, arXiv:2308.00203 (2023), ar-Xiv:2308.00203 [gr-qc].

[22] F. Sbis'a, P. O. Baqui, T. Miranda, S. E. Jor´as, and O. F. Piattella, Physics of the Dark Universe 27, 100411 (2020), arXiv:1907.08714 [gr-qc].

[23] J. Khoury and A. Weltman, Phys. Rev. D 69, 044026 (2004), arXiv:astro-ph/0309411 [astro- ph].

[24] J. D. van der Waals, 1873, Ph.D. thesis, Universiteit Leiden (Over de continuiteit van den gas- en vloeistoftoestand (On the Continuity of the Gaseous and Liquid States)).

[25] C. Peralta and S. Jor´a s, Journal of Cosmology and Astroparticle Physics 2020, 053 (2020).

[26] G. Magnano and L. M. Soko lowski, Phys. Rev. D 50, 5039 (1994), arXiv:gr-qc/9312008 [gr-qc].

343

Ugo Moschella

Capítulo 6

Foundations of quantum field theory on curved spacetimes

UGO MOSCHELLA

6.1 Algebra of the observables of a classical system

The following discussion is based on [Strocchi 2005]. A classical Hamiltonian system is ideally described at a given instant of time by a set

6. FOUNDATIONS OF QUANTUM FIELD THEORY ON CURVED SPACETIMES

of canonical variables $q = (q_1, ..., q_n)$, $p = (p_1, ..., p_n)$, briefly by a point $P = \{q, p\}$ of the phase space manifold X. For simplicity, we will bound ourselves to the case of a compact manifold X which corresponds to a system is confined in a bounded region of space with bounded energy.

The *observable* physical quantities of the system include the q's and p's and their polynomials. Polynomials of course are not enough: for example the energy $E(q, p) = p^2/(2m^2) + V(q)$ is an observable which is not necessarily polynomial.

In general we may associate to a classical system the algebra $\mathscr{C}(X)$ of complex continuous functions on the phase space X. The product in the algebra $\mathscr{C}(X)$ is the pointwise product of functions

$$(fg)(q, p) = f(q, p)g(q, p) \tag{6.1}$$

which is is obviously commutative. To avoid any possible misunderstanding, the Poisson brackets

$$\{f, g\} = \sum_i \left(\frac{\partial f}{\partial q_i} \frac{\partial g}{\partial p_i} - \frac{\partial g}{\partial q_i} \frac{\partial f}{\partial p_i} \right) \tag{6.2}$$

define a non-commutative product of elements of the subalgebra $\mathscr{C}^\infty(X)$. The canonical variables, in particular, satisfy the classical canonical commutation relations

$$\{q_i, q_j\} = 0, \quad \{p_i, p_j\} = 0, \quad \{q_i, p_j\} = \delta_{ij}. \tag{6.3}$$

When we say that the *algebra of observables of a classical system is abelian* or commutative we do refer to the pointwise product (6.1), not to the Poisson brackets (6.2).

$\mathscr{C}(X)$ has an identity element 1 given by the function $e(q,p) = 1$ and a natural involution defined by the ordinary complex conjugation

$$f^*(q,p) = \overline{f(q,p)}.$$

To each element $f \in \mathscr{C}(X)$ one can assign a norm

$$||f|| = \sup_{q,p \in X} |f(q,p)|.$$

$\mathscr{C}(X)$ is complete[1] with respect to this norm and therefore is a Banach space. The algebraic pontwise product is continuous with respect to the norm topology since obviously $||fg|| \leq ||f|| ||g||$. $\mathscr{C}(X)$ is therefore a *Banach ∗-algebra*, but, more than this, it is a C^*-algebra since there holds the C^*-*condition*:

$$||f^*f|| = \sup_{q,p \in X} |f(q,p)|^2 = \left(\sup_{q,p \in X} |f(q,p)|\right)^2 = ||f||^2.$$

An algebra $\mathscr{A}$ with all the above properties is called an abelian C^*-algebra.

6.2 States

In the standard textbook description, the states of a classical system are described by points of the phase space o the system; this is based on

---

[1] Here complete simply means *sequentially complete*, that is all Cauchy sequences of continuous functions converge uniformly to functions which are continuous and therefore also belong to $\mathscr{C}(X)$. The above Banach topology thus allows to approximate any observable by a sequence of polynomial in the canonical variables.

6. Foundations of Quantum Field Theory on Curved Spacetimes

the assumption that the canonical variables may be measured with infinite precision. In practice, measuring with infinite precision is impossible and the location of the system in the phase space (i.e. position and velocity of its components) at a given time is known only within an error bar, or else, with a certain probability. This means that the identification of a state of a physical system is rather given by the set of expectation values of its observables. Since the expectation $\omega(f)$ of an observable f is the average of the results of the measurements of the observable f in the given state, it follows that such expectations are linear, i.e. $\omega(af+bg) = a\omega(f)+b\omega(g)$ and satisfy the positivity condition, namely $\omega(f^*f) \geq 0$. The positivity condition $\omega((f+g)^*(f+g))$ in turn implies the validity of Cauchy-Schwarz' inequality

$$|\omega(f^*g)| \leq \sqrt{\omega(f^*f)}\sqrt{\omega(g^*g)}$$

and therefore $\omega(1) > 0$ unless ω is identically zero. Given a (non-trivial) state one may always normalize it: $\omega(1) = 1$.

Summarizing: a classical Hamiltonian system is defined by

1. the *Abelian* (i.e. commutative) C^*-algebra $\mathscr{A}$ of its **observables**: this is the C^*-algebra of continuous functions on the phase space X

$$\mathscr{A} = \mathscr{C}(X) = \{f : X \to \mathbf{C}, \ f \text{ is continuous}\}$$

2. a state[2] - a normalized positive linear functional ω on $\mathscr{C}(X)$:

$$\omega : \mathscr{C}(X) \to \mathbf{C}, \ \omega(af+bg) = a\omega(f)+b\omega(g), \ \omega(f^*f) > 0$$

---

[2]Of course, not every state has a physical interpretation.

Ugo Moschella

The positive linear functional on the space of continuous function on a compact Hausdorff space may be represented, by the Riesz-Markov theorem, as (Borel) probability measure on X as follows:

$$\omega(f) = \int_X f d\mu_\omega, \quad \omega(1) = \int_X d\mu_\omega = 1;$$

such representation is unique. States have therefore a probabilistic interpretation also in classical physics. The coarseness or variance affecting the measurements of an observable f

$$\Delta_\omega f^2 = \omega((f - \omega(f))^2)$$

indicates how much the results of measurements of f in the given state depart from the average $\omega(f)$.

This wider concept of state contains also the textbook definition: when the probability measure is the Dirac measure μ_{P_0} concentrated at the point $P_0 = \{q_0, p_0\}$:

$$\omega_{P_0}(f) = \int_X f d\mu_{P_0} = f(q_0, p_0)$$

the state is represented by a point of the phase space. Clearly, in this case the variance of vanishes and any observable f takes a sharp value.

6.3 Quantum Observables

While observables cannot in practice be measured with infinite precision, in classical physics there exists no objection in principle to the

6. Foundations of Quantum Field Theory on Curved Spacetimes

possibility of doing better and better measurements and approach states which are sharp, i.e. dispersionless .

Not so in quantum mechanics: Heisenberg's principle, which founds Quantum Mechanics, states that there exist a lower bound to the precision with which one can measure dual variables - say positions and momenta - which is *independent on the state* :

$$\Delta_\omega q \Delta_\omega p > \frac{\hbar}{2}. \tag{6.4}$$

To better understand the meaning of the above bound, let us proceed formally ignoring for the moment every technical issue and consider the case where position and momentum have zero average: $\omega(q) = \omega(p) = 0$. The quantity $(q - i\lambda p)(q + i\lambda p)$ is positive and therefore for any state the following inequality must hold:

$$\omega(q^2) + \lambda^2 \omega(p^2) + i\lambda \omega([q,p]) > 0. \tag{6.5}$$

The above expression attains its minimum value at

$$\lambda = -\frac{i\omega([q,p])}{2\omega(p^2)} \tag{6.6}$$

which implies

$$\Delta\omega(q)\Delta\omega(p) > \frac{1}{2}|\omega([q,p])| \tag{6.7}$$

Since $\omega(1) = 1$ the possibility to meet the state independence of Heisenberg's bound is to suppose that

$$[q,p] = i\hbar 1 \tag{6.8}$$

Ugo Moschella

The consequence of Heisenberg's principle of indetermination is that in general *quantum observables do not commute*. All the difference between classical and quantum physics is here. The mathematical framework described above for classical systems extends to quantum system with the only - huge - difference that the assumption of commutativity of the observables is dropped. Summarizing:

1. A classical or quantum physical system is defined by its C^*-algebra $\mathscr{A}$ of observables (with identity).

2. Measurements of the observables identify the states as normalized positive linear functional on $\mathscr{A}$. The set S of physical states separates the observables and conversely the observables separate the states.

In appendix .1 the reader will found a summary of te relevant definitions concerning C^*-algebras and spectra.

6.4 Hilbert space representation of the obervables

In the standard textbook approach, the observables of a quantum mechanical system are operators in a Hilbert space. The bridge between the more abstract algebraic approach based on the C^*-algebra of the observables and the states that describe experimental measurements is provided by the fundamental Gelfand-Naimark-Segal theorem which allows to uniquely associate to a state ω a representation of $\mathscr{A}$ in a

6. FOUNDATIONS OF QUANTUM FIELD THEORY ON CURVED SPACETIMES

Hilbert space $\mathcal{H}_\omega$ as a subalgebra of $\mathcal{B}(\mathcal{H}_\omega)$, the Banach algebra of all bounded linear operators in $\mathcal{H}_\omega$.

In general constructing a representation of the algebra $\mathcal{A}$ in a Hilbert space $\mathcal{H}$ means constructing a linear map $\pi : \mathcal{A} \to \mathcal{B}(\mathcal{H})$ preserving the algebraic structures:

1. $\pi(\lambda A + \mu B) = \lambda \pi(A) + \mu \pi(B)$,

2. $\pi(AB) = \pi(A)\pi(B)$,

3. $\pi(1) = \mathbf{1}$ (the identity operator on $\mathcal{H}$),

4. $\pi(A^*) = (\pi(A))^*$ (the hermitian conjugate of $(\pi(A))$).

We recall that:

- A representation is *faithful* if $\pi(A) = \pi(B)$ if and only if $A = B$.

- A representation is *irreducible* if $\{0\}$ and $\mathcal{H}$ itself are the only closed subspaces of $\mathcal{H}$ invariant under the action of $\pi(\mathcal{A})$. A representation is irreducible if and only if the commutant

$$\pi(\mathcal{A})' = \{C \in \mathcal{B}(\mathcal{H}) : [C, \pi(A)] = 0, \forall A \in \mathcal{A}\}$$

consists only of multiples of the identity operator.

- A vector $\psi \in \mathcal{H}$ is *cyclic* if $\pi(\mathcal{A})\psi$ is a dense subset of $\mathcal{H}$. Every vector of the Hilbert space of an irreducible representation is cyclic.

Ugo Moschella

The following Gelfand-Naimark-Segal (GNS) construction of a representation is of fundamental importance:

Lema 3 *(GNS) Given a C^*-algebra $\mathscr{A}$ (with identity) and a state ω there is a Hilbert space $\mathscr{H}_\omega$ and a representation $\pi_\omega : \mathscr{A} \to \mathscr{B}(\mathscr{H}_\omega)$ such that*

1. *$\mathscr{H}_\omega$ contains a cyclic vector ψ_ω.*

2. *$\omega(A) = (\psi_\omega, \pi_\omega(A)\psi_\omega)$.*

3. *Every other representation π with a cyclic vector ψ and such that $\omega(A) = (\psi, \pi(A)\psi)$ is unitarily to π_ω*

Construction of the Hilbert space $\mathscr{H}_\omega$. The construction of the Hilbert space is quite simple: $\mathscr{A}$ is a vector space and ω induces a pre-Hilbert structure in $\mathscr{A}$ thanks to the positive-semidefinite inner product

$$(A,B) = \omega(A^*B).$$

To get a Hilbert space, the subspace $J = \{B \in \mathscr{A} : \omega(A^*B) = 0, \forall A \in \mathscr{A}\}$ of the zero-norm vectors has to be quotiented out. J is obviously is a left ideal of $\mathscr{A}$ (i.e. $\mathscr{A}J \subset J$) and the quotient space $\mathscr{A}/J$ made of the equivalence classes $[A] = A + B, B \in J$ is well defined. The inner product induced on $\mathscr{A}/J$ by ω is well-defined and strictly positive. The completion of $\mathscr{A}/J$ with respect to the topology induced by inner product is the Hilbert space $\mathscr{H}_\omega$.

Construction of the representation map π_ω . To each $A \in \mathscr{A}$ let us

6. FOUNDATIONS OF QUANTUM FIELD THEORY ON CURVED SPACETIMES

associate the operator $\pi_\omega(A)$ acting on $\mathcal{H}_\omega$ as follows:

$$\pi_\omega(A)[B] = [AB] \tag{6.9}$$

Since J is a left ideal $\pi_\omega(A)$ is well defined and bounded

$$||\pi_\omega(A)[B]||^2_{\mathcal{H}_\omega} = \omega(B^*A^*AB) \leq \omega(B^*B)||A||^2 = ||A||^2||[B]||^2_{\mathcal{H}_\omega}$$
$$\tag{6.10}$$

because $\omega_B(A) = \omega(B^*AB)$ is a positive linear functional and therefore continuous. In particular, the map π_ω is non expansive:

$$||\pi_\omega(A)||_{\mathcal{B}(\mathcal{H})} \leq ||A|| \tag{6.11}$$

because Since $\pi_\omega(A)[1] = [A]$, the equivalence class of the identity $\psi_\omega = [1]$ is a cyclic vector and

$$(\psi_\omega, \pi_\omega(A)\psi_\omega) = ([1], [A]) = \omega(1^*A) = \omega(A) \tag{6.12}$$

Essential uniqueness of π_ω . Finally, the isometry is completely defined by cyclicity by

$$U^{-1}\pi_\omega(A)\psi_\omega = \pi(A)\psi$$

In fact, U is norm preserving and its range is dense, so that it has a unique extension to a unitary map from $\mathcal{H}_\omega$ to $\mathcal{H}$.

The GNS construction is very important for the implications on the description of physical systems: it says that the experimental set of expectations of the observables in a certain state have a Hilbert space interpretation: the observables are represented by Hilbert space operators and the description of the state in terms of matrix elements of a Hilbert space vector. Thus, the standard mathematical description of quantum mechanical systems need not to be postulated but it is a consequence of the C^*-algebra structure of the observables.

Given a state ω the vectors of the representation space $\mathcal{H}_\omega$ define states on $\mathcal{A}$ since

$$\phi(A) = (\Phi, \pi_\omega(A)\Phi), \quad \forall \Phi \in \mathcal{H}_\omega$$

is a positive linear functional on $\mathcal{A}$. The so obtained states have the physical interpretation of states obtained by "acting" on ω by the observables, i.e. by physically realizables operations.

Given any two normalized states ω_1 and ω_2 the convex linear combination

$$\omega = \lambda \omega_1 + (1-\lambda)\omega_2, \quad 0 < \lambda < 1$$

is also a normalized state, called a mixture of the state ω_1 and ω_2 or briefly a mixed state.

A state ω is called a pure state if it cannot be written as a convex linear combination of other states. One can show that the GNS representation defined by a state ω is irreducible iff ω is pure. Thus, a *mixed state* ω cannot be represented by a *state vector* of an irreducible representation; rather it is represented by a density matrix in an irreducible representation i.e. there exists a positive trace-class operator ρ in $\mathcal{H}$ such that

$$Tr(\rho) = 1, \quad \omega(A) = Tr(\rho \pi(A)), \quad \forall A \in \mathcal{A}.$$

6. Foundations of Quantum Field Theory on Curved Spacetimes

6.5 Quantum particle

The classical (massive) particle is the simplest classical system and in classical mechanics its dispersionless states are ideally defined by the position q and the momentum p. In the more general framework described before a classical particle is defined by its algebra of observables $\mathscr{A}$ that are the continuous functions of q and p.

Correspondingly, one would like to define the quantum particle by an algebra of observables "generated"by the q_i's and p_j's (and the identity 1) which satisfy the Heisenberg canonical commutation relations (CCR)

$$[q_i, p_j] = i\hbar \delta_{ij} 1, \quad [q_i, q_j] = 0, \quad [p_i, p_j] = 0, \quad i, j = 1, \dots, N. \quad (6.13)$$

in place of the Poisson brackets (6.3). For simplicity we will put $\hbar = 1$ and considered the case of one space dimension. The vector space, over the field of complex numbers, generated by q, p and 1 is a Lie algebra and it is called the Heisenberg Lie Algebra.

However, the Heisenberg CCR's imply that q and p cannot belong to a C^* algebra because a norm cannot be both assigned to them. The physical reason for this mathematical obstruction is that q and p are not actually observables, due to the limitation in space of the experimental apparatus.

A way out was given by Weyl, who introduced the polynomial algebra generated by the so-called Weyl operators:

$$U(\alpha) = e^{i\alpha q}, \quad V(\beta) = e^{i\beta p}, \quad \alpha, \beta \in \mathbf{R}$$

The Heisenberg CCR's take the following form (Weyl commutation relations):

$$U(\alpha)V(\beta) = e^{-i\alpha\beta}V(\beta)U(\alpha),$$
$$U(\alpha)U(\beta) = U(\alpha+\beta), \quad V(\alpha)V(\beta) = V(\alpha+\beta),$$
$$U(\alpha)^* = U(-\alpha), \quad V^*(\beta) = V(-\beta). \tag{6.14}$$

It follows from the above Weyl relations that

$$U(\alpha)^*U(\alpha) = 1 = V^*(\beta)V(\beta).$$

Let $\mathscr{A}_w$ be the algebra generated by the $U(\alpha)$'s and $V(\beta)$'s by complex linear combinations and products. To get a C^*-algebra one has to assign a C^* norm to the elements of $\mathscr{A}_w$ and take the norm closure. The unique norm that is compatible with the C^* structure requires that

$$\|U(\alpha)\| = 1, \quad \|V(\beta)\| = 1, \quad \|U(\alpha)V(\beta)\| = 1.$$

By completing $\mathscr{A}_w$ with respect to the norm we get the Weyl C^*-algebra that we also denote with te symbol $\mathscr{A}_w$.

6.6 Theorem of Stone and Von Neumann

The celebrated theorem of Stone and Von Neumann asserts that (under the regularity condition conditions) there exists only one unitary irreducible representation of the Weyl algebra. i.e. of the canonical commutation relations encoded in the Heisenberg algebra. This unique representation called the Fock representation is infinite-dimensional and

6. Foundations of Quantum Field Theory on Curved Spacetimes

universally. Strangely enough, this fundamental theorem is rarely taught in courses and textbooks of quantum mechanics.

The uniqueness is a consequence of the fact that the transition amplitudes

$$\omega(A) = (\psi_\omega, \pi_\omega(A)\psi_\omega) \qquad (6.15)$$

uniquely fix the GNS representation, i.e the Hilbert space representation of a C^*-algebra $\mathscr{A}$.

Lema 4 *All the regular (i.e. strongly continuous) irreducible representations of the Weyl C^*-algebra are unitarily equivalent.*

Let us focus our attention on a particularly interesting class of elements of the Weyl algebra $\mathscr{A}_w$ is

$$W(\alpha,\beta) = e^{\frac{i}{2}\alpha\beta}U(\alpha)V(\beta) = e^{-\frac{i}{2}\alpha\beta}V(\beta)U(\alpha)$$

Obviously

$$W(\alpha,\beta)^* = e^{-\frac{i}{2}\alpha\beta}V(-\beta)U(-\alpha) = W(-\alpha,-\beta), \qquad (6.16)$$
$$W(\alpha,\beta)W(\alpha,\beta)^* = 1. \qquad (6.17)$$

Ugo Moschella

Also[3]

$$W(\alpha,\beta)W(\gamma,\delta) = e^{i(\beta\gamma-\alpha\delta)}W(\gamma,\delta)W(\alpha,\beta)$$
$$= e^{\frac{i}{2}(\beta\gamma-\alpha\delta)}W(\alpha+\beta,\gamma+\delta). \qquad (6.18)$$

Let us suppose that

$$\pi : \mathscr{A}_w \to \mathscr{B}(\mathscr{H})$$

is a regular irreducible representation of the Weyl algebra $\mathscr{A}_w$. We are going to show that the transition amplitudes of the the representative of the elements $W(\alpha,\beta) \in \mathscr{A}_w$

$$W(\alpha,\beta) \to \pi(W(\alpha,\beta)) : \mathscr{H} \to \mathscr{H}$$

are completely fixed by the irreducibility hypothesis. To this aim we construct the operator

$$P = \frac{1}{2\pi} \int e^{-\frac{\alpha^2+\beta^2}{4}} \pi(W(\alpha,\beta))\,d\alpha\,d\beta$$

The above integral exists by the regularity hypothesis as a strong limit of a sequence of Riemann's sums. One has immediately that

$$P^* = \frac{1}{2\pi} \int e^{-\frac{\alpha^2+\beta^2}{4}} \pi(W(-\alpha,-\beta))\,d\alpha\,d\beta = P$$

---

[3]Note the appearance of the symplectic form

$$(\alpha,\beta)\begin{pmatrix} 0 & 1 \\ -1 & 0 \end{pmatrix}\begin{pmatrix} \gamma \\ \delta \end{pmatrix} = \beta\gamma - \alpha\delta$$

6. Foundations of Quantum Field Theory on Curved Spacetimes

A more elaborate but still easy computation shows that

$$
\begin{aligned}
P^2 &= \frac{1}{4\pi^2} \int e^{-\frac{\alpha^2+\beta^2+\gamma^2+\delta^2}{4}} \pi(W(\alpha,\beta))\pi(W(\gamma,\delta))\,d\alpha\,d\beta\,d\gamma\,d\delta \\
&= \frac{1}{4\pi^2} \int e^{\frac{i}{2}(\beta\gamma-\alpha\delta)} e^{-\frac{\alpha^2+\beta^2+\gamma^2+\delta^2}{4}} \pi(W(\alpha+\gamma,\beta+\delta))\,d\alpha\,d\beta\,d\gamma\,d\delta = P.
\end{aligned}
$$

$$(6.19)$$

P cannot be zero otherwise

The conclusion that may be drawn from the Stone-Von Neumann theorem is that the distinction between the abstract Heisenberg algebra and its representations by means of operators in a Hilbert space is unnecessary for the study of finite-dimensional quantum mechanical systems. In particular, when considering one quantum particle in $\mathbf{R}^N$, since the representation of CCR's is unique, we are entitled to remove the π and to use the standard Schrodinger representation without any loss of generality:

$$
q_i\psi(\mathbf{x}) = x_i\psi(\mathbf{x}), \quad p_j\psi(\mathbf{x}) = -ih\frac{\partial}{\partial x_j}\psi(\mathbf{x}), \quad i,j = 1,\ldots,N. \quad (6.20)
$$

The canonical commutation relations can be used to build the Hilbert space starting from the cyclic state in a standard way: one introduces the ladder operators [Dirac(1958), Messiah(1930)] as the following complex combinations of the elements of the basis of the Heisenberg algebra:

$$
a_i = \frac{q_i + ip_i}{\sqrt{2}}, \quad a_j^\dagger = \frac{q_j - ip_j}{\sqrt{2}}, \quad i,j = 1,\ldots,N; \quad (6.21)
$$

Ugo Moschella

the CCR's are rewritten as follows:

$$[a_i, a_j] = 0, \quad [a_i^\dagger, a_j^\dagger] = 0, \quad [a_i, a_j^\dagger] = \hbar \delta_{ij} 1, \quad i, j = 1, \ldots, N. \quad (6.22)$$

The Hilbert space is constructed from the cyclic Fock vacuum vector annihilated by the a_i's:

$$a_i |0\rangle = 0 \quad i = 1, \ldots, N, \quad \langle 0 | 0 \rangle = 1 \quad (6.23)$$

An orthonormal basis of $\mathcal{H}$ is then obtained by repeated application of the creation operators to the vacuum:

$$|n_1, n_2, \ldots, n_N\rangle \equiv (n_1! n_2! \ldots n_N!)^{-\frac{1}{2}} (\hat{a}_1^\dagger)^{n_1} (\hat{a}_2^\dagger)^{n_2} \ldots (\hat{a}_N^\dagger)^{n_N} |0\rangle. \quad (6.24)$$

A generic vector of the Hilbert space is then uniquely identified is by a net of complex numbers $c_{n_1 n_2 \ldots n_N} = \langle n_1, n_2, \ldots, n_N | \psi \rangle$ such that

$$||\psi||^2 = \sum_{i_1, i_2, \ldots, i_N = 0}^{\infty} |c_{i_1 i_2 \ldots n_N}|^2 < \infty \quad (6.25)$$

Matrix elements of the operators q_i, p_j, a_k and $a_l^\dagger$ can be easily computed in this representation by using the commutation relations (6.22) and the condition (6.23). In particular the number operator

$$N = \sum_{i=1}^{n} a_i^\dagger a_i \quad (6.26)$$

is diagonal and well defined. Every other Hilbert space representations of the CCR satisfying the hypotheses of the Stone-Von Neumann theorem is unitarily equivalent to this one.

6. FOUNDATIONS OF QUANTUM FIELD THEORY ON CURVED SPACETIMES

6.7 Infinite Systems

The situation drastically changes when considering systems with infinitely many degrees of freedom: the Stone–Von Neumann fails and there exist uncountably many *inequivalent* Hilbert space representations of the canonical commutation relations (6.13) or (6.22) when $N = \infty$. The distinction between the CCR algebra and its Hilbert space representations here becomes crucial; finding a quantum theory for an infinite system (such as a field) involves therefore three distinct steps:

1. Construction of an infinite dimensional algebra describing the degrees of freedom of the quantum system;

2. Construction of a Hilbert space representation of the algebra.

3. Choice of one or more physically meaningful representation.

Unfortunately, a complete classification of the possible representations of the canonical commutation relations in the infinite-dimensional case does not exist and is not foreseen in the near future. This lack of knowledge is especially relevant in curved backgrounds where, generally speaking, the construction of a representation cannot be guided by simple physical principles as it is the case in flat space.

Indeed, while the CCR's have a purely kinematical content, the construction of one specific physically meaningful representation in a Hilbert space is always related to dynamics and different dynamical behaviors require inequivalent representations of the CCR's (see e.g. [Strocchi(1985)]). In this sense, knowing the Lagrangian of the theory is not enough; the choice of a representation is related to many fundamental issues such as renormalizability, thermodynamical equilibrium and entropy, implementation of symmetries, phase transitions, etc, which require pieces of information that the Lagrangian does not contain.

The purpose of the following discussion is to clarify some aspects the above non-uniqueness features by a detailed discussion of the most elementary and well-known case: the Klein-Gordon field in several different contexts.

We recall that a classical field is a quantity defined at each point of the spacetime manifold $\mathcal{M}$ that describes both matter and interactions in a local way (vs action at a distance):

$$\mathcal{M} \ni x \to \phi(x) \in \mathbf{V}.$$

The function $\phi(x)$ may take real values, complex values, or values in some finite dimensional vector space. A field encodes an infinite number of degrees of freedom: the "values"of the field at each spacetime point. A relativistic field has suitable tensorial transformation properties under the appropriate relativity group. Fields however may or may not be observable: the electromagnetic field is observable, the electromagnetic four-potential potential is not, a spinor field is not, etc..

Here we focus in particular on scalar fields and more specifically on Klein-Gordon fields.

6. Foundations of Quantum Field Theory on Curved Spacetimes

6.8 Free classical Klein-Gordon fields. The Pauli-Jordan function

In this Section and in the following one we focus on the the four-dimensionasl Minkowski spacetime M_4. Little adjustements are needed to extend the discussion to a generic globally hyperbolic manifold; an event $x \in M_4$ and will be presented in Section 6.10. is parameterized by a set of inertial coordinates $t = x^0$, $\mathbf{x} = (x^1, x^2, x^3)$. The nonvanishing covariant components of the metric tensor are $\eta_{00} = -\eta_{ii} = 1$ in every inertial frame; the Lorentz-invariant product of two events is given by $x \cdot x' = \eta_{\mu\nu} x^\mu x'^\nu = tt' - \mathbf{x} \cdot \mathbf{x}'$.

The classical dynamics of a real massive Klein-Gordon scalar field $\phi(x)$ defined on M_4 is governed by the Lagrangian density

$$\mathcal{L} = \frac{1}{2}(\partial^\mu \phi)(\partial_\mu \phi) - \frac{1}{2}m^2 \phi^2 \qquad (6.27)$$

which implies the Klein-Gordon equation:

$$\Box \phi + m^2 \phi = \partial_t^2 \phi - \Delta \phi + m^2 \phi = 0. \qquad (6.28)$$

At a given time t_0, the canonical variables encoding the degrees of freedom of the field are the values of field itself $\phi(t_0, \mathbf{x})$ and of the conjugated momenta

$$\pi(t_0, \mathbf{x}) = \frac{\partial \mathcal{L}}{\partial(\partial^t \phi)} = \partial_t \phi(t_0, \mathbf{x}). \qquad (6.29)$$

Ugo Moschella

Here the spatial coordinates $\mathbf{x}$ are intended as continuous labels for the infinitely many degrees of freedom of the field in very much the same way as the discrete indices i of the finite dimensional case label the degrees of freedom of the mechanical system (6.2). Consequently, the Poisson brackets of the canonical variables $\phi(t_0, \mathbf{x})$ and $\pi(t_0, \mathbf{x})$ can be formally assigned as in Eq. (6.3):

$$\{\phi(t_0, \mathbf{x}), \phi(t_0, \mathbf{x}')\} = 0, \quad \{\pi(t_0, \mathbf{x}), \pi(t_0, \mathbf{x}')\} = 0,$$
$$\{\phi(t_0, \mathbf{x}), \pi(t_0, \mathbf{x}')\} = \delta(\mathbf{x} - \mathbf{x}'). \tag{6.30}$$

The phase space of the classical KG theory can thus be identified with the space of suitably regular initial conditions for the Cauchy problem

$$(\Box + m^2)\phi(x) = 0$$
$$\phi(t_0, \mathbf{x}) = \phi_0(\mathbf{x})$$
$$\partial_t \phi(t_0, \mathbf{x}) = \pi(t_0, \mathbf{x}) = \pi_0(\mathbf{x}) \tag{6.31}$$

or, what is the same, with the space real solutions of the above equation for all possible suitably regular initial conditions. The phase space has manifestly a linear structure; its symplectic structure of is encoded in the two-form

$$\Omega(\phi_1, \phi_2) = \int_{\mathbf{R}^{d-1}} [\pi_1(t_0, \mathbf{x})\phi_2(t_0, \mathbf{x}) - \phi_1(t_0, \mathbf{x})\pi_2(t_0, \mathbf{x})]d\mathbf{x} \tag{6.32}$$

which obviously does not depend on the choice of the initial time t_0.

The Poisson brackets (6.30) can be also equivalently written in a covariant way: the Peierls Poisson brackets

$$\{\phi(x), \phi(y)\} = -\Delta(x - y). \tag{6.33}$$

6. Foundations of Quantum Field Theory on Curved Spacetimes

$\Delta(x)$ is the Pauli-Jordan function

$$\Delta(x) = \frac{i}{(2\pi)^3} \int e^{-ikx} \varepsilon(k^0) \delta(k^2 - m^2) d^4k = -\Delta(-x) = \Delta(x)^* \quad (6.34)$$

that is the unique solution of the Cauchy problem with initial conditions (minus) the equal time CCR's (6.30) :

$$(\Box + m^2)\Delta(x) = 0, \quad \Delta(0, \mathbf{x}) = 0, \quad \partial_t \Delta(0, \mathbf{x}) = \delta^3(\mathbf{x}); (6.35)$$

$\varepsilon(k^0) = \theta(k^0) - \theta(-k^0)$ is the sign of k^0, here written in terms of the Heaviside step function $\theta(k^0)$. $\Delta(x)$ is related to the retarded and the advanced propagators

$$D^{ret}(x) = -\frac{1}{(2\pi)^4} \int \frac{e^{-ikx}}{(k^0 + i\varepsilon)^2 - \mathbf{k}^2 - m^2} d^4k \quad (6.36)$$

$$D^{adv}(x) = -\frac{1}{(2\pi)^4} \int \frac{e^{-ikx}}{(k^0 - i\varepsilon)^2 - \mathbf{k}^2 - m^2} d^4k \quad (6.37)$$

by the fundamental relation

$$\Delta(x) = D^{ret}(x) - D^{adv}(x). \quad (6.38)$$

Since the support of the retarded is the forward lightcone and the support of the advanced propagators is the backward lightcone, Eq. (6.38) shows that $\Delta(x) = 0$ when x is spacelike.

One easily checks that the unique solution of the Cauchy problem (6.31) can be written as the following *convolution over all the space* $\mathbf{R}^3$

Ugo Moschella

of the Pauli-Jordan function and the initial conditions

$$\phi(t,\mathbf{x}) = \int \partial_t \Delta(t - t_0, \mathbf{x} - \mathbf{x}')\phi_0(\mathbf{x}')d^3\mathbf{x}' + \int \Delta(t - t_0, \mathbf{x} - \mathbf{x}')\pi_0(\mathbf{x}')d^3\mathbf{x}'$$
$$= -\Omega(\Delta_x, \phi)$$

$$(6.39)$$

where we introduced the notation $\Delta_x(x') = \Delta(x - x')$.

There is a second way to write a solution of the Klein-Gordon equation by using the Pauli-Jordan function: given a test function $f(x)$ that is sufficiently regular and decreasing, it amounts to compute the *spacetime convolution* of Δ and f:

$$\phi_f(x) = \int \Delta(x - x')f(x')d^4x' = (\Delta * f)(x). \qquad (6.40)$$

Note also that Eq. (6.40) remains valid for *complex* test functions f and provides *complex* solutions of the KG equation. The reality of the Pauli-Jordan function implies that

$$\phi_f(x) = \operatorname{Re}\phi_f(x) + i\operatorname{Im}\phi_f(x) = \phi_{\operatorname{Re} f}(x) + i\phi_{\operatorname{Im} f}(x). \qquad (6.41)$$

What is the connection between Eqs. (6.39) and (6.40)? The answer to this question sheds further light on the relation between the symplectic form (6.32) and the Peierls symplectic form (6.33).

The key observation is that, given a smooth real solution $\phi(x)$ of the KG equation with compactly supported initial data $\phi_0(\mathbf{x})$ and $\pi_0(\mathbf{x})$,

6. Foundations of Quantum Field Theory on Curved Spacetimes

there exists a compactly supported test function $f \in \mathscr{C}_0^\infty(\mathbf{R}^4)$ such that $\phi(x) = \phi_f(x)$; one may check that the function

$$f(x) = (\Box + m^2)(\chi(t)\phi(x)) = \chi''(t)\psi(x) + \chi'(t)\partial_t\phi(x) \qquad (6.42)$$

has the required properties, where $\chi(t)$ is any smooth step function, i.e. an infinitely differentiable monotone function vanishing for $t < 0$ and identically equal to one for $t > 1$.

Next, let $h \in \mathscr{C}_0^\infty(\mathbf{R}^4)$. In any given Lorentz frame there exist two times t_0 and t_1 such that h vanishes before t_0 and after t_1. Therefore

$$\int_{M_4} \phi(x)h(x)dtd\mathbf{x} = \int_{t_0}^{t_1} \int_{\mathbf{R}^3} \phi(x)h(x)dtd\mathbf{x} \qquad (6.43)$$

Next we insert at the rhs the identity $h(x) = (\Box + m^2)(D^{adv} * h)(x)$. Since

$$\phi\Box(D^{adv} * h) = \partial^\mu \left(\phi\,\partial_\mu(D^{adv} * h) - (\partial_\mu\phi)(D^{adv} * h)\right) + (\Box\phi)(D^{adv} * h)$$

we are entitled to use Stokes' theorem to transform the above *spacetime* integral into an integral over *space* at the fixed time t_1:

$$\int_{t_0}^{t_1} \int_{\mathbf{R}^3} \phi(x)h(x)dtd\mathbf{x} = -\int_{t=t_0} (\phi\partial_t(D^{adv} * h) - (\partial_t\phi)(D^{adv} * h))d\mathbf{x} =$$

$$= \int_{t=t_0} (\phi\partial_t(\Delta * h) - (\partial_t\phi)(\Delta * h))d\mathbf{x} = -\Omega(\phi, \Delta * h).$$

$$(6.44)$$

In the last step we used the vanishing of $(D^{(ret)} * h)(t_1, \mathbf{x}) = 0$.

Ugo Moschella

Finally, by choosing $\phi = \phi_g = (\Delta * g)$, where g is any test function belonging to $\mathscr{C}_0^\infty(\mathbf{R^4})$, we get the identity

$$\int \int g(x)\Delta(x-y)h(y)d^4x d^4y = -\Omega(\Delta * g, \Delta * h) = -\Omega(\phi_g, \phi_h) \quad (6.45)$$

which elucidates the meaning of the covariant Peierls Poisson brackets (6.33).

6.9 Quantization: CCR's and the covariant commutator

Following the discussion of the finite-dimensional case, the first step to quantize the classical Klein-Gordon field is the introduction of a fixed time Heisenberg CCR algebra by imposing the equal time canonical commutation relations

$$[\phi(t,\mathbf{x}), \phi(t,\mathbf{x'})] = 0, \quad [\pi(t,\mathbf{x}), \pi(t,\mathbf{x'})] = 0,$$
$$[\phi(t,\mathbf{x}), \pi(t,\mathbf{x'})] = i\hbar\delta(\mathbf{x} - \mathbf{x'}). \quad (6.46)$$

Equivalently, it is possible to write the CCR's in a covariant way (which is indeed more useful for the second step, see below):

$$[\phi(x), \phi(x')] = C(x-x') = -i\hbar\Delta(x-x'). \quad (6.47)$$

The commutator has a purely algebraic or kinematical content and, for free fields, is a multiple of the identity element of the algebra.

6. FOUNDATIONS OF QUANTUM FIELD THEORY ON CURVED SPACETIMES

This first algebraic step is thus summarized in the determination of the covariant commutator $C(x,x')$ which is uniquely fixed by the equations of motion; there is no ambiguity in the covariant commutator.

For simplicity, we have used here the same letters used before for the classical fields, namely ϕ and π, to denote the canonical quantum variables of the infinite-dimensional Heisenberg algebra associated to the free Klein-Gordon field. In the following we will set again $\hbar = 1$.

It is important to recall also that a quantum field cannot be measured at a spacetime point and that only smeared fields are meaningful operators, i.e. a quantum field is an operator valued distribution defined, say, on the topological space of test functions $\mathscr{S}(M_4)$

$$\mathscr{S}(M_4) \ni f \to \phi(f) = \int \phi(x)f(x)\,dx \in \mathscr{F}; \qquad (6.48)$$

the commutation rules are to be intended in the sense of distributions:

$$[\phi(f),\phi(g)] = \int f(x)C(x-x')g(x')dxdx'. \qquad (6.49)$$

However, when the field satisfies the Klein-Gordon equation, the restriction of the quantum field to spacelike surfaces (in particular, at fixed times) is mathematically meaningful so are the equal time CCR's (6.46):

$$[\phi(t,\mathbf{f}),\pi(t,\mathbf{g})] = i\hbar \int \mathbf{f}(\mathbf{x})\mathbf{g}(\mathbf{x})d^3\mathbf{x}. \qquad (6.50)$$

Now we need to extend the discussion (of section **??** to complex classical KG fieds. The first step is to introduce a sesquilinear form in

Ugo Moschella

the space of complex solutions of the KG equation:

$$(\phi_1, \phi_2)_{KG} = i \int_{t=t_0} (\phi_1^* \partial_t \phi_2 - \phi_2 \partial_t \phi_1^*) d\mathbf{x}; \qquad (6.51)$$

it is referred to as the KG inner product and is of course independent on t_0. What is the relation between the KG product and the covariant commutator? Let us look again at Eq. (6.45) by considering complex test functions. Taking into account Eq. (6.41) we get:

$$\iint g^*(x) C(x-y) h(y) d^4x d^4y =$$

$$= -i \iint (\mathrm{Re}\, g(x) - i\mathrm{Im}\, g(x)) \Delta(x-y) (\mathrm{Re}\, h(y) + i\mathrm{Im}\, h(y)) d^4x d^4y$$

$$= i\Omega(\phi_{\mathrm{Re}\,g}, \phi_{\mathrm{Re}\,h}) + \Omega(\phi_{\mathrm{Im}\,g}, \phi_{\mathrm{Re}\,h}) - \Omega(\phi_{\mathrm{Re}\,g}, \phi_{\mathrm{Im}\,h}) + i\Omega(\phi_{\mathrm{Im}\,g}, \phi_{\mathrm{Im}\,h}) =$$

$$= -i \int_{t=t_1} (\phi_g^* \partial_t \phi_h - \phi_h \partial_t \phi_g^*) d\mathbf{x} = -(\phi_g, \phi_h)_{KG} \qquad (6.52)$$

Therefore *the KG product encodes the covariant commutator.*

In standard textbooks, after the introduction (see eg. the standard reference [Birrell and Davies(1982)]) of the KG product, one finds the following prescription: find a "complete"family $\{u_i, i \in \mathscr{I}\}$ of complex solutions of the KG equation such that

$$(u_i, u_j) = \delta_{ij}, \quad (u_i^*, u_j^*) = -\delta_{ij}, \quad (u_i, u_j^*) = 0. \qquad (6.53)$$

The index i is may take discrete values, continuous values or both. In favourable cases it may vary over the spectrum of some elliptic operator arising from the separation of the variables in the Klein-Gordon equation.

6. FOUNDATIONS OF QUANTUM FIELD THEORY ON CURVED SPACETIMES

What is really telling us such a prescription? From Eq. (6.39) we deduce that the commutator reproduces any complex solution $u(x)$ of the KG by taking their KG product as follows:

$$u(x) = -(C_x, u)_{KG}, \quad u^*(x) = -(u, C_x)_{KG}. \tag{6.54}$$

where as before we set $C_x(x') = C(x - x')$. It follows that a family of modes satisfying the prescription (6.53) operates the following diagonalization of the commutator:

$$C(x - x') = \sum_i [u_i(x)u_i^*(x') - u_i(x')u_i^*(x)]; \tag{6.55}$$

As a consequence, it is legitimate to write the formal expansion of the field

$$\phi(x) = \sum_i [u_i(x)a_i + u_i^*(x)a_i^\dagger] \tag{6.56}$$

in terms of the elements of an infinite-dimensional CCR algebra indexed by the same labels parametrizing the basis (6.53)

$$[a_i, a_j] = 0, \quad [a_i^\dagger, a_j^\dagger] = 0, \quad [a_i, a_j^\dagger] = \hbar \delta_{ij} 1, \quad i, j = 1, 2, \ldots, \tag{6.57}$$

because, by construction, the above expression correctly reproduces the covariant commutation relations (6.47).

At this point the Hilbert space representation of the algebra has *not yet been chosen*. No commitment has been made on the state of the theory.

Ugo Moschella

6.10   Globally hyperbolic spacetimes

The content of sections 6.8 and 6.9 extends verbatim to the discussion of fields defined on globally hyperbolic Lorentzian manifolds.[4]

A Lorentzian manifold $(\mathcal{M},g)$ is globally hyperbolic if admits a Cauchy hypersurface Σ. This hypothesis implies that $\mathcal{M}$ can be foliated by Cauchy hypersurfaces,

$$\mathcal{M} = \bigcup_t \Sigma_t \tag{6.58}$$

where t is a global time coordinates.

On globally hyperbolic manifolds the Cauchy problem is by definition well-posed. As before, the phase space of interest to us can be identified with the linear space of real solutions of the Klein-Gordon equation

$$(\Box_x + m^2)\phi(x) = (\nabla^\mu \nabla_\mu + m^2)\phi(x) =$$
$$= \frac{1}{\sqrt{-g}}\partial_\mu(\sqrt{-g}g^{\mu\nu}\partial_\mu + m^2)\phi(x) = 0, \tag{6.59}$$

where x denote local coordinates of an event of the manifold $\mathcal{M}$. There exists the analogous of the Pauli-Jordan function and of the Peierls

---

[4]Note however that the hypothesis of global hyperbolicity is not satisfied by physically interesting and important examples like the anti-de Sitter spacetime, or in presence of a naked singularity. These examples have to be treated by appropriate methods. Our generalization of the canonical formalism described in section (??) may however work also in these cases.

6. FOUNDATIONS OF QUANTUM FIELD THEORY ON CURVED SPACETIMES

Poisson brackets but we skip these issues and go directly to a description of the quantum field algebra.

The fact that a quantum field is not a function but rather a distribution is an unavoidable consequence of its short distance behaviour; from this viewpoint there is no difference between flat spacetime and a general Lorentzian curved manifold. Also in curved spacetimes a quantum field is therefore a distributional map from a suitable topological linear space of test functions $\mathcal{T}(\mathcal{M})$ into the elements of a field algebra $\mathcal{F}$:

$$\mathcal{T}(\mathcal{M}) \ni f \to \phi(f) = \int \phi(x) f(x) \sqrt{-g} dx \in \mathcal{F}. \qquad (6.60)$$

Elements $\mathfrak{g}$ of an isometry group G of transformations of $\mathcal{M}$ act on test functions by $\alpha_{\mathfrak{g}}(f) = f(\mathfrak{g}^{-1}x)$ and on fields by duality:

$$\mathfrak{g} \: : \: \phi(f) \to \phi(\alpha_{\mathfrak{g}}(f)) \in \mathcal{F}. \qquad (6.61)$$

A symmetry of the field algebra may or may not be implementable by unitary operators in the Hilbert space of a given representation. In the latter case the symmetry is said to be broken.

For linear field theories the commutator is a multiple of the identity element of the algebra:

$$[\phi(f), \phi(g)] = C(f,g) = \int_{\mathcal{M} \times \mathcal{M}} C(x,x') f(x) g(x') \, \omega(x) \, \omega(x') \qquad (6.62)$$

where $\omega(x) = \sqrt{-g(x)}$. The commutator $C(x,x')$ is an *antisymmetric* bi-distribution on the manifold $\mathcal{M}$, solving the Klein-Gordon equation

$$(\Box_x + m^2) C(x,x') = (\Box_{x'} + m^2) C(x,x') = 0 \qquad (6.63)$$

Ugo Moschella

in each variable with initial condition equal to the canonical commutation relations. This implies that the commutator vanishes coherently with the notion of locality inherent to $\mathcal{M}$, i.e. $C(x,x') = 0$ for any two events x,x' of $\mathcal{M}$ which are spacelike separated.

As in flat space the covariant commutator is related to a sesquilinear scalar product defined in the space of complex solutions of the Klein-Gordon equation: given two such complex solutions u_1 and u_2 their KG product is defined as

$$(u_1,u_2)_{KG} = i \int_{\Sigma_t} (u_1^*(x) \nabla_\mu u_2(x) - i \left[\nabla_\mu u_1^*(x)\right] u_2(x)) d\sigma^\mu \qquad (6.64)$$

Here $d\sigma^\mu = n^\mu \sqrt{|h|} d^3x$ in local coordinates on Σ_t, h_{ij} is the induced metric on Σ_t, n^μ is a future-directed unit normal vector field on Σ_t. The definition (6.64) of course does not depend on the choice of the Cauchy surface being the integral over a three-dimensional Cauchy surface of a conserved current.

When the KG product can be diagonalized the covariant commutator and the field admit the same expansions as in Eqs. (6.55) and (6.95).

6.11 States and two-point functions

A possible quantization is accomplished when the the commutation relations (6.62) are represented by an operator-valued distribution in a Hilbert space $\mathcal{H}$: to do this one should determine a linear map

$$\phi(f) \longrightarrow \widehat{\phi}(f) \in Op(\mathcal{H}) \qquad (6.65)$$

6. FOUNDATIONS OF QUANTUM FIELD THEORY ON CURVED SPACETIMES

preseving the algebraic structures and such that

$$[\widehat{\phi}(f), \widehat{\phi}(g)] = C(f,g)\mathbf{1} \qquad (6.66)$$

(we use here the notation $\widehat{O}$ traditionally used in QFT to denote operators in a Hilbert space, instead of $\pi(O)$ used in the GNS construction).

Now the Stone-Von Neumann theorem does not hold and this problem has uncountably many solutions. How do we construct them?

A solution is completely encoded in the knowledge of a two-point function i.e. a two-point distribution $W \in \mathcal{T}'(\mathcal{M} \times \mathcal{M})$ that solves the Klein-Gordon equation w.r.t. both variables x and x':

$$\left(\Box_x + m^2\right)W(x,x') = \left(\Box_{x'} + m^2\right)W(x,x') = 0. \qquad (6.67)$$

Because of Eq. (6.66), $W(x,x')$ is also required to be a solution of the functional equation

$$W(x,x') - W(x',x) = C(x,x'). \qquad (6.68)$$

in the sense of distributions.

Starting from $W(x,x')$, the Hilbert space of the theory $\mathscr{H}$ can be constructed by using standard techniques [Streater and Wightman(1989)] [Reed and Simon(1980)]. The first, step consists in associating to each test function $f \in \mathcal{T}(\mathcal{M})$ a squared-norm to the corresponding one-particle state Ψ_f computed in terms of the two-point function:

$$||\Psi_f||^2 = \int_{\mathcal{M} \times \mathcal{M}} W(x,x')f^*(x)f(x')\,\omega(x)\,\omega(x'). \qquad (6.69)$$

Ugo Moschella

The squared-norm (6.69) is positive if $W(x,x')$ satisfies the *positive-definiteness condition* which is nothing but the nonnegativity ot the rhs of Eq. (6.69). We assume that it does.

In turn, the norm (6.69) comes from a pre-Hilbert scalar product whose interpretation is that of providing the quantum transition amplitudes between one-particle states:

$$\langle \Psi_f, \Psi_g \rangle = \int_{M_d} W(x,x') f^*(x) g(x') \, \omega(x) \, \omega(x'). \qquad (6.70)$$

The one particle Hilbert space $\mathcal{H}^{(1)}$ is then obtained as usual by quotienting the subspace of zero norm states and by taking the Hilbert completion. The full Hilbert space of the model is the symmetric Fock space

$$\mathcal{H} = F_s(\mathcal{H}^{(1)}) = \mathcal{H}_0 \oplus [\oplus_n Sym(\mathcal{H}_1)^{\otimes n}]$$

(with *Sym* denoting the symmetrization operation and $\mathcal{H}_0 = \{\lambda 1, \lambda \in \mathbf{C}\}$). In the final step one introduces the field operator $\widehat{\phi}(f)$ by its decomposition into "creation" and "annihilation" parts, which are defined by their action on the dense subspace $\mathcal{H}^{(0)}$ of vectors having finitely many non-vanishing components: $\Psi = (\Psi_0, \Psi_1, \ldots \Psi_k, \ldots, 0, 0, 0, \ldots)$:

$$\widehat{\phi}(f) = \widehat{\phi}^+(f) + \widehat{\phi}^-(f) \qquad (6.71)$$

$$\left(\widehat{\phi}^-(f) \Psi \right)_n = \sqrt{n+1} \int W(x,x') f(x) \Psi_{n+1}(x', x_1, \ldots, x_n) \omega(x) \omega(x'),$$

$$\qquad (6.72)$$

$$\left(\widehat{\phi}^+(f) \Psi \right)_n = \frac{1}{\sqrt{n}} \sum_{j=1}^{n} f(x_j) \Psi_{n-1}(x_1, \ldots, \hat{x}_j, \ldots, x_n). \qquad (6.73)$$

6. FOUNDATIONS OF QUANTUM FIELD THEORY ON CURVED SPACETIMES

Using Eq. (6.68) one can verify that these formulae imply the commutation relations (6.66) and that

$$W(x,x') = \langle \Omega, \widehat{\phi}(x)\widehat{\phi}(x')\Omega \rangle \tag{6.74}$$

where

$$\Omega = (1,0,0,\dots,) \tag{6.75}$$

is the cyclic reference state of the representation.

In the end, either in flat or curved spacetime, quantizing a free field theory amounts to specify its two-point function which carry all the information about the Hilbert space and the field operators. Furthermore, the knowledge of the two-point function and the commutator allow to determine the Green's functions the two-point function therefore encodes not only the dynamics of the free field but also the possibility of studying interactions perturbatively.

6.12 Translation invariant states in Minkowski space

Let us come back to Minkowski space and require that the spacetime translations be an exact symmetry in the Hilbert space. It follows that the two-point function $W(x,x')$ may depend only on the difference variable $\xi = x - x'$:

$$W(x,x') = W(x - x') = W(\xi). \tag{6.76}$$

Note that the commutator (6.47) already depends on the difference variable i.e. spacetime translations are always a symmetry of the field

Ugo Moschella

algebra $\mathscr{F}$; actually the whole Poincaré group is a symmetry.

Eq. (6.67) is then most easily solved in Fourier space, where it becomes algebraic. The Fourier transform and antitransform of the distribution $W(\xi)$ are introduced with the following conventions:

$$\widetilde{W}(k) = \int e^{ik\xi} W(\xi)d\xi, \quad W(\xi) = \frac{1}{(2\pi)^4} \int e^{-ik\xi} \widetilde{W}(k)dk; \quad (6.77)$$

the Fourier representation of the Klein-Gordon equation (6.67) and of the functional equation (6.68) are respectively

$$(k^2 - m^2)\widetilde{W}(k) = 0, \tag{6.78}$$
$$\widetilde{W}(k) - \widetilde{W}(-k) = \tilde{C}(k) = 2\pi\varepsilon(k^0)\delta(k^2 - m^2). \tag{6.79}$$

Translation invariance still allows for infinitely many (possibly) inequivalent quantizations: they can be parameterized by the choice of a distribution $f(k)$ that be an acceptable multiplier for the distribution $\tilde{C}(k)$ as follows:

$$\widetilde{W}_f(k) = f(k)\tilde{C}(k), \tag{6.80}$$
$$f(k) + f(-k) = 1. \tag{6.81}$$

The Fourier anti-transform of $\tilde{W}_f(k)$ provides the x-space representation of the two-point function:

$$W_f(x,x') = \frac{1}{(2\pi)^3} \int e^{-ik(x-x')} [f(k)\theta(k^0) + (f(-k)-1)\theta(-k^0)]\delta(k^2 - m^2$$
$$\tag{6.82}$$

6. FOUNDATIONS OF QUANTUM FIELD THEORY ON CURVED SPACETIMES

W_f is positive-definite if and only if the tempered distribution $\widetilde{W}_f(k)$ is a positive measure of polynomial growth. This is guaranteed by following inequality, which is required to hold on the positive energy mass shell:

$$f(k) \geq 1 \quad for \ k^0 > 0, \ k^2 = m^2. \tag{6.83}$$

Eq. (6.82) together with the condition (6.83) therefore provides a huge family of translation invariant canonical quantizations of the Klein-Gordon field, all sharing the same commutator. Some physical criteria are needed to discriminate among them: here are the two main examples.

6.12.1 Ground (Wightman) vacuum

This is the standard representation appearing in every textbook of QFT and is selected by imposing the physical requirement of positivity of the spectrum of the energy operator in every Lorentz frame, i.e. *the joint spectrum of the energy-momentum vector operator $\widehat{P}^\mu$ must be contained in the closed forward cone V^+.*

Positivity of the spectrum of $\widehat{P}^\mu$ implies that the also the support of $\widetilde{W}(k)$ must be contained in the closed forward cone [Streater and Wightman(1989)]; therefore the second term at the RHS of (6.82) has to vanish.

Positivity of the energy spectrum therefore *uniquely* selects the sim-

Ugo Moschella

plest solution $f(k) = \theta(k^0)$ of the functional equation (6.79):

$$\widetilde{W}_0(k) = 2\pi\theta(k^0)\delta(k^2 - m^2), \tag{6.84}$$

$$W_0(x,x') = W_0(x - x') = \frac{1}{(2\pi)^3}\int e^{-ik(x-x')}\theta(k^0)\delta(k^2 - m^2)dk. \tag{6.85}$$

The Fourier representation (6.84) shows that this theory is actually invariant under the (restricted) Poincaré group.

Plugging (6.84) into the scalar product (6.69) gives the concrete momentum space realization of the one-particle Hilbert space $\mathcal{H}^{(1)}$:

$$\mathcal{H}^{(1)} = L^2\left(\mathbf{R}^3, d\mathbf{k}/\sqrt{\mathbf{k}^2 + m^2}\right). \tag{6.86}$$

The requirement of positivity of the spectrum of the energy-momentum operator is *equivalent* to precise analyticity properties of the correlation functions. This can be seen directly on Eq. (6.85): the real variable $\xi = x - x'$ can be promoted to a complex variable $\zeta = z - z'$, where z and z' belong to the complex Minowski spacetime $M_4^{(c)}$ and $\mathrm{Im}\,\zeta \in= V^- = -V^+$. Since $\widetilde{W}(k)$ has support in the convex cone V^+, this move makes the integral (6.85) converge much better so that the two point function (6.85) is actually the boundary value of an analytic function from the tube $\mathrm{Im}\,\zeta \in V^-$

$$W_0(x,x') = \underset{\mathrm{Im}\,\zeta \in V^-}{b.v.}\ W_0(z,z') \tag{6.87}$$

in the sense of distributions. This relation between positivity of the spectrum and analyticity properties of the correlation functions of the remains

6. FOUNDATIONS OF QUANTUM FIELD THEORY ON CURVED SPACETIMES

true for general interacting quantum fields. It is the most important and most characteristic property which allows for the Euclidean formulation and for perturbative renormalization of of standard QFTs. As regards in particular two-point functions, their analyticity can be further enlarged and is actually maximal:

Property of maximal analyticity of the two-point function[5]

1. $W(z,z')$ can be analytically continued to a function $W(z,z')$ that is analytic in the cut-domain

$$\Delta = \{(z_1, z_2) : z_1 \in M_4^{(c)} \times M_4^{(c)} : (z - z')^2 \neq \rho, \ \rho \geq 0\}$$

and satisfies there the complex covariance condition:

$$W(\Lambda z, \Lambda z') = W(z, z')$$

for all Λ belonging to the complex Lorentz group.

2. The permuted Wightman function $W(x',x)$ is the boundary value of $W(z,z')$ from the opposite tube $\mathrm{Im}\,\zeta \in V^+$:

$$W(x',x) \ = \ \underset{\mathrm{Im}\,\zeta \in V^+}{b.v.} \ W(z,z'). \tag{6.88}$$

---

[5]Property valid for the two-point function of any scalar field satisfying translation invariance and positivity of the of the energy-momentum operator; valid in particular for the free KG field (6.85) whose two-point function in x-space is a Hankel function.

6.12.2 KMS states

The second most important family of solutions of the functional equation (6.79) is obtained by replacing the Heaviside step function in (6.84) by the Bose-Einstein factor as follows [Bros and Buchholz(1992)]:

$$\widetilde{W}_\beta(k) = \frac{1}{1 - e^{-\beta k^0}} \, 2\pi\varepsilon(k^0) \, \delta(k^2 - m^2) \qquad (6.89)$$

The condition (6.83) is manifestly satisfied and therefore $W_\beta(x - x')$ is positive definite. Lorentz symmetry is now broken. Negative energies are present but exponentially suppressed. There remains an analyticity strip.

6.13 Pure states and canonical transformations

Let us come back to the general setup of a the Klein-Gordon field theory on a globally hyperbolic manifold $\mathscr{M}$ and let us suppose that it has been possible to diagonalize the commutator as in Eq. (6.55):

$$C(x,x') = \sum_{i\in\mathscr{I}} [u_i(x)u_i^*(x') - u_i(x')u_i^*(x)] \qquad (6.90)$$

A solution of the fundamental functional equation (6.68) is immediately at hand: the two-point function

$$W(x,x') = \sum_{i\in\mathscr{I}} u_i(x)u_i^*(x'). \qquad (6.91)$$

6. FOUNDATIONS OF QUANTUM FIELD THEORY ON CURVED SPACETIMES

is associated in a natural way with the choice of the basis diagonalizing the commutator.

The positive-definiteness of (6.91) is also manifest: given a test function $f \in \mathscr{T}(\mathscr{M})$ the squared-norm of the corresponding one-particle state Ψ_f is given by

$$\begin{aligned}
||\Psi_f||^2 &= \sum_{i \in \mathscr{I}} |c_i(f)|^2 \\
c_i(f) &= \int_{\mathscr{M}} u_i^*(x) f(x) \, \omega(x)
\end{aligned} \tag{6.92}$$

By inserting the two-point function (6.91) into the representation (6.71) of the field algebra, we see that the latter coincides the standard representation The Fock representation of the field algebra obtain by declaring that the corresponding reference cyclic state is annihilated by destruction operators:

$$\widehat{\phi}(x) = \sum_{i \in \mathscr{I}} [u_i(x)\widehat{a}_i + u_i^*(x)\widehat{a}_i^\dagger], \qquad \widehat{a}_i \Omega_a = 0, \ \forall i \in \mathscr{I} \tag{6.93}$$

$$\langle \Omega_a, \widehat{\phi}(x)\widehat{\phi}(x')\Omega_a \rangle = \sum_{i \in \mathscr{I}} u_i(x)u_i^*(x'). \tag{6.94}$$

The state associated to a two-point function having the diagonal structure as (6.94) *pure*.

The representation of the general scheme described in Paragraph 6.11 is however more general as it covers also mixed states. In that case the reference cyclic state is not annihilated by destruction operators. We will come back to this point below after a rapid review of the theory of Bogoliubov transformations.

Ugo Moschella

Suppose that $\{v_j, j \in \mathscr{J}\}$ is another complete system diagonalizing the commutator (6.64); it is of course possible to construct an alternative expansion of the field in terms of the modes v_j

$$\phi(x) = \sum_j [v_j(x)b_j + v_j^*(x)b_j^\dagger] \tag{6.95}$$

perfectly equivalent to (6.95) at the algebraic level and implementing the same commutation rules (6.90).

The second complete system $\{v_i(x)\}$ may be constructed by a Bogoliubov transformation, i.e. by the specification of two complex operators α_{ij} and β_{ij} such that

$$v_i(x) = \alpha_{ij}u_j(x) + \beta_{ij}u_j^*(x) \tag{6.96}$$

By duality the canonical operators transform as follows

$$\begin{pmatrix} b_i \\ b_i^\dagger \end{pmatrix} = \begin{pmatrix} \alpha_{ij}^* & -\beta_{ij}^* \\ -\beta_{ij} & \alpha_{ij} \end{pmatrix} \begin{pmatrix} a_j \\ a_j^\dagger \end{pmatrix}. \tag{6.97}$$

Canonicity of the b's gives the following eight conditions on the matrices of the change of base:

$$\begin{pmatrix} \alpha^* & -\beta^* \\ -\beta & \alpha \end{pmatrix} \begin{pmatrix} \alpha^T & \beta^\dagger \\ \beta^T & \alpha^\dagger \end{pmatrix} = \begin{pmatrix} I & 0 \\ 0 & I \end{pmatrix} = \begin{pmatrix} \alpha^T & \beta^\dagger \\ \beta^T & \alpha^\dagger \end{pmatrix} \begin{pmatrix} \alpha^* & -\beta^* \\ -\beta & \alpha \end{pmatrix}$$

$$\tag{6.98}$$

6. FOUNDATIONS OF QUANTUM FIELD THEORY ON CURVED SPACETIMES

Suppose now that Ω_a is the cyclic Fock vacuum of the a_i's and Ω_b is the vacuum of the b_i's and that the corresponding Hilbert space representations of the same KG field algebra have been constructed.

1. <u>Question</u>: *are they equivalent representations KG field algebra (i.e. equivalent quantizations) or not?*

To answer that question we look for a unitary operator $U : \mathcal{H}_b \to \mathcal{H}_a$ such that

$$U\Omega_b = \Omega_a, \tag{6.99}$$

$$\widehat{a}_i U = U\widehat{b}_i = U(\alpha_{ij}^* \widehat{a}_j - \beta_{ij}^* \widehat{a}_j^\dagger), \tag{6.100}$$

$$\widehat{a}_i^\dagger U = U\widehat{b}_i^\dagger = U(\alpha_{ij} \widehat{a}_j^\dagger - \beta_{ij} \widehat{a}_j). \tag{6.101}$$

On possible way to deal with the above operatorial equations is to transform them in a set of partial differential equations in infinitely many variables by sandwiching them between coherent states of the a_i's:

$$|z\rangle = |z_1, z_2, \ldots, z_i, \ldots\rangle = e^{z_1 \widehat{a}_1^\dagger + z_2 \widehat{a}_2^\dagger + \cdots} \, \Omega_a, \quad |0\rangle = \Omega_a. \tag{6.102}$$

$$\langle t|a_i U|z\rangle = \partial_{t_i^*} \langle t|U|z\rangle = \alpha_{ij}^* z_j \langle t|U|z\rangle - \beta_{ij}^* \partial_{z_j} \langle t|U|z\rangle, \tag{6.103}$$

$$\langle t|a_i^\dagger U|z\rangle = t_i^* \langle t|U|z\rangle = \alpha_{ij} \partial_{z_j} \langle t|U(\alpha_{ij}|z\rangle - \beta_{ij}\langle t|U z_j)|z\rangle. \tag{6.104}$$

Knowledge of the matrix elements $\langle t|U|z\rangle$ is enough to reconstruct the operator U.

Ugo Moschella

By using Eqs. (6.98) one can show that the matrix α is invertible and the the matrix $\alpha^{-1}\beta$ is symmetric. This allows to solve Eq. 6.104 by a simple exponentiation:

$$\langle t|U|z\rangle = e^{z_k(\alpha^{-1})_{ki}t_i^* + \frac{1}{2}z_k(\alpha^{-1}\beta)_{kj}z_j} f(t^*). \tag{6.105}$$

The arbitrary function f has to be determined by equation (6.103) which can be rewritten as follows:

$$\frac{1}{f}\partial_{t_i^*}f(t^*) + (\beta^*\alpha^{-1})_{il}t_l^* = \alpha_{ij}^*z_j - (\beta^*\alpha^{-1}\beta)_{il}z_l - z_k(\alpha^{-1})_{ki} = 0; \tag{6.106}$$

the vanishing of the RHS follows again from Eq. (6.98). Therefore

$$\langle t|U|z\rangle = C\, e^{z_k(\alpha^{-1})_{ki}t_i^* + \frac{1}{2}z_k(\alpha^{-1}\beta)_{kj}z_j - \frac{1}{2}t_i^*(\beta^*\alpha^{-1})_{il}t_l^*} \tag{6.107}$$

$$U = C : e^{\widehat{a}(\alpha^{-1}-1)\widehat{a}^\dagger + \frac{1}{2}\widehat{a}(\alpha^{-1}\beta)\widehat{a} - \frac{1}{2}\widehat{a}^\dagger(\beta^*\alpha^{-1})\widehat{a}^\dagger} : \tag{6.108}$$

The overall normalization may determined by imposing $\langle \Omega_a|UU^\dagger\Omega_a\rangle = 1$:

$$\langle 0|UU^\dagger|0\rangle = C^2 \int \frac{dz \wedge dz^*}{2\pi i} e^{-zz^*} \langle 0|e^{\frac{1}{2}\widehat{a}(\alpha^{-1}\beta)\widehat{a}}|z\rangle \langle z|e^{\frac{1}{2}\widehat{a}^\dagger M^* \widehat{a}^\dagger}|0\rangle$$

$$= C^2 \int \frac{dz \wedge dz^*}{2\pi i} e^{-zz^*} e^{\frac{1}{2}z(\alpha^{-1}\beta)z} e^{\frac{1}{2}z^*(\alpha^{-1}\beta)^*z^*} =$$

$$\frac{C^2}{\sqrt{\det(1 - \alpha^{-1}\beta(\alpha^{-1}\beta)^*)}} = C^2\sqrt{\det(\alpha^\dagger \alpha)} = 1 \tag{6.109}$$

6. FOUNDATIONS OF QUANTUM FIELD THEORY ON CURVED SPACETIMES

In the last step we used the relation $\beta^T = \alpha^\dagger \beta (\alpha^*)^{-1}$ that can be proved by using once more Eq. (6.98). Finally

$$U = \frac{1}{\det(\alpha^\dagger \alpha)^{\frac{1}{4}}} : \exp\left(\widehat{a}(\alpha^{-1} - 1)\widehat{a}^\dagger + \frac{1}{2}\widehat{a}(\alpha^{-1}\beta)\widehat{a} - \frac{1}{2}\widehat{a}^\dagger(\beta^*\alpha^{-1})\widehat{a}^\dagger\right) :$$

(6.110)

The answer to the question raised above is that, when the above determinant exists and is finite the two representations are equivalent. Otherwise Ω_a and Ω_b are inequivalent pure states and possibly describe disjoint physical worlds.

However all the mixed representations of the field algebra, possibly having important physical meaning, escape the above scheme. They can be constructed [Moschella and Schaeffer(2008)] with a minor modification of the idea of canonical transformation.

6.14 Extended canonical formalism. Mixed states

The representation of the general scheme described in Paragraph 6.11 is more general as it covers also mixed states. In that case the reference cyclic state is not annihilated by destruction operators. It has been observed in [Moschella and Schaeffer(2008)] that a huge wealth of other representations of the field algebra, possibly having important physical meaning, that escape the above scheme, can be produced by a simple generalization of the idea of Bogolubov transformation. Consider

Ugo Moschella

indeed two hermitian matrices A and B and a complex matrix C and construct the general quadratic form

$$Q(x,x') = \sum [A_{ij}u_i(x)u_j^*(x') + B_{ij}u_i^*(x)u_j(x') + \\ + C_{ij}u_i(x)u_j(x') + C_{ij}^*u_i^*(x)u_j^*(x')]. \tag{6.111}$$

Now we impose that $Q(x,x')$ be a solution of the functional equation (6.68) as follows:

$$Q(x,x') - Q(x',x) = C(x,x') = \sum [u_i(x)u_i^*(x') - u_i(x')u_i^*(x)]; \tag{6.112}$$

we obtain the operators A, B and C must satisfy the following conditions:

$$A_{ij} - B_{ji} = \delta_{ij}, \quad C_{ij} - C_{ji} = 0. \tag{6.113}$$

The most general expression of a two-point function solving the Klein-Gordon equation and the the functional equation (6.68) is therefore given by

$$W(x,x') = \sum [\delta_{ij} + B_{ji}] u_i(x)u_j^*(x') + \sum B_{ij}u_i^*(x)u_j(x') \\ + \text{Re} \sum C_{ij}[u_i(x)u_j(x') + u_i(x')u_j(x)] + S(x,x') \tag{6.114}$$

Further restrictions are imposed by the requirement of positive definiteness of (6.114). Only the first diagonal term at the RHS contributes to the commutator. The other terms altogether constitute the most general combination of the modes (6.53) so that the total contribution to the commutator vanish. The additional term $S(x,x')$ which appear at RHS is a bisolution of the Klein-Gordon equation that is not "square-integrable" (even in a generalized sense). It is of classical nature and symmetric in

6. FOUNDATIONS OF QUANTUM FIELD THEORY ON CURVED SPACETIMES

the exchange of x and x'. Quantum constraints do not generally forbid the existence of such a contribution. Its introduction may be necessary to access to degrees of freedom which cannot be described in terms of the L^2 modes (6.53). This important extension to non-L^2 "classical" modes deserves a thorough examination and is incidentally mentioned here.

Eq.(6.114) reduces to a Bogoliubov transformation of the reference theory (6.53) only in the special case (6.97). These states are *pure states*. The other states entering in the enlarged canonical formalism of Eq. (6.114) are in general mixed states; for mixed states the representation of the field algebra is not irreducible.

The discussion of Minkowski KMS states has pointed out that simple but physical important examples of two-point functions have the following structure:

$$\underline{W}_{\widehat{a},\widehat{b}}(x,x') = \sum [\widehat{a}_{ij}\widehat{a}_{il}^* u_j(x)u_l^*(x') + \widehat{b}_{ij}\widehat{b}_{il}^* u_j^*(x)u_l(x')], \qquad (6.115)$$

with

$$\widehat{a}_{ij}\widehat{a}_{il}^* - \widehat{b}_{ij}^*\widehat{b}_{il} = \delta_{jl}. \qquad (6.116)$$

In particular, when $\widehat{a}_{ij} = a_i\delta_{ij}$ and $\widehat{b}_{ij} = b_i\delta_{ij}$ (no summmation intended) this condition is simply $|\widehat{a}_i|^2 - |\widehat{b}_i|^2 = 1$. and the two-point function

$$\underline{W}_{\widehat{a}}(x,x') = \sum \left[|\widehat{a}_i|^2 u_i(x)u_i^*(x') + (|\widehat{a}_i|^2 - 1)u_i^*(x)u_i(x') \right]. \qquad (6.117)$$

The relation between the two-point function (6.85) and the modes that are positive frequency solutions of the Klein-Gordon equation w.r.t the

Ugo Moschella

inertial time t can be further clarified by observing that for any test function $f \in \mathscr{S}(M_d)$ the convolution

$$(W_0 * f)(x) = \int W_0(x - x') f(x') dx'. \tag{6.118}$$

is a smooth solution of the Klein-Gordon equation containing only positive frequencies.

6. FOUNDATIONS OF QUANTUM FIELD THEORY ON CURVED SPACETIMES

6.15 Quantum fields on the Rindler universe and the Unruh effect

6.15.1 Two dimensional Rindler Universe

Geometry

The two-dimensional Rindler spacetime is nothing else that the right wedge

$$(R) = \{(t, \mathbf{x}) \in \mathbf{R}^2 : |t| < \mathbf{x}\} \tag{6.119}$$

of a two-dimensional Minkowski spacetime M_2 relative to a chosen origin $(t = 0, x = 0)$. The Rindler coordinates are related to the inertial coordinates $(t, \mathbf{x})$ as follows

$$\begin{cases} t &= \rho \sinh \eta &= e^\xi \sinh \eta, \\ \mathbf{x} &= \rho \cosh \eta &= e^\xi \cosh \eta, \end{cases} \quad (\xi, \eta) \in \mathbf{R}^2 \quad (R). \tag{6.120}$$

The interval between two events is given by

$$ds^2 = \rho^2 \, d\eta^2 - d\rho^2 = e^{2\xi}(d\eta^2 - d\xi^2), \tag{6.121}$$

$$\begin{aligned} (x - x')^2 &= 2\rho\rho' \cosh(\eta - \eta') - \rho^2 - \rho'^2 \\ &= 2 e^{\xi + \xi'} \cosh(\eta - \eta') - e^{2\xi} - e^{2\xi'}. \end{aligned} \tag{6.122}$$

The η variable is interpreted as a global time coordinate for (R). Physically η coincides with the proper time measured by an accelerated observer whose worldline is the hyperbola $t = \sinh \eta$, $\mathbf{x} = \cosh \eta$ (i.e.

$\rho = 1$ in Eq. (6.120)). Translations in the time coordinate $\eta \to \eta + a$ are isometries of the Rindler's manifold. In inertial coordinates such time translations correspond to generic proper Lorentz transformations and of course they leave the right wedge (R) invariant.

The coordinate system (6.120) can be considered for complex values of the coordinates ξ and η. Complex events such that $\operatorname{Im}\rho = 0$ and $\operatorname{Im}\eta > 0$ belong to the future tube

$$T^+ = \{z = x + iy \in M_2^{(c)},\, y = \operatorname{Im} z \in V^+\} \qquad (6.123)$$

of the complex Minkowski spacetime $M_2^{(c)}$ where V^+ is the forward cone

$$V^+ = \{y \in M_2,\, y^2 = y^{02} - y^{12} > 0,\quad y^0 > 0 \in V^+\}. \qquad (6.124)$$

Similarly, events such that $\operatorname{Im}\rho = 0$ and $\operatorname{Im}\eta < 0$ belong to the past tube T^-.

6.15.2 Massless case: a review

The two-dimensional massless Klein-Gordon quantum field theory is special: the conformal invariance of the two-dimensional massless field equation gives rise to a very special kind of invariance of the modes that have precisely the same form in both the Minkowski and the Rindler's coordinate systems. The massless case is specifically characterized by the infrared divergence of the two-point functions that are obtained by canonical quantization. Nonetheless, the two-dimensional massless case encodes in a simple way all the features which ground the common way

6. FOUNDATIONS OF QUANTUM FIELD THEORY ON CURVED SPACETIMES

of understanding the Unruh and the Hawking effects. The following short review, that closely follows the treatment in [Birrell and Davies(1982)], can help in putting our results in perspective.

The massless Klein-Gordon equation in standard coordinates

$$\Box \phi = \partial_t^2 \phi - \partial_x^2 \phi = 0$$

admits the following basis of positive frequency modes

$$f_{\mathbf{k}}(t,\mathbf{x}) = \frac{1}{\sqrt{4\pi|\mathbf{k}|}} e^{-i|\mathbf{k}|t+i k x}, \quad \mathbf{k} \in \mathbf{R} \tag{6.125}$$

that is complete and normalized in the Klein-Gordon sense (6.64) w.r.t. (say) the Cauchy surface $\Sigma = \{(t,\mathbf{x}) \in \mathbf{R}^2 : t = 0\}$.

By using the above set of modes the (abstract) canonical quantum field can be formally expanded in terms of creation and annihilation operators as in Eq. (??):

$$\phi(x) = \int_{-\infty}^{+\infty} \frac{d\mathbf{k}}{\sqrt{4\pi|\mathbf{k}|}} \left[e^{-i|\mathbf{k}|t+i k x} a(\mathbf{k}) + e^{i|\mathbf{k}|t-i k x} a^\dagger(\mathbf{k}) \right]; \tag{6.126}$$

this expression implements the CCR's:

$$[\phi(x),\phi(x')] = \int_{-\infty}^{+\infty} \frac{d\mathbf{k}}{2\pi|\mathbf{k}|} \sin(-|\mathbf{k}|(t-t')+\mathbf{k}(\mathbf{x}-\mathbf{x}')). \tag{6.127}$$

Trying to realize these algebraic relations in a Hilbert space one faces a well-known difficulty: when computed in the vacuum vector $|0_M\rangle$ defined by the conditions

$$\hat{a}(\mathbf{k})|0_M\rangle = 0, \quad \mathbf{k} \in \mathbf{R}, \tag{6.128}$$

Ugo Moschella

the two-point expectation value of the would be operator-valued distribution

$$\hat{\phi}(x) = \int_{-\infty}^{+\infty} \frac{d\mathbf{k}}{\sqrt{4\pi|\mathbf{k}|}} \left[e^{-i|\mathbf{k}|t+i\mathbf{kx}} \hat{a}(\mathbf{k}) + e^{i|\mathbf{k}|t-i\mathbf{kx}} \hat{a}^\dagger(\mathbf{k}) \right] \qquad (6.129)$$

is infrared-divergent:

$$\langle 0_M | \hat{\phi}(x)\hat{\phi}(x') | 0_M \rangle = \int d\mathbf{k} f_{\mathbf{k}}(x) f_{\mathbf{k}}^*(y) = \frac{1}{4\pi} \int_{-\infty}^{+\infty} \frac{d\mathbf{k}}{|\mathbf{k}|} e^{-i|\mathbf{k}|(t-s)+i\mathbf{k}(\mathbf{x}-\mathbf{y})} = \infty$$

$$(6.130)$$

Note however that the commutator (6.127) is perfectly well-defined and free of infrared singularities. There are different ways of regularizing the two-point function (6.130): one can chose to keep positive-definiteness at the price to obtain a non covariant quantization [Klaiber(1967)] or to maintain locality and covariance but the quantization lives in an indefinite metric space [Klaiber(1967), Morchio et al.(1990)]; in any case there does not exist any solution of the functional equation (**??**) that is covariant *and* positive definite.

The study of the same equation in Rindler coordinates

$$\Box\phi = \partial_\eta^2\phi - \partial_\xi^2\phi = 0, \qquad (6.131)$$

gives rise to apparently identical expressions; the Rindler modes and the abstract field ϕ have precisely the same functional dependence on the coordinates and the same normalization coefficients as the previous

6. FOUNDATIONS OF QUANTUM FIELD THEORY ON CURVED SPACETIMES

expressions (6.125) and (6.130) written in Minkowskian coordinates:

$$R_{\mathbf{k}}(\eta, \xi) = \frac{1}{\sqrt{4\pi|\mathbf{k}|}} e^{-i|\mathbf{k}|\eta + ik\xi}, \tag{6.132}$$

$$\phi(x) = \int_{-\infty}^{+\infty} \frac{d\mathbf{k}}{\sqrt{4\pi|\mathbf{k}|}} \left[e^{-i|\mathbf{k}|\eta + ik\xi} b(\mathbf{k}) + e^{i|\mathbf{k}|\eta - ik\xi} b^{\dagger}(\mathbf{k}) \right]. \tag{6.133}$$

Once more, in the alternative vacuum vector defined by the conditions

$$\hat{b}(\mathbf{k})|0_R\rangle = 0, \quad \mathbf{k} \in \mathbf{R} \tag{6.134}$$

the two-point expectation value of the field also is infrared-divergent:

$$\begin{aligned} \langle 0_R|\hat{\phi}(x)\hat{\phi}(x')|0_R\rangle &= \int d\mathbf{k} R_{\mathbf{k}}(x) R_{\mathbf{k}}^*(x') \\ &= \frac{1}{4\pi} \int_{-\infty}^{+\infty} \frac{d\mathbf{k}}{|\mathbf{k}|} e^{-i|\mathbf{k}|(\eta - \eta') + ik(\xi - \xi')} = \infty. \end{aligned} \tag{6.135}$$

There is however an obvious but important difference to be noted: the Rindler modes (6.132) are complete and normalized w.r.t. the Cauchy surface $\Sigma' = \{(\eta, \rho) \in \mathbf{R} \times \mathbf{R}^+, \ \rho = 0\} \subset \Sigma$; however Σ' is a Cauchy surface only for the Rindler manifold (which is globally hyperbolic in itself) but of course *not* for the Minkowski manifold. As a consequence the family of modes (6.132) is not a complete basis for the Minkowski spacetime; on the other hand, for the Rindler spacetime usage the family (6.125) is overcomplete and the modes are not correctly normalized.

To make a comparison between the two set of modes one needs to step out of the space under study, namely the right wedge (R), and to

Ugo Moschella

add another part of Minkowski space, that is to add to our original space the other Rindler chart (η', ρ') which covers the left wedge (L):

$$\begin{cases} t &=& -\rho' \sinh \eta' &=& -e^{\xi'} \sinh \eta', \\ x &=& -\rho' \cosh \eta' &=& -e^{\xi'} \cosh \eta', \end{cases} \quad \text{(L)}, \qquad (6.136)$$

and then extend the "right" modes (6.132) to (L) and complete the family by adding the corresponding "left" modes:

$$R_{\mathbf{k}}(x) = \begin{cases} \dfrac{e^{-i|\mathbf{k}|\eta + i k \xi}}{\sqrt{4\pi|\mathbf{k}|}} & \text{in (R)}, \\ 0 & \text{in (L)}, \end{cases} \qquad L_{\mathbf{k}}(x) = \begin{cases} 0 & \text{in (R)}, \\ \dfrac{e^{i|\mathbf{k}|\eta' + i k \xi'}}{\sqrt{4\pi|\mathbf{k}|}} & \text{in (L)}. \end{cases}$$

$$(6.137)$$

Correspondingly, for each $\mathbf{k}$ two more terms have to be added to the field expansion (6.133) to account for the creation and annihilation of the left modes. At this point the Bogoliubov transformation which relates the systems (6.125), in Minkowski coordinates, and (6.137), in (double) Rindler coordinates, can be computed by a -not very enlightening- direct calculation. A clever argument, which is due to Unruh [Unruh(1976)], avoids that calculation; it is based on the observation that the following combinations

$$f_{\mathbf{k}}^{(1)} = \frac{e^{\frac{\pi|\mathbf{k}|}{2}} R_{\mathbf{k}} + e^{-\frac{\pi|\mathbf{k}|}{2}} L_{-\mathbf{k}}^{*}}{\sqrt{2 \sinh \pi|\mathbf{k}|}}, \quad f_{\mathbf{k}}^{(2)} = \frac{e^{-\frac{\pi|\mathbf{k}|}{2}} R_{-\mathbf{k}}^{*} + e^{\frac{\pi|\mathbf{k}|}{2}} L_{\mathbf{k}}}{\sqrt{2 \sinh \pi|\mathbf{k}|}}, \qquad (6.138)$$

have the same analyticity properties of the waves (6.125) in the tubes T^{+} and T^{-} (see [Birrell and Davies(1982)] for details) and therefore the Bogoliubov transformation between this basis and the basis (6.125) does not mix positive and negative Minkowski frequencies. Equivalently, by

6. FOUNDATIONS OF QUANTUM FIELD THEORY ON CURVED SPACETIMES

introducing the annihilation and creation operators $d_1(\mathbf{k})$, $d_1^\dagger(\mathbf{k})$, $d_2(\mathbf{k})$, $d_2^\dagger(\mathbf{k})$, relative to the modes (6.138) the Bogoliubov transformation which relates them to the operators $a(\mathbf{k})$ and $a^\dagger(\mathbf{k})$ does not mix the latter creation and annihilation operators. It follows that the Minkowski vacuum is equivalently identified by the conditions

$$\hat{d}_1(\mathbf{k})|0_M\rangle = \hat{d}_2(\mathbf{k})|0_M\rangle \tag{6.139}$$

and the field expansion (6.129) can be rewritten

$$\hat{\phi} = \int_{-\infty}^{+\infty} \left[f_{\mathbf{k}}^{(1)}\,\hat{d}_1(\mathbf{k}) + \left(f_{\mathbf{k}}^{(1)}\right)^*\hat{d}_1^{\,\dagger}(\mathbf{k}) + f_{\mathbf{k}}^{(2)}\,\hat{d}_2(\mathbf{k}) + \left(f_{\mathbf{k}}^{(2)}\right)^*\hat{d}_2^{\,\dagger}(\mathbf{k}) \right] d\mathbf{k}. \tag{6.140}$$

By using Eq. (6.138) we can now compute the Bogoliubov transformation between the two systems:

$$b_L(\mathbf{k}) = \frac{e^{\frac{\pi|\mathbf{k}|}{2}}d_2(\mathbf{k}) + e^{-\frac{\pi|\mathbf{k}|}{2}}\,d_1^\dagger(-\mathbf{k})}{\sqrt{2\sinh\pi|\mathbf{k}|}}, \quad b_R(\mathbf{k}) = \frac{e^{-\frac{\pi|\mathbf{k}|}{2}}d_2^\dagger(-\mathbf{k}) + e^{\frac{\pi|\mathbf{k}|}{2}}\,d_1(\mathbf{k})}{\sqrt{2\sinh\pi|\mathbf{k}|}}. \tag{6.141}$$

According with the standard interpretation (see e.g. [Birrell and Davies(1982)]) the accelerated Rindler observers see that the Minkowski vacuum contains $n_{\mathbf{k}}$ particles in the mode $\mathbf{k}$, where

$$n_{\mathbf{k}} = \langle 0_M|\hat{b}_R^\dagger(\mathbf{k})\hat{b}_R(\mathbf{k})|0_M\rangle = \frac{e^{-\pi|\mathbf{k}|}}{2\sinh\pi|\mathbf{k}|} = \frac{1}{e^{\pi|\mathbf{k}|}-1} \tag{6.142}$$

i.e. the accelerated observer perceives a thermal radiation with Planck spectrum. This fact is general and model independent: restricting a Wightman quantum field theory to a wedge always gives rise to a KMS thermal equilibrium state [Sewell(1982), Bisognano and Wichmann(1976)].

Ugo Moschella

6.15.3 Massive case

The discussion of the Unruh effect for the massless Klein-Gordon field in two-dimensions is plagued by the infrared divergence of the two-point functions; this feature invalidates the formal treatment given in the previous section.

A discussion of the massive case based on the ingredients, namely standard textbook canonical quantization supplemented by the theory of Bogoliubov transformations, would be much more complicated than in the massless case because conformal invariance is missing in the massive case.

We believe that there is an even more serious drawback in the method used above: the necessity to extend the Rindler model to the left wedge is neither economical from a theoretical viewpoint nor can be applied in more general situations where the required extension might not be so obvious: just consider that it took fifty years to discover the Kruskal extension of the Schwarschild metric.

In this section we give a full description of the massive two-dimensional case by applying the extended canonical formalism [Moschella and Schaeffer(2008)]. The method that we are going to present in this paper does not require to know any "extension"at all: it has the great advantage of working solely within the right wedge which models the Rindler universe.

Consider a d-dimensional Minkowski spacetime M_d. The Rindler

6. FOUNDATIONS OF QUANTUM FIELD THEORY ON CURVED SPACETIMES

coordinates that cover the right wedge are

$$\begin{cases} x^0 &= \rho\,\sinh\eta &= e^\xi\sinh\eta \\ x^i &= \mathbf{x}^i \\ x^{d-1} &= \rho\,\cosh\eta &= e^\xi\cosh\eta \end{cases} \tag{6.143}$$

The interval is then written

$$ds^2 = \rho^2\,d\eta^2 - d\rho^2 - d\mathbf{x}^2 = e^{2\xi}(d\eta^2 - d\xi^2) - d\mathbf{x}^2 \tag{6.144}$$

The Klein-Gordon equation appears as follows:

$$e^{-2\xi}(\partial_\eta^2\phi - \partial_\xi^2\phi) - \triangle\phi + m^2\phi = e^{-2\xi}(\partial_\eta^2 u - \partial_\xi^2 u) - (\mathbf{k}^2 + m^2)\phi = 0. \tag{6.145}$$

In the second step we have inserted a factorized solution of the form

$$\phi(x) = u_{\mathbf{k}}(\eta,\xi)e^{i\mathbf{k}\cdot\mathbf{x}}. \tag{6.146}$$

Clearly the general d-dimensional case will follow from the study two-dimensional massive Klein-Gordon equation

$$\partial_\eta^2\phi - \partial_\xi^2\phi + m^2 e^{2\xi}\phi = 0. \tag{6.147}$$

simply by the shift $m \to \sqrt{m^2 + k^2}$ wherever the mass parameter appears and by multiplication of the "transverse" waves $e^{i\mathbf{k}\mathbf{x}}$. We therefore focus on the two-dimensional case and look for solutions of the form $u(\eta,\xi) \simeq e^{-i\omega\eta}F_\omega(\xi)$, $\omega \geq 0$, which are positive frequency w.r.t. the conformal time; the function F has to satisfy the modified Bessel equation

$$-\partial_\xi^2 F + m^2 e^{2\xi}F = \omega^2 F. \tag{6.148}$$

Ugo Moschella

The solution that behaves well at infinity is the modified Hankel-Macdonald function $K_{i\omega}(me^\xi)$. A spacelike surface that may be used to compute the normalization is for instance the half-line $\eta = \eta_0, \xi \in \mathbf{R}$. The result does not depend on the choice of one particular half line because they all share the same origin. In doing this we are applying the standard canonical formalism in the Rindler wedge. To get the normalization we note that for $\varepsilon > 0$

$$
\begin{aligned}
\int t^{-1+\varepsilon} K_{i\omega_1}(t) K_{i\omega_2}(t) dt &= \\
&\frac{\left|X\left(\frac{1}{2}(\varepsilon + i\omega_1 + i\omega_2)\right)\right|^2 \left|X\left(\frac{1}{2}(\varepsilon + i\omega_1 - i\omega_2)\right)\right|^2}{2^{3-\varepsilon} X(\varepsilon)} \\
&\simeq \frac{\pi}{(\omega_1 + \omega_2) \sinh \frac{1}{2}\pi(\omega_1 + \omega_2)} \left(\frac{\varepsilon}{\varepsilon^2 + (\omega_1 - \omega_2)^2}\right) \\
&\xrightarrow[\varepsilon \to 0]{} \frac{\pi^2}{2\omega_1 \sinh \pi \omega_1} \delta(\omega_1 - \omega_2).
\end{aligned}
\tag{6.149}
$$

Therefore, a convenient orthonormal system solving (6.53) for the massive Klein-Gordon equation in the Rindler universe can be written as follows:

$$
\begin{cases}
u_\omega(\eta, \xi) &= \frac{\sqrt{\sinh \pi \omega}}{\pi} e^{-i\omega\eta} K_{i\omega}(me^\xi) \\
u_\omega^*(\eta, \xi) &= \frac{\sqrt{\sinh \pi \omega}}{\pi} e^{+i\omega\eta} K_{i\omega}(me^\xi)
\end{cases}
\qquad \omega > 0.
\tag{6.150}
$$

The modes $u_\omega(\eta, \xi)$ are positive frequency w.r.t. the Rindler's time coordinate η. The algebraic massive canonical quantum Klein-Gordon

6. FOUNDATIONS OF QUANTUM FIELD THEORY ON CURVED SPACETIMES

field can thus be written in Rindler coordinates as follows:

$$\phi(x) = \frac{1}{\pi} \int_0^\infty \left[e^{-i\omega\eta} a(\omega) + e^{i\omega\eta} a^\dagger(\omega) \right]$$
$$K_{i\omega}(me^\xi)\sqrt{\sinh \pi\omega}\, d\omega. \quad (6.151)$$

and the so-called Fulling vacuum [Fulling(1973), Fulling(1977)] is identified by the condition

$$\hat{a}(\omega)|0_R\rangle = 0, \quad \omega \geq 0. \quad (6.152)$$

The two-point function for the massive Klein-Gordon field represented in the Fulling vacuum is given by

$$W_R(x,x' = \langle 0_R | \hat{\phi}(x)\hat{\phi}(x')|0_R\rangle$$
$$= \frac{1}{\pi^2} \int_0^\infty e^{-i\omega(\eta-\eta')} K_{i\omega}(me^\xi)K_{i\omega}(me^{\xi'})\sinh \pi\omega\, d\omega. \quad (6.153)$$

We now show how our formalism allows for a direct construction of the Wightman vacuum (**??**) characterized by Poincaré invariance and the standard spectral condition working solely within the right Rindler wedge and using only the "right" modes (6.150) thus avoiding the need of extending the system to the left wedge.

In the first step, we insert the modes (6.150) in Eq. (6.114), with

Ugo Moschella

$S(x,y) = 0$, to get

$$W(x,x') = \int_0^\infty d\omega \int_0^\infty d\omega' \left[\delta_{\omega,\omega'} + B_{\omega,\omega'}\right] u_\omega(\eta,\xi) u_{\omega'}^*(\eta',\xi')$$
$$+ \int_0^\infty d\omega \int_0^\infty d\omega' B_{\omega,\omega'} u_\omega^*(\eta,\xi) u_{\omega'}(\eta',\xi')$$
$$+ \int_0^\infty d\omega \int_0^\infty d\omega' \mathrm{Re}\{C_{\omega,\omega'}$$
$$[u_\omega(\eta,\xi) u_{\omega'}(\eta',\xi') + u_\omega(\eta',\xi') u_{\omega'}(\eta,\xi)]\}.$$
$$(6.154)$$

This provides for a large -much larger than in the standard approach-family of mathematically admissible two-point functions (and therefore representations) for the massive Rindler Klein-Gordon field, all of them sharing the same commutator $C(x,x')$ and, a fortiori, the canonical equal time commutation relations.

In the second step, we select those theories in which the wedge-preserving Lorentz boosts $\eta \to \eta + a$ are unbroken symmetries; the latter condition requires to match frequencies, which in turn imposes the following restrictions on (6.154):

$$B_{\omega,\omega'} = [\alpha(\omega) - 1]\,\delta_{\omega,\omega'}, \quad C_{\omega,\omega'} = 0. \qquad (6.155)$$

At this point, we have constructed a family of representations parameterized by the choice of an arbitrary function $\alpha(\omega) \geq 1$; they are associated

6. FOUNDATIONS OF QUANTUM FIELD THEORY ON CURVED SPACETIMES

to the following two-point functions (see Eq. (6.117)):

$$W_{(\alpha)}(x,y) = \frac{1}{\pi^2} \int_0^\infty [\alpha(\omega)e^{-i\omega(\eta-\eta')} + (\alpha(\omega)-1)e^{+i\omega(\eta-\eta')}]$$
$$\times \times K_{i\omega}(me^\xi)K_{i\omega}(me^{\xi'})\sinh\pi\omega \, d\omega$$

$$(6.156)$$

The function $\alpha(\omega)$ is assumed to be smooth (with the possible exception of $\omega = 0$) and to have a limit at infinity:

$$\lim_{\omega\to\infty} \alpha(\omega) = a \geq 1. \qquad (6.157)$$

Any choice of $\alpha(\omega)$ satisfying the above properties gives rise to a plausible Lorentz invariant (i.e. invariant under Rindler'time translations) canonical quantization of the massive Klein-Gordon field on the Rindler manifold. Can we construct theories that are Poincaré invariant? Of course the Rindler manifold is not globally Poincaré invariant. But there is the possibility to act with Poincaré transformations locally.

Enforcing Poincaré invariance

There is no loss of generality in extending the weight function to negative values of the Rindler energy variable ω by defining:

$$\alpha(-\omega) = 1 - \alpha(\omega). \qquad (6.158)$$

It is also useful to write

$$\alpha(\omega) = af(\omega) + (1-a)f(-\omega) \qquad (6.159)$$

where $f(\omega)$ is such that

$$f(\omega) + f(-\omega) = 1, \quad \lim_{\omega \to \infty} f(\omega) = 1. \tag{6.160}$$

The two-point function (6.156) can then be rewritten as follows:

$$W_{(\alpha)}(x,x') = \frac{1}{\pi^2} \int_{-\infty}^{\infty} \sinh \pi\omega \, [af(\omega) + (1-a)f(-\omega)] \, e^{-i\omega(\eta-\eta')} \times$$
$$\times K_{i\omega}(m\rho) K_{i\omega}(m\rho') \, d\omega.$$
$$\tag{6.161}$$

To handle the integration in (6.161) suitable integral representations of the modified Hankel function are needed. Two useful representations can be derived from the following general expression:

$$K_{i\omega}(z) = K_{-i\omega}(z) = \frac{1}{2} \int_0^\infty e^{-\frac{1}{2}z(t+t^{-1})} t^{-i\omega} \frac{dt}{t}, \quad \mathrm{Re}\, z > 0. \tag{6.162}$$

By contour distortion the integration may be done over the path $t \to te^{i\theta}$ with $-\frac{\pi}{2} < \theta < \frac{\pi}{2}$; the integral (6.162) stays convergent provided that $|\mathrm{Im}\, z \sin\theta| < \mathrm{Re}\, z \cos\theta$.

The two relevant integral representations of the Hankel-Macdonald arise in the two limiting cases $\theta = \pm\frac{\pi}{2}$ where the integrals are only marginally convergent; the representations are valid only for real and positive values of the argument. Changing to the variable $t = \exp \lambda$ we get:

$$K_{i\omega}(m\rho) = \frac{1}{2} e^{-\frac{1}{2}\pi\omega} \int_{-\infty}^{\infty} e^{im\rho \sinh \lambda} e^{-i\omega\lambda} d\lambda \,, \quad \rho > 0, \tag{6.163}$$

$$K_{i\omega}(m\rho) = \frac{1}{2} e^{\frac{1}{2}\pi\omega} \int_{-\infty}^{\infty} e^{-im\rho \sinh \lambda} e^{-i\omega\lambda} d\lambda \,, \quad \rho > 0. \tag{6.164}$$

6. FOUNDATIONS OF QUANTUM FIELD THEORY ON CURVED SPACETIMES

By inserting the above representations in Eq. (6.161) we obtain the final expression for the two-point function:

$$W_{(\alpha)}(x,x') = \frac{a}{4\pi^2} \int_{R^3} F(\omega) \, e^{-i\omega(\eta-\eta'+\lambda-\lambda')} \, e^{im\rho \sinh\lambda - im\rho' \sinh\lambda'} \, d\omega d\lambda d\lambda' +$$

$$(6.1\bullet$$

$$+\frac{a-1}{4\pi^2} \int_{R^3} F(-\omega) \, e^{-i\omega(\eta-\eta'+\lambda-\lambda')} \, e^{-(im\rho \sinh\lambda - im\rho' \sinh\lambda')} \, d\omega d\lambda d\lambda'$$

where we have defined

$$F(\omega) = e^{-\pi\omega} \sinh\pi\omega \, f(\omega). \tag{6.166}$$

The two-point function (6.166) is manifestly Lorentz invariant, as it depends only on the difference of the temporal coordinates $\eta - \eta'$. Let us examine the variation of Eq. (6.166) under infinitesimal spacetime translations:

$$\begin{cases} \rho \, \delta\eta &= \cosh\eta \, \delta x^0 - \sinh\eta \, \delta x^1 \\ \delta\rho &= -\sinh\eta \, \delta x^0 + \cosh\eta \, \delta x^1 \end{cases}, \tag{6.167}$$

$$\begin{cases} \rho' \, \delta\eta' &= \cosh\eta' \, \delta x^0 - \sinh\eta' \, \delta x^1 \\ \delta\rho' &= -\sinh\eta' \, \delta x^0 + \cosh\eta' \, \delta x^1 \end{cases}. \tag{6.168}$$

Consider in particular the infinitesimal space translations

$$\delta x^0 = 0, \quad \delta x^1 = \varepsilon > 0 \tag{6.169}$$

that map the right wedge into itself. Requirement of invariance of (6.166) under such transformations imposes that the following variation must

Ugo Moschella

vanish for every choice ρ, η and ρ', η':

$$\delta W_R = \frac{im\varepsilon a}{4\pi^2} \int_{\mathbf{R}^2} \tilde{F}(\lambda - \lambda')$$
$$\left[\sinh\lambda - \sinh\lambda'\right] e^{im\rho \sinh(\lambda - \eta) - im\rho' \sinh(\lambda' - \eta')} \, d\lambda d\lambda'$$

$$E + \frac{im\varepsilon(1-a)}{4\pi^2} \int_{\mathbf{R}^2} \tilde{F}(\lambda' - \lambda)$$
$$\left[\sinh\lambda - \sinh\lambda'\right] e^{-im\rho \sinh(\lambda - \eta) + im\rho' \sinh(\lambda' - \eta')} d\lambda d\lambda',$$

$$\delta W_R = 0 \quad \forall \rho, \eta, \rho', \eta' \tag{6.170}$$

where $\tilde{F}(\lambda)$ is the Fourier transform of $F(\omega)$ that exists in some distribution space of type $\mathscr{S}$ [Gel'fand and Shilov(1985)] . The vanishing of the variation δW_R provides an integral equations for the function $F(\omega)$ that depends parametrically on ρ, η and ρ', η' and must hold for every choice of ρ, η and ρ', η'. Any solution of (6.170) provides a Poincaré invariant quantization expressed in Rindler's coordinates.

Poincaré invariant states and the Unruh effect

The solution of Eq. (6.170) valid for any real $a \geq 1$ can be indeed found immediately in the Schwartz space of tempered distributions $\mathscr{S}'(\mathbf{R})$:

$$\tilde{F}(\lambda - \lambda') = c\delta(\lambda - \lambda'). \tag{6.171}$$

The value of the constant c can be determined by applying the last requirement in Eq. (6.160) to the Fourier antitransform of (6.171):

$$F(\omega) = \frac{c}{2\pi} = \frac{1}{2}, \quad f(\omega) = \frac{e^{\pi\omega}}{2\sinh\pi\omega}; \tag{6.172}$$

6. FOUNDATIONS OF QUANTUM FIELD THEORY ON CURVED SPACETIMES

the above value of the constant c guarantees that the CCR's hold with the correct coefficient. Finally, we obtain a family of two-points functions labeled by a real constant $a \geq 1$ (see Eq. (6.157) which fulfill the variational condition (6.170)

$$\alpha(\omega) = \frac{ae^{\pi\omega} + (a-1)e^{-\pi\omega}}{2\sinh\pi\omega} \tag{6.173}$$

For any chosen value $a \geq 1$ the two-point function provides a canonical quantization of the Klein-Gordon field in the Rindler's universe which is furthermore Poincaré invariant and can therefore be naturally extended to the whole two-dimensional Minkowski spacetime. It may be more suggestive to introduce another parameter ζ as follows

$$a = \frac{e^{\pi\zeta}}{2\sinh\pi\zeta} = \frac{1}{1 - e^{-2\pi\zeta}} \tag{6.174}$$

so that

$$\alpha(\omega) = \frac{\cosh(\pi\omega + \zeta)}{\cosh(\pi\omega + \zeta) - \cosh(\pi\omega - \zeta)} \tag{6.175}$$

$$W_{\frac{1}{\zeta}}(x,x') = \frac{1}{2\pi^2\sinh\beta} \int_{-\infty}^{\infty} e^{-i\omega(\eta-\eta')} \\ \cosh\pi(\omega + \zeta)\, K_{i\omega}(m\rho)K_{i\omega}(m\rho')\, d\omega. \tag{6.176}$$

Ugo Moschella

In particular for $a = 1$ i.e. $1/\zeta = 0$ we have

$$
\begin{aligned}
W_0(x,x') &= \frac{1}{\pi^2} \int_0^\infty K_{i\omega}(m\rho) K_{i\omega}(m\rho') \cosh \omega(\pi - i\eta - i\eta') d\omega = \\
&= \frac{1}{2\pi} K_0 \left(m\sqrt{\rho^2 + \rho'^2 - 2\rho\rho' \cosh(\eta - \eta')} \right) \\
&= \frac{1}{2\pi} K_0 \left(m\sqrt{-(x-x')^2} \right).
\end{aligned}
$$

$$(6.177)$$

We have recovered this way the standard Poincaré-invariant two-point function of a massive Klein-Gordon field with positive energy spectrum. The Unruh interpretation follows from by now classic arguments based on the Bisognano-Wichmann theorem [Bisognano and Wichmann(1976), Sewell(1982)] or else may be explicitly reconstructed following the description given in the massless case. The other solution corresponding to finite values of ζ contain negative (Minkowski) energies expanded in the Rindler modes (6.150).

There are other theories having a special status in the family (6.156), which we recall is already a subset of the general family (6.114). The most noticeable example is the one-parameter family of states identified by the choice

$$
\alpha(\omega) = (1 - e^{-\beta\omega})^{-1}, \quad \beta > 0.
$$

$$(6.178)$$

6. FOUNDATIONS OF QUANTUM FIELD THEORY ON CURVED SPACETIMES

Let us write the corresponding two-point function explicitly:

$$W_\beta(x,y) = \frac{1}{\pi^2} \int_0^\infty \left[\frac{e^{-i\omega(\eta-\eta')}}{1-e^{-\beta\omega}} + \frac{e^{i\omega(\eta-\eta')}}{e^{\beta\omega}-1} \right] \qquad (6.179)$$
$$K_{i\omega}(me^\xi)K_{i\omega}(me^{\xi'})\sinh\pi\omega \, d\omega.$$

Since $K_{i\omega} = K_{-i\omega}$ and since $|K_{i\omega}(\rho)K_{i\omega}(\rho')\sinh\pi\omega|$ is bounded at infinity in the ω variable, one can immediately check that $W_\beta(x,y)$ verifies the KMS analyticity and periodicity properties in imaginary time [Haag(1996), Bros and Buchholz(1992)] at inverse temperature β. These states are precisely the KMS states in Rindler space, which have been introduced and characterized in [Kay(1985a), Kay(1985b)]. The special value $\beta = 2\pi$ has also been identified [Kay(1985a)] with the restriction to the wedge of the Wightman vacuum on the basis of the Bisognano-Wichmann and Reeh-Schlieder theorems. Our proof follows just by enforcing the requirement that the wedge preserving translation be an exact symmetry.

.1 C^*-algebras

A C^*-algebra $\mathscr{A}$ is:

1. A linear associative algebra over the field $\mathbf{C}$ of complex numbers, i.e. a vector space over $\mathbf{C}$ with an *associative* product linear in both factors

$$(\lambda A_1 + \mu A_2)B = \lambda A_1 B + \mu A_2 B \qquad (180)$$

Ugo Moschella

2. A <u>complete normed space</u> i.e. a norm $||\cdot||$ is defined on $\mathscr{A}$ such that

$$||A|| \geq 0, \quad ||A|| = 0 \text{ if and only if } A = 0, \quad \forall A \in \mathscr{A} \qquad (181)$$
$$||\lambda A|| = |\lambda|\,||A|| \quad \forall \lambda \in \mathbf{C} \qquad (182)$$
$$||A + B|| \leq ||A|| + ||B|| \quad \forall A, B \in \mathscr{A} \qquad (183)$$

the algebraic product is continuous w.r.t the norm:

$$||AB|| \leq ||A||\,||B|| \quad \forall A, B \in \mathscr{A} \qquad (184)$$

$\mathscr{A}$ is a complete space with respect to the topology defined by the norm: thus $\mathscr{A}$ is a <u>Banach algebra</u>.

3. A <u>$*$-(Banach) algebra</u>: i.e. there is an involution $* : \mathscr{A} \to \mathscr{A}$ such that

$$(A + B)^* = A^* + B^*, \quad (\lambda A)^* = \overline{\lambda} A *, \quad (AB)^* = B^* A^*, (A^*)^* = A$$

4. The (C^*-condition) holds

$$||A^*A|| = ||A||^2, \quad \forall A \in \mathscr{A}. \qquad (185)$$

The C^*-condition implies that

$$||A^*|| = ||A||.$$

An element $A \in \mathscr{A}$ is said to be normal if it commutes with its adjoint A^*. If A is normal

$$||A^n|| = ||A||^n$$

6. FOUNDATIONS OF QUANTUM FIELD THEORY ON CURVED SPACETIMES

.1.1 Spectra

Given an element A of a Banach algebra $\mathscr{A}$ with identity 1, as always assumed, its *spectrum* $\sigma(A)$ is the set of all complex numbers λ such that

$$A - \lambda 1$$

does not have a (two sided) inverse in $\mathscr{A}$.

The spectrum $\sigma(A)$ is compact and not empty; there holds the following spectral radius formula:

$$r = \sup_{\lambda \in \sigma(A)} |\lambda| = \lim_{n \to \infty} ||A^n||^{\frac{1}{n}} \leq ||A||.$$

If furthermore $\mathscr{A}$ is supposed to be a C^*-algebra and A is normal element of $\mathscr{A}$ then

$$r = \sup |\lambda| = \lim_{n \to \infty} ||A^n||^{\frac{1}{n}} = ||A||.$$

To conclude the argument we note that the series

$$(1 - zA)^{-1} = \left(1 + Az + A^2 z^2 + \ldots\right)$$

converges in norm for $|z| < r^{-1}$:

$$||(1 - Az)^{-1}|| \leq 1 + ||A|||z| + ||A||^2 |z|^2 + \ldots = (1 - ||A|||z|)^{-1}$$

provided $|z| < ||A||^{-1} < r^{-1}$ and has a singularity for $|z| = r$. Thus $(z1 - A)^{-1}$ exists if $|z| > r$ and

$$r = \sup_{\lambda \in \sigma(A)} |\lambda|$$

Ugo Moschella

By a similar argument $\sigma(A)$ cannot be empty, otherwise $(z-A)^{-1}$ would be an entire function in the whole complex z plane, vanishing for $z \to \infty$ and therefore zero everywhere, contrary to the existence of A^{-1} which would be a consequence of the emptiness of the spectrum.

The above Proposition implies that if all element except 0 of a Banach algebra $\mathscr{A}$ are invertible, then $\mathscr{A}$ is isomorphic to the complex numbers. This result is the Gelfand - Mazur theorem. In fact, if $\lambda \in \sigma(A)$ then $(\lambda 1 - A)$ is not invertible and therefore it must be 0, i.e.$A = \lambda 1$.

<u>Remark</u>: the C^*-condition is a rather strong assumption. It uniquely fix the norm compatible with the commutation relations. This is because of the spectral radius formula for normal operators

$$\sup_{\lambda \in \sigma(A^*A)} |\lambda| = ||A||^2 \qquad (186)$$

Bibliografia

[Strocchi 2005] F. Strocchi, Introduction To The Mathematical Structure Of Quantum Mechanics, An: A Short Course For Mathematicians World Scientific Publishing Company, Singapore, 2005.

[Heisenberg(1930)] W. Heisenberg, *The Physical Principles of the Quantum Theory*, vol. I, II, Chicago University Press, Chicago, 1930.

[Dirac(1958)] P. A. M. Dirac, *The principles of Quantum Mechanics*, Oxford University Press, Oxford, 1958.

[Reed and Simon(1980)] M. Reed, and B. Simon, *Methods of Modern Mathematical Physics*, vol. I, II, Academic Press, San Diego, 1980.

[Messiah(1930)] A. Messiah, *Quantum Mechanics*, vol. I, North-Holland Publishing Co., Amsterdam, 1930.

[Strocchi(1985)] F. Strocchi, *Elements of quantum mechanics of inifinite*

Ugo Moschella

systems, World Scientific, Singapore, 1985.

[Haag(1996)] R. Haag, *Local Quantum Physics. Fields, Particles, Algebras*, Springer-Verlag, Berlin Heidelberg New York, 1996, second edn.

[1] H. Halvorson, *Algebraic Quantum Fie;d Theory*. ArXiv: math-ph 0602036

[Birrell and Davies(1982)] N. D. Birrell, and P. C. W. Davies, *Quantum fields in curved space*, Cambridge University Press, Cambridge, 1982.

[Kapusta(1989)] J. I. Kapusta, *Finite Temperature Field Theory*, Cambridge University Press, Cambridge, 1989.

[Bros and Buchholz(1992)] J. Bros, and D. Buchholz, *Z. Phys.* **C55**, 509–514 (1992).

[Umezawa et al.(1982)] H. Umezawa, H. Matsumoto, and M. Tachiki, *Thermo Field Dynamics and Condensed States*, North-Holland, Amsterdam, 1982.

[Streater and Wightman(1989)] R. F. Streater, and A. S. Wightman, *PCT, spin and statistics, and all that*, Addison-Wesley, Redwood, 1989.

[Moschella and Schaeffer(2008)] U. Moschella, and R. Schaeffer (2009), *Journal of Cosmology and Astroparticle Physics* in press 0802.2447.

BIBLIOGRAFIA

[Wald(1994)] R. M. Wald, *Quantum Field Theory in Curved Spacetime and Black Hole Thermodynamics*, Chicago University Press, Chicago, 1994.

[Fulling and Ruijsenaars(1987)] S. Fulling, and S. Ruijsenaars, *Phys. Rept.* **152**, 135–176 (1987).

[Klaiber(1967)] B. Klaiber (1967), in *Boulder 1967, Lectures In Theoretical Physics Vol. Xa - Quantum Theory and Statistical Physics*, New York 1968, 141-176.

[Morchio et al.(1990)] G. Morchio, D. Pierotti, and F. Strocchi, *J. Math. Phys.* **31**, 1467 (1990).

[Unruh(1976)] W. G. Unruh, *Phys. Rev.* **D14**, 870 (1976).

[Sewell(1982)] G. L. Sewell, *Ann. Phys.* **141**, 201–224 (1982).

[Bisognano and Wichmann(1976)] J. J. Bisognano, and E. H. Wichmann, *J. Math. Phys.* **17**, 303–321 (1976).

[Fulling(1973)] S. A. Fulling, *Phys. Rev.* **D7**, 2850–2862 (1973).

[Fulling(1977)] S. A. Fulling, *J. Phys.* **A10**, 917–951 (1977).

[Gel'fand and Shilov(1985)] I. M. Gel'fand, and Shilov, *Generalized functions*, vol. IV, Academic Press, Singapore, 1985.

[Kay(1985a)] B. S. Kay, *Commun. Math. Phys.* **100**, 57 (1985a).

[Kay(1985b)] B. S. Kay, *Helv. Phys. Acta* **58**, 1030 (1985b).

Ugo Moschella

[Hawking(1975)] S. W. Hawking, *Commun. Math. Phys.* **43**, 199–220 (1975).

[Kay and Wald(1991)] B. S. Kay, and R. M. Wald, *Phys. Rept.* **207**, 49–136 (1991).

[Moschella and Schaeffer(1998)] U. Moschella, and R. Schaeffer, *Phys. Rev.* **D57**, 2147–2151 (1998), gr-qc/9707007.

[Moschella and Schaeffer(2007)] U. Moschella, and R. Schaeffer, *Class. Quant. Grav.* **24**, 3571–3602 (2007), 0709.2795.

[Gibbons and Hawking(1977)] G. W. Gibbons, and S. W. Hawking, *Phys. Rev.* **D15**, 2738–2751 (1977).

[Bros and Moschella(1996)] J. Bros, and U. Moschella, *Rev. Math. Phys.* **8**, 327–392 (1996), gr-qc/9511019.

[Moschella and Schaeffer(2009)] U. Moschella, and R. Schaeffer (in preparation).

Impresso na Prime Graph
em papel offset 75 g/m²
abril / 2024